供水工程与水处理技术探索

蔡传义　著

辽宁大学出版社　沈阳

Liaoning University Press

图书在版编目（CIP）数据

供水工程与水处理技术探索/蔡传义著. --沈阳：

辽宁大学出版社，2024. 12. --ISBN 978-7-5698-1945

-8

Ⅰ. TU991

中国国家版本馆 CIP 数据核字第 20242U3026 号

供水工程与水处理技术探索

GONGSHUI GONGCHENG YU SHUICHULI JISHU TANSUO

出 版 者：辽宁大学出版社有限责任公司

　　　　　（地址：沈阳市皇姑区崇山中路 66 号　　邮政编码：110036）

印 刷 者：沈阳市第二市政建设工程公司印刷厂

发 行 者：辽宁大学出版社有限责任公司

幅面尺寸：170mm×240mm

印　　张：13.5

字　　数：260 千字

出版时间：2024 年 12 月第 1 版

印刷时间：2025 年 1 月第 1 次印刷

责任编辑：李珊珊

封面设计：高梦琦

责任校对：郭宇涵

书　　号：ISBN 978-7-5698-1945-8

定　　价：88.00 元

联系电话：024-86864613

邮购热线：024-86830665

网　　址：http://press.lnu.edu.cn

目　录

第一章 供水工程概述

第一节 水资源概述

（一）水资源定义与分类

水资源是指自然界中为人类提供直接或间接使用的各种水体，包括地表水、地下水和其他水资源类型。地表水主要分布在河流、湖泊、湿地以及水库等开放性水体中，地下水则存在于地下的含水层或地下蓄水区，受到地质构造和水文条件的限制。水资源的形成过程复杂且多样，包括降水、蒸发、径流、渗透等环节，这些环节共同构成了地球的水循环系统。降水是水资源的主要来源，通过雨水或雪水形式进入地表或地下水系统。部分降水径流在地表流动，成为河流或湖泊中的地表水，而部分则渗透地下，形成地下水。蒸发是水体返回大气中的过程，既包括地表水的直接蒸发，也包括土壤水分的蒸腾作用。径流和渗透过程中的水流动方向和速度受地形、土壤性质、植被状况等多种因素的影响，因此水资源的分布呈现显著的时空差异。

地球上可供人类直接利用的淡水资源极为有限，尽管地球表面约有 71％被水覆盖，但其中绝大部分是咸水，仅有不到 3％为淡水资源。淡水资源中，绝大多数以冰川、永久积雪等形式存在于极地和高山地区，仅有不到 1％的淡水以河流、湖泊、湿地和地下水等形式可以供人类直接利用。因此，淡水资源的稀缺性决定了其在自然环境和社会经济中的核心地位。水资源不仅是自然生态系统的重要组成部分，也是农业、工业和生活用水的基础性支撑。水资源的可获得性和质量直接影响到社会的可持续发展和生态平衡。然而，水资源的分布在全球范围内并不均衡，呈现出显著的地域和季节差异。例如，湿润的热带和温带地区降水充沛，水资源相对丰富，而干旱和半干旱的荒漠地区则长期面临水资源短缺的局面。此外，季节性降水的差异也加剧了某些地区的水资源供需矛盾，例如季风气候带地区，雨季时水量充沛，旱季则面临严重缺水的状况。这种地域和时间上的差异导致了全球水资源的分布不均，加剧了水资源的

1

供需失衡问题，尤其是在那些气候条件不稳定、人口密集的地区，水资源的短缺问题显得尤为突出。快速的城市化进程、人口增长、工业化和农业扩张等因素进一步加剧了水资源的压力，使得水资源的管理和调配成为一项复杂且严峻的挑战。

从水资源的利用角度来看，水资源可以根据用途分为不同的类型，主要包括生活用水、农业用水、工业用水和生态用水。生活用水通常指居民日常生活中所需的各种水资源，例如饮用水、洗涤用水、洗浴用水等。这类用水对水质的要求极高，尤其是饮用水必须符合严格的水质标准，以确保居民的健康安全。随着城市化和人口的增加，生活用水需求逐年上升，给城市供水系统带来了巨大压力。同时，污水处理能力的不足也会导致水污染加剧，影响水资源的可持续利用。农业用水则是指用于农田灌溉、农村生活和畜牧养殖的水资源。在全球范围内，农业用水占总用水量的比例极高，尤其是在干旱和半干旱地区，农业用水更是对水资源构成了巨大挑战。由于农业灌溉技术相对落后，许多地区的水资源利用效率较低，水浪费现象普遍存在。此外，过度灌溉和不合理的水资源管理方式还可能导致土壤盐碱化、水土流失等环境问题，进一步威胁到当地的生态平衡和水资源的长期可持续利用。工业用水是指在工业生产过程中使用的水资源，主要用于冷却、工艺生产、洗涤等环节。不同工业行业对水资源的需求差异较大，例如钢铁、化工、造纸等高耗水行业对水质和水量的要求较高，而信息技术、电子制造等行业的用水量则相对较少。工业废水的排放如果未经过有效处理，可能会对水体造成严重污染，影响其他领域的用水安全。因此，工业用水的管理不仅需要考虑水资源的利用效率，还要严格控制废水排放标准，减少对环境的负面影响。生态用水则是指为了维持自然生态系统的平衡所需的水资源。生态用水的需求通常体现在湿地保护、河流生态修复、水生物种栖息地保护等方面。这类用水对水质的要求相对宽松，但对水量的持续性有较高要求。例如，河流在枯水期仍需要保留一定的生态流量，以维持水生生物的生存和繁殖，同时防止河道干涸导致的生态系统崩溃。生态用水的保障不仅是环境保护的需求，也与区域的气候调节、洪涝灾害防治等密切相关。水资源管理的复杂性还体现在不同用水类型之间的竞争关系上。生活、农业、工业和生态用水之间常常存在供水资源的争夺，尤其是在水资源紧缺的地区，不同用水部门之间的供需平衡尤为脆弱。

(二) 我国水资源特点

中国作为世界上人口最多的国家，其水资源的供需矛盾尤为突出，尽管在总量上位居世界前列，但人均水资源的占有量却远低于全球平均水平，使得水资源的合理分配与高效利用成为国家发展的重要议题。水资源在地理上的分布呈现出显著的不均衡性，南方地区因受季风气候影响，降水量丰富，形成了众多河流与湖泊，为当地提供了较为充足的地表水资源。相比之下，北方地区则因气候干燥，降水量较少，导致地表水资源相对匮乏，不得不更多地依赖地下水资源。

水资源的空间分布不均，不仅影响了区域间的经济发展，也对居民的日常生活造成了不同程度的影响，北方地区的农业灌溉在干旱季节面临水源短缺的问题，而南方地区则需要在雨季合理调配水资源，以避免洪涝灾害的发生。此外，水资源的季节性分布特征也不容忽视，夏季的集中降水与冬春季节的干旱形成了鲜明对比，不仅对农业生产构成了挑战，也对城市的供水安全提出了更高的要求。

在水资源的利用效率方面，农业灌溉中普遍存在的低效用水现象，工业生产中的水循环利用率不高，以及城市生活中普遍存在的水资源浪费，都是导致水资源短缺的重要原因，农业用水占到了总用水量的大部分，但灌溉效率却远低于发达国家水平。工业用水在经过处理后往往未能实现有效循环，导致水资源的重复利用率较低。城市居民的用水习惯也亟待改进，尤其是在水资源较为紧张的地区，节约用水应当成为每个公民的自觉行动。随着工业化和城镇化的快速发展，工业废水和生活污水的排放量不断增加，未经处理或处理不达标的污水直接排入自然水体，导致水质恶化，严重影响了水资源的可持续利用。水质的恶化不仅威胁到人类健康，也对生态系统造成了不可逆转的损害。因此，加强水资源的保护和污染治理，已成为保障水资源安全的重要措施。城镇化进程的加速推进，使得城镇居民的用水需求急剧上升。城市化带来的人口集中，对供水系统的压力不断增大，供水设施的建设和维护也面临着更大的挑战。在一些快速发展的城市，供水不足和水质问题已经成为制约城市可持续发展的瓶颈。因此，如何科学规划城市供水系统，提高供水效率，保障居民用水安全，已成为城市管理者亟需解决的问题。

（三）天然地表水特征

水资源的污染问题对生态环境和人类健康构成了严重威胁，其中生活污水和工业废水是两大主要的污染源，生活污水的产生与城市化进程密切相关，随着人口的增长和生活水平的提高，生活污水的排放量不断增加。生活污水中的有机物和悬浮物是造成水体富营养化的主要原因，而病原微生物的存在引发公共卫生问题。生活污水的处理需要综合运用物理、化学和生物方法，通过沉淀、过滤、生物降解等工艺，去除污水中的有害物质，减少对水体的污染负荷。工业废水的处理则更为复杂，因为不同工业行业的废水成分差异较大，需要针对性地采取不同的处理措施。化工、冶金、食品加工等行业的废水含有的有毒有害物质，对水生生态系统的破坏性极大。工业废水中的重金属、有毒化学物质、放射性物质等，不仅对水生生物构成致命威胁，还通过食物链累积到人体中，引发各种健康问题。此外，工业废水的高温、强酸强碱等物理特性，也会对水体造成物理性破坏，导致水温升高、溶解氧含量下降、破坏水生生态环境。

为了有效控制生活污水和工业废水的污染，必须建立完善的污水处理系统，生活污水处理系统应包括污水收集、预处理、二级处理和深度处理等环节。预处理主要通过格栅、沉砂池等设施去除污水中的大颗粒悬浮物和杂质；二级处理则通过生物处理工艺，如活性污泥法、生物膜法等，去除污水中的有机物和营养盐；深度处理则通过混凝、沉淀、过滤、消毒等工艺，进一步去除污水中的微小悬浮物和病原微生物，确保处理后的污水达到排放标准。工业废水处理系统则需要根据废水的具体成分和特性，选择合适的处理工艺。对于含有重金属的废水，可以采用化学沉淀法、离子交换法等方法去除重金属；对于含有有毒有害化学物质的废水，可以采用氧化还原法、吸附法等方法进行处理；对于含有油类物质的废水，可以采用气浮法、凝聚法等方法进行油水分离。此外，工业废水处理过程中还应考虑废水的回用问题，通过膜分离技术、反渗透技术等，实现废水的资源化利用。在污水处理过程中，还应加强污水处理设施的运行管理和维护，确保污水处理系统稳定高效运行。同时，加强对污水处理过程中产生的污泥、废气等二次污染物的管理，避免二次污染的发生。通过科学的污水处理技术、严格的管理措施和合理的资源化利用，可以有效减少生活污水和工业废水对水资源的污染，保障水资源的可持续利用，促进生态文明建设。

（四）生活污水与工业废水特性

水资源的保护和管理是确保可持续发展的关键环节，生活污水和工业废水的处理是其中的核心挑战。生活污水的产生与城市化进程紧密相关，其成分复杂，含有的有机物、悬浮物、病原微生物及营养物质，对水体环境构成了直接威胁。生活污水中的高有机物含量易于促进微生物的繁殖，导致水体富营养化，进而引发水华等生态问题。虽然生活污水的污染程度相对较低，但其排放量巨大，未经处理的污水可能携带病原体，对公共卫生构成潜在风险。因此，建立有效的生活污水处理系统，通过物理、化学和生物方法综合处理，去除有害物质，是保障水体健康和公共安全的必要措施。

工业废水的处理则更为复杂，其成分和浓度因行业而异，化工、冶金、食品加工等行业的废水含有的有毒有害物质，对环境的破坏性极大，工业废水中的重金属、有毒化学物质、放射性物质等，不仅对水生生物构成致命威胁，还可能通过食物链累积到人体中，引发各种健康问题。工业废水的物理特性，如高温、强酸强碱等，也会对水体造成物理性破坏，导致水温升高、溶解氧含量下降，破坏水生生态环境。因此，工业废水的处理需要针对性地采用化学沉淀、离子交换、氧化还原、吸附、膜分离等技术，以实现污染物的有效去除和资源的回收利用。在水资源管理中，生活污水和工业废水的处理不仅需要技术手段的创新，还需要政策法规的支持和公众意识的提高。政府应制定严格的排放标准和监管措施，加强对污水处理设施的建设和运营监管，确保污水处理效果达到预期目标。同时，通过宣传教育提高公众的节水意识和环保意识，鼓励大家参与到水资源保护的行动中来。水资源的合理利用和保护，是实现社会经济可持续发展的基础。通过科学的污水处理技术、严格的管理措施和合理的资源化利用，可以有效减少生活污水和工业废水对水资源的污染，提高水资源的利用效率。此外，水资源的循环利用和雨水收集等措施，也是缓解水资源短缺、提高水资源利用效率的有效途径。

（五）污水主要污染指标及意义

污水的主要污染指标通过对指标的分析，可以准确判断污水对环境及人类健康的潜在影响，根据污染物的特性大致分为物理、化学和生物三大类，每一类指标从不同方面揭示了水体污染的具体情况。物理污染指标主要反映污水的外观和感官特性，包括悬浮物、浊度、颜色和气味等。悬浮物是指水中未溶解的固体颗粒，如泥沙、植物残渣、工业废料等。水体中的悬浮物含量过高会导致水体变得混浊，降低水的透明度，严重时甚至会影响水体中的光合作用，从而抑制水生植物的生长。浊度通过光的散射程度来反映水的清澈度，浊度越高，意味着水体中的悬浮物和微粒越多，水质越差。此外，颜色和气味的变化也往往预示着污水中有害物质的存在。水体颜色的异常可能由某些污染物如金属离子、有机化合物等引起，而异味则通常是有机污染物或工业废水排放的直接表现。

在化学污染指标中，pH 值反映了水体的酸碱性，通常应保持在中性或接近中性水平，以保障水生生物和生态系统的正常运行。过高或过低的 pH 值不仅会对水生生物产生毒性，还可能腐蚀供水管道及设备，影响供水系统的安全运行。化学需氧量和生物需氧量是评估水体有机物污染的重要指标。化学需氧量（COD）表示水中有机污染物在强氧化剂作用下所消耗的氧气量，能反映出水体受有机物污染的整体程度；而生物需氧量（BOD）则代表水中有机物被微生物降解时所消耗的氧气量，能够间接揭示出水体有机污染物的可生物降解性。通常来说，COD 和 BOD 值越高，水体中的有机物含量越多，污染越严重，这对水体中的溶解氧含量构成威胁，容易引发水体缺氧、生态失衡等问题。总氮和总磷是水体中常见的营养物质是植物生长所必需的营养元素，当水体中总氮、总磷含量过高时，容易引发水体富营养化。富营养化现象表现为藻类和浮游植物的过度繁殖，导致水体的溶解氧急剧下降，鱼类和其他水生生物的生存环境受到破坏，最终引发水体生态系统的全面失衡。总氮和总磷的过度积累通常源于农业面源污染、生活污水排放和工业废水中的营养物质排放。富营养化不仅影响水体的生态健康，还会引发水华（蓝藻暴发）等现象，造成水源恶臭和供水安全问题。水体中的重金属如铅、汞、镉、铬等，常来自工业废水排放和矿产开采活动。重金属具有高度毒性，能够通过食物链积累，长期在水生生物体内富集，最终威胁到人类健康。重金属一旦进入人体不易排出对神经系统、肾脏、肝脏等器官造成严重损害。控制重金属污染对确保水体安全至关重要，尤其是在饮用水源和农业灌溉水源的保护方面，必须严格监控重金属的浓度。生物污染指标则主要反映水体中的微生物污染情况，尤其是病原微生物的存在与浓度。水体中的细菌、病毒和寄生虫等病原微生物不仅会对水生生物产生危害，还通过饮用水或接触传播给人类，导致多种传染性疾病的流行，大肠菌群能够反映水源是否受到粪便污染。大肠菌群超标表明水体中存在来自人类或动物排泄物的污染，可能含有多种病原体，如伤寒、霍乱、痢疾等疾病的致病菌。饮用受污染的水或接触到被污染的水源，都会增加患病的风险。此外，其他致病菌如沙门氏菌、志贺氏菌等，病毒如诺如病毒、轮状病毒等，均是水体中的潜在危害因素。城市供水系统在处理污水和供水过程中，必须对微生物指标进行严格监控，采取有效的消毒措施以确保水质的安全性和可靠性。

第二节　城乡一体化供水及其规划

（一）一体化供水模式解析

城乡供水一体化是促进城市与农村水资源均衡分配和提高水资源利用效率的有效策略。它通过统一规划和科学管理，提升供水系统的整体性能和供水质量。城乡一体化供水模式主要有以下几种形式（见表1-1），各具特点，适应不同的地理环境和人口分布。

表 1-1　　　　　　　　　　城乡一体化供水模式特点比较

模式名称	应用场景	特点描述
区域联动式	城郊一体化发展地区	大型水厂服务多个区域，供水半径一般不超过 30 公里
单一集中式	人口密度高的城市区	依赖大型水源地和水处理厂统一供水
多中心供水式	地理跨度大的地区	分布式小型水厂为不同区域提供独立供水

区域联动式供水模式的设计需考虑供水厂服务半径与日供水量，确保供水的连续性和稳定性。供水半径的设计通常不超过 30 公里，以减少管道阻力和能耗，同时保障供水的安全性。设计日供水量则基于多年平均日最大用水量，取值范围在每平方公里 1,000 至 2,500 立方米以内，具体数值根据区域的经济发展水平和人口密度进行调整。供水厂设计的日供水量公式为：

$$Q_d = k \times P \times A \times N$$

其中 Q_d 为设计日供水量（立方米/日），k 为单位用水量系数（立方米/人·日），P 为人口数，A 为区域面积（平方公里），N 为日最大用水量系数。

单一集中式供水模式主要适用于人口密集的城市地区，其特点在于通过大型水源地和水处理厂实现集中供水，系统包括供水主干线、分区加压泵站以及末端用户管网。这种模式下，供水厂的设计供水量较大，通常在每日 5 至 10 万立方米范围内。管网压力设计需符合国家标准，城镇供水系统的常规压力维持在 0.2 至 0.6 兆帕之间，确保供水的可靠性。多中心供水模式适用于地理跨度较大的地区，尤其是地形差异明显的城乡结合部。该模式通过设立多个分布式小型水厂，为不同区域提供独立供水，有效解决了长距离供水的阻力和能耗问题，同时降低了对单一水源的依赖。在设计多中心供水模式时，需综合考虑每个小型水厂的供水半径、日供水能力及备用供水系统。小型水厂的设计供水半径应控制在 10 公里以内，日供水能力应基于区域的日最高用水需求，通常在 500 至 5,000 立方米之间。

（二）供水规划原则与目标

供水规划是确保城乡供水系统高效、稳定运行的关键，需要综合考虑水资源的可持续利用、供水安全、经济性和节能性等多方面因素。在制定供水规划时，应遵循安全、可靠、经济和节能的基本原则，确保供水系统能够适应未来的发展需求。

表 1－2 供水规划关键参数

参数名称	描述与影响因素	规划建议
安全性	自然灾害、管道破损等	多级防护措施,确保供水连续性
可靠性	用户用水量需求满足	根据人口增长和经济发展调整供水量
经济性	成本效益分析	优化设计,降低建设和运营成本
节能性	能耗最小化	泵站选型、管道材质、流量控制优化

供水规划的首要任务是确保供水的安全性。供水系统设计应考虑潜在的风险因素,如自然灾害、水源污染等,并采取相应的防护措施,通过建立备用水源、增设水质监测点和提高管道材料的抗腐蚀性,来增强系统的抗风险能力。供水量的规划应基于长期平均日供水量,并结合区域的人口增长、经济发展和产业结构等因素进行动态调整。供水量需求的预估可以通过以下公式进行计算:

$$Q_{预估} = Q_{基础} \times (1 + \gamma)$$

其中 $Q_{预估}$ 为预估的供水量,$Q_{基础}$ 为基础供水量,γ 为年均增长率。

在供水系统设计中,安全系数通常取值在 1.2 至 1.3 之间,以应对极端情况下的用水需求波动。泵站作为供水系统中能耗的主要部分,其选型和运行效率直接影响整个系统的能耗水平。通过优化泵站的运行参数、选择高效节能的泵型和合理布局管网,可以有效降低能耗,提高系统的经济性。供水规划中还需关注管网的布置方式、管道的管径选择、泵站的压力设置等关键参数,如在确定管道管径时,应根据设计流量和允许的流速来选择合适的管径,以确保水流的稳定性和降低系统能耗。对于每日供水量为 10,000 立方米的情况,如果采用 D＝200mm 的管道,其设计流速 v 可以通过以下公式计算:

$$v = \frac{Q}{A}$$

其中 v 为设计流速(米/秒),Q 为设计流量(立方米/秒),A 为管道横截面积(平方米)。

水质保障通过建立水质监测体系、采用先进的水处理技术和设备,可以有效保障供水水质,满足用户的用水安全需求。

(三) 供水系统布局与优化

城乡供水系统可分为集中供水和分区供水两种模式,集中供水模式通常适用于城市中心区域，而分区供水模式则更适宜于地理分散或城乡结合部的区域。无论采取哪种模式，供水系统优化的目标均是通过合理的水厂布局、管网设计和水源利用来提高供水效率和保障供水安全。供水系统布局应充分考虑区域地形、地质条件及人口分布，以实现供水系统的合理规划。在地形复杂的区域，如高地，可能需要增设泵站以保证供水压力；而在低洼地区，则需考虑排水和防洪措施。供水管道的铺设应沿主要交通干道进行，同时在人口密集区域设置加压泵站，以确保水压满足用户需求。管网的合理布局有助于减少供水压力波动和漏损率。据研究，通过优化供水系统布局，管网漏损率可降至 5% 以下，而在未优化的情况下，漏损率可能高达 15% 至 20%。供水管道的材料选择对系统的稳定性和运行成本有显著影响。现代供水系统常采用高强度聚乙烯（HDPE）或球墨铸铁管，其中 HDPE 适用于高腐蚀性土壤区域，而球墨铸铁管则适用于高压管道。管道设计需考虑水力坡降和水头损失，以确保在最低能耗下实现最大供水量。管道流量的计算可通过曼宁公式进行：

$$Q = \frac{1}{n} \cdot A \cdot R^{2/3} \cdot S^{1/2}$$

其中，Q 表示流量，n 为曼宁糙率，A 为管道横截面积，R 为水力半径，S 为水力坡度。合理的管道流速范围应控制在 0.6 至 2.5 米每秒，以防止水锤效应和管道淤积。

供水系统的优化还包括供水调度系统的建设，现代供水系统通常依赖 SCADA 系统进行实时监控与调度。自动化控制系统能够在不影响供水质量的前提下，最大限度地减少供水能耗。供水调度的优化可通过建立数学模型进行，如线性规划模型，以确定最优的泵站运行方案和供水路径。

表 1-3　　　　　　　　　供水系统优化参数

参数名称	影响因素	优化策略
水厂布局	地形、人口分布	根据地形和人口合理布局水厂
管网设计	地形、交通条件	沿主要交通干道铺设管道
水源利用	水资源分布	合理分配和利用水资源
泵站设置	地形高差、用水需求	根据地形和需求设置泵站
管道材料	土壤腐蚀性、压力需求	选择合适的管道材料
流量控制	用户需求、能耗	通过 SCADA 系统实现流量控制

供水系统的优化还需要考虑泵站的能效，泵站作为供水系统中能耗的主要部分，其运行效率直接影响整个系统的能耗水平。通过采用高效节能的泵型和优化泵站的运行参数，可以显著降低能耗。此外，泵站的维护和定期检查也是

确保系统长期稳定运行的关键。水质管理通过建立水质监测体系和采用先进的水处理技术，可以确保供水水质满足安全标准。水质监测点的设置应覆盖整个供水系统，以实现对水质的全面监控。供水系统通过建立备用水源和增设应急供水设施，可以提高系统的抗风险能力。此外，供水系统的智能化管理，如采用智能水表和泄漏检测技术，可以进一步提高系统的运行效率和安全性。

（四）水源保护与利用

随着人口增长和城镇化进程加快，水资源短缺与污染问题日益严重，使得水源保护与利用技术面临更大的挑战，在供水工程中，水源保护的核心任务是保障水质安全并维持水量的稳定供给，具体实施时需要综合考虑水源类型、自然环境、污染源控制以及水资源调配等多个因素。

水源主要分为地表水和地下水两大类，两者在供水系统中的利用方式和保护措施存在差异。地表水是城市供水的主要水源，常来自河流、湖泊和水库，具有资源量大、分布广泛的特点，但也容易受到人类活动和自然环境变化的影响，水质波动较大。地下水则是重要的备用水源，特别是在干旱或特殊环境下，地下水可以有效补充供水不足，地下水的保护与开发利用需考虑水文地质条件及抽取后的水位变化等问题。在水源保护方面，必须实施严格的水源保护区划分制度，通常将水源地划分为一级、二级和准保护区。一级保护区内禁止一切可能污染水源的活动，二级保护区则对部分活动实施限制，准保护区是对未来可能影响水源的活动进行监控与管理。水源保护区的划定应基于详细的水文地质调查，并结合区域发展的实际情况，划定合理的边界线。水源地周边的土地利用和开发活动需要接受严格的监管，防止农业、工业废水、生活污水等外部污染物进入水源地是关键目标。农业污染主要来自于化肥和农药的使用，通过加强农业面源污染控制技术，如减少化肥农药使用量、推广有机农业、实施土壤改良等，可以有效减少水体富营养化现象。工业污染则需要建立污染物排放标准，并严格执行污染物监测和处理设施建设。此外，生活污水对水源地的影响需要通过建设完善的污水处理系统加以控制，防止未经处理的污水直接排入水体。

在城市供水系统中，需考虑到非常规水源的开发与利用，如雨水收集、中水回用等非常规水源，可以有效缓解水资源短缺问题。雨水收集系统可以通过建设蓄水池、渗透设施等手段，实现雨水的储存与净化，并将其用于灌溉、绿化等用途。而中水回用技术通过污水处理后再利用，有助于减少新鲜水资源的消耗，提高水资源的利用率。通过推广节水灌溉、节水器具、循环用水等技术手段，可以有效减少不必要的水资源浪费。比如，在农业灌溉中推广滴灌、微喷等节水灌溉方式，能够大幅度提高水资源的利用效率，减少蒸发和渗漏造成的损失。在工业用水方面，推行循环用水技术和废水回用技术，可显著降低水的使用量，同时减少排污量。与此同时，现代水质监测技术的发展使得实时监测水源水质成为可能，通过在线监测仪器可以对水体中的污染物浓度、流速、水温等参数进行实时监控，确保水源受到污染时能够及时采取应急处理措施。此外，利用遥感技术可以对大范围的水源地进行动态监控，及时发现可能存在的水质变化和污染风险。由于水资源的时空分布不均，常常出现丰水期水量过多，而枯水期水量不足的情况，因此合理的水资源调配是确保供水系统稳定运行的前提。大型调水工程是解决地区水资源分布不均问题的有效手段，通过引水工程将水资源丰沛地区的水引入到缺水地区，可以有效缓解区域性供水不足问题。但调水工程的实施需要考虑跨流域调水对环境的影响，合理设计调水线路和规模，确保生态平衡不被破坏。

（五）政策法规与支持体系

供水系统的规划与实施不仅需要依靠先进的技术和科学的管理，还必须在强有力的政策法规支持下进行。政策法规体系是保障供水安全、规范供水行为和促进供水可持续发展的基石。当前，世界各国在供水领域普遍制定了一系列法律、法规和标准，以确保供水系统的科学规划、建设、管理和运营。在中国，供水相关的法律法规框架主要包括《水法》《环境保护法》《城乡规划法》《水污染防治法》等，为供水系统的建设与运行提供了法律依据和技术标准。

政策法规的制定需要基于对水资源特点、用水需求和环境条件的全面分析，供水规划的政策目标应包括提升水资源的利用效率、确保供水安全、促进供水系统的可持续发展等。在法规的制定过程中，特别应注重供水系统中不同环节的细化和分类管理，以便更好地适应实际需求，如在城乡一体化供水体系中，应针对不同的水源类型、供水方式和用户需求，制定有针对性的政策和标准，避免一刀切式的管理方式。

在政策的实施层面，需要建立健全的供水管理体制和监督机制，供水系统的管理涉及多个部门和层级，包括水务部门、环保部门、地方政府和供水企业等，机构的职责分工应明确，确保各方在供水过程中能够有效协调合作。供水管理体制通常采取地方政府主导、企业实施、社会监督的模式。地方政府负责供水政策的制定和宏观调控，供水企业则负责具体的供水服务和设施维护，社会监督机构则对供水服务的质量和价格进行监督。在经济政策方面，合理的水价政策对供水系统的健康运行至关重要。水价应体现水资源的稀缺性和供水成本，并通过价格杠杆引导用户节约用水和合理用水。我国的水价政策一般采取分级水价制度，即根据用水类别和用水量设置不同的收费标准。对于居民生活用水，通常采取阶梯水价的方式，随着用水量的增加，水价也相应提高，以鼓励节水。此外，对于农业、工业等用水大户，应根据实际用水情况制定差异化的收费标准，促进各行业的水资源合理利用。现代供水系统越来越依赖于信息化和智能化技术，政府应鼓励企业和科研机构加大对供水领域的技术创新投入，特别是在水质监测、管网检测、漏损控制等方面，推广先进的传感技术、数据分析技术和自动化控制系统。在政策法规的推动下，建立完善的技术标准体系，有助于统一供水设施建设的标准，提高供水系统的整体效率和安全性。

随着水资源问题的全球化发展，许多国家通过参与国际合作与技术交流，共同应对水资源短缺与供水安全挑战。例如，联合国环境规划署、水资源行动计划等国际组织通过制定全球性的水资源管理框架，推动各国在供水领域的政策协调和经验共享。在此背景下，我国也积极参与全球水资源治理合作，不断吸收国际先进经验，提升国内供水系统的管理水平和技术创新能力。在未来的供水政策法规体系建设中，还需要进一步加强公众参与和社会监督，通过政策引导和法律保障，建立公众参与机制，让公众能够充分参与供水系统的规划、管理和监督，有助于提高供水服务的透明度和公众满意度。同时，广泛开展节水宣传教育，增强公众的节水意识，从而在全社会范围内形成科学用水、节约用水的良好氛围，为供水系统的可持续发展提供社会支持。

第三节　城乡供水系统

（一）供水系统组成与功能

城乡供水系统是由多个功能单元组成的综合性系统，其核心任务是保障城乡居民和工业生产的用水需求。供水系统通常包括水源、输配水管网、水处理设施、加压泵站、储水设施等组成部分。每一个环节在供水系统中都有其特定功能，确保水源从自然环境中获取，经过处理、输送到用户手中，保持水质达标和水量稳定。

1. 水源

水源是供水系统的基础，城乡供水的水源主要分为地表水和地下水，地表水源包括河流、湖泊、水库等，具有较大的水量，但由于地表水容易受到污染，因此需要经过较为复杂的水处理过程。地下水源则来自深层地下，通过钻井采集，水质相对较好，但地下水的采集需要考虑水文条件及生态平衡，避免过度抽取导致地下水位下降。

2. 水处理设施

水处理设施的主要功能是去除水中的悬浮物、有机物、微生物及其他污染物，确保水质符合国家标准。常用的水处理工艺包括混凝沉淀、过滤、消毒等工序。具体工艺选择依据原水水质和用户需求而定。地表水源常需多道处理工艺，而地下水源处理相对简单。现代供水系统还引入了高级水处理技术，如超滤、纳滤、活性炭滤池、高级氧化、反渗透等深度处理工艺，用于进一步改善水质。

3. 输配水管网

输配水管网的功能是将原水或经过处理的水输送至水厂或用水单位（用户）。管网系统根据管径大小及功能分为输水管道、配水管道和用户支管。输水管道的口径较大，通常在 500 毫米以上，用于将水从水源输送至水处理厂。配水管道口径较小，一般在 100 至 400 毫米之间，将水从水厂输送到居民区、党政机关、企事业单位及工业区等不同的用水点。用户支管则直接连通用户，用于最终输送自来水。输配水管网设计中需考虑管道的材料、耐压性及抗腐蚀性。常用的管道材料有钢管、铸铁管、塑料管、钢筋混凝土管、玻璃钢管、不锈钢管、复合材料管等。

4. 加压泵站

为了保证供水管网系统中水的压力，特别是在高层建筑或远距离输送过程中，加压泵站是不可或缺的组成部分，泵站的设计需考虑水压需求、水量需求以及能耗等因素。常用的泵类型包括离心泵、潜水泵等，泵站的数量和位置需要经过精确计算，确保水压在整个供水系统中保持稳定。

5. 储水设施

储水设施的功能是缓解供水需求波动带来的压力，确保在用水高峰时段能够满足用户需求，常见的储水设施包括蓄水池、水塔等。储水池的容量设计需依据用水量预测和应急需求，通常按一天至两天的最大用水量进行储备。水塔利用高度差形成水压，既可以调节供水量，也能为某些地区提供额外的水压支持。

表 1—4	供水系统主要组成部分及功能	
组成部分	功能	特征参数
水源	提供原水	地表水、地下水，需考虑水质
输配水管网	输送处理过的水	管径范围 100—500mm 不等
水处理设施	提供水质处理	包括混凝、过滤、消毒等工序
加压泵站	维持供水系统的水压稳定	常用离心泵、潜水泵等
储水设施	应对用水高峰或应急储备	通常按最大用水量设计储水容量

（二）系统设计与建设

城乡供水系统的设计与建设需综合考虑水源特点、用户用水需求、供水规模、地形条件及经济成本等多个因素。设计过程中应遵循优化布局、降低能耗、提高系统可靠性等原则。系统设计的核心目标是确保供水系统在运行中能够高效、稳定且经济地满足用户需求。

1. 水源选择与水量设计

水源选择是供水系统设计的首要环节，依据水资源的可用性、质量和长期稳定性，需对区域内的水源进行评估。地表水和地下水各有其优缺点，设计时应根据具体条件选择适合的水源类型。水量设计需依据城市或地区未来的发展规划、人口增长及工业需求等因素进行合理预测。供水系统的设计水量通常按年均最大用水量的120%进行设计，以应对季节性用水波动。

2. 管网布局与管径计算

管网布局需考虑城市或乡村的地形特点、建筑密度及用户分布情况，常用的管网布局形式包括环状、树状和放射状布局。在环状管网中，水可以通过多个路径到达用户，提高了系统的可靠性和供水的均匀性。树状布局较为简单，建设成本低，但易出现末端水压不足的问题。放射状管网则适用于城市中心区。

管径计算通常采用"达西－魏斯巴赫公式"进行水力学计算，根据设计流量和管道摩擦损失计算出合理的管径，公式如下：

$$h_f = f \times \frac{L}{D} \times \frac{v^2}{2g}$$

其中，h_f 为单位长度的摩擦损失，f 为摩擦系数，L 为管道长度，D 为管径，v 为流速，g 为重力加速度，通过该公式，可以确定在不同的流量条件下，所需的管道直径。

3. 泵站设计与选址

泵站设计需根据供水系统中的压力需求、供水量需求和地形条件确定。泵站的设计压力通常依据最高用水点的水压需求确定，同时还需考虑管道的水头损失和建筑物高度。泵站的选址应靠近水源或高水位地区，以减少能耗和压力损失。

4. 水处理厂设计

水处理厂的设计需根据水源水质特点和用户需求进行工艺选择。常用的工艺包括混凝沉淀、过滤、消毒等，设计时应考虑处理过程的效率和运行成本。对于水质较差的地表水源，可能需要增加高级处理工艺，如活性炭吸附、反渗透等。水处理厂的设计规模需根据供水量预测进行，通常按最大日均水量的150％进行设计，以确保在高峰时段也能稳定供水。

表 1－5　　　　　　　　　　供水系统设计的主要参数

设计内容	主要参数	单位
供水量设计	最大日均水量的 120％－150％	立方米/日
管道设计	管径依据达西－魏斯巴赫公式	毫米
泵站设计	依据最高用水点水压需求	米水头
水处理厂	依据水源水质选择工艺	立方米/日

（三）运行管理与维护

供水系统运行过程中涉及的管理内容包括水质监测、管道维护、泵站和水处理设备的日常保养及紧急情况处理。系统的日常维护和检修工作直接影响供水系统的可靠性和寿命。

1. 水质监测与管理

供水系统运行中，水质监测主要包括对水中的物理、化学和微生物指标进行检测。常见的监测指标有浑浊度、pH 值、余氯含量、细菌总数等。现代供水系统通常采用在线监测技术，通过安装传感器和数据采集设备，实时监测水质变化。一旦出现水质异常，系统可立即发出警报并启动应急处理措施。

2. 管网检修与漏损控制

管道系统的老化和损坏会导致供水系统的漏损，许多城市供水系统的漏损率高达 20％至 30％，不仅造成了水资源的浪费，也增加了系统的运行成本。为降低漏损率，需定期对管网进行检修，包括管道的压力测试、泄漏检测和修复工作。漏损检测技术主要有声波检测、压力测试等，现代供水系统还引入了智能管网管理系统，通过数据分析预测管道的破损情况并进行及时修复。

3. 泵站与设备维护

泵站是供水系统的核心环节，其正常运行直接关系到整个系统的压力平衡和供水量，泵站的日常维护包括泵的润滑、密封系统的检查、电气系统的保养等。为确保泵站的高效运行，需定期进行流量和水压测试，以评估泵站的工作状态。

4. 水处理设备维护与保养

水处理设备的维护是保证水质达标的基础环节。常用的水处理设备包括混凝池、沉淀池、过滤器、消毒装置等。每种设备的维护需求不同，需依据设备特点制定维护计划。混凝池和沉淀池的维护主要涉及定期清理池底的淤泥和沉积物，以保证处理效率。过滤器则需定期更换滤料或进行反冲洗操作，避免堵塞导致过滤效果下降。消毒装置如加氯设备的维护则需确保氯气的供应和设备的密封性，避免氯气泄漏。

此外，现代水处理厂常采用自动化控制系统，通过传感器和监控设备对各项处理参数进行实时监测，如水的浑浊度、pH 值、余氯浓度等。设备维护人员需定期检查这些自动化控制系统的传感器和数据采集装置，确保其准确性和可靠性。一旦出现设备故障或异常运行，系统应能够及时发出警报，并启动备用设备，保障水质不受影响。

表 1－6　　　　　　　　　水处理设备常见故障与维护措施

设备类型	常见故障	维护措施
混凝池	淤泥积累影响效率	定期清理池底沉积物
沉淀池	沉淀物过多导致池体堵塞	定期排泥，监测沉淀效果
过滤器	滤料堵塞，过滤效率下降	定期反冲洗，更换滤料
消毒设备	加氯不均或氯气泄漏	检查加氯设备密封性，保证氯气供应
自动化控制	传感器故障或数据偏差	定期校准传感器，检查数据采集装置

5. 应急处理方案的制定与执行

供水系统在运行过程中可能面临突发事件，如水源污染、管道破裂、设备故障等。因此，供水系统必须制定完善的应急处理方案，确保在紧急情况下仍能保障供水。应急方案需包括应急水源的调度计划、备用设备的启用、供水管道的快速修复流程等，当水源突然受到污染时，应立即启动备用水源，并通过关闭相关阀门隔离污染区，水处理厂需加大水质监测频率，并加强消毒处理，确保出厂水质达到标准。对于管道破裂等情况，维护人员应迅速定位破损点，并通过关闭附近的供水阀门减少水量损失。同时，应急维修队伍应在最短时间内完成修复工作，并对管网系统进行压力测试，确保修复后的管道能够正常使用。

（四）应急处理与安全保障

供水系统在日常运营中可能面临各种突发事件对供水系统的安全性和稳定性造成影响，因此应急处理和安全保障是供水系统管理中不可或缺的部分。建立完善的应急处理机制和安全保障体系，对于确保供水系统在突发情况下的正常运行至关重要。

1. 应急处理机制的建立

应急处理机制应包括应急预案、应急响应、应急资源和应急演练等内容，应急预案是对各种发生的突发事件的应急处理措施的系统化安排，包括事件的识别、响应流程、责任分工、资源配置等。应急响应是指在事件发生后，迅速采取的应急措施，如启动备用水源、实施水质处理、发布安全警告等。应急资源包括应急物资、设备和人员等，确保在发生突发事件时能够快速调动和使用。应急演练则是对预案的实际操作检验，通过演练提高应急响应能力和团队协作水平。

2. 水源污染应急处理

水源污染的应急处理包括污染源识别、水质检测、应急措施实施和后期恢复等环节，污染源识别是指通过监测和调查确定污染源的位置和类型。水质检测则通过采样分析，评估水体污染的程度。应急措施实施包括暂停污染水源的使用、启动备用水源、实施水质净化和处理等。后期恢复包括修复受污染水源、完善防护措施、防止污染事件的再次发生。

3. 管网泄漏应急处理

管网泄漏可能导致水资源浪费、供水压力下降等问题，应急处理措施包括泄漏定位、修复管道和恢复供水，泄漏定位可以通过声波检测、压力测试等技术手段，确定泄漏点的具体位置。修复管道通常采用传统的开挖修复或者非开挖修复技术，视具体情况而定。恢复供水则需要调整管网运行模式，确保在修复期间对用户供水的影响降到最低。

4. 设备故障应急处理

设备故障可能导致供水系统的运行中断或效率降低，应急处理措施包括故障诊断、修复或更换设备，故障诊断通过监测设备的运行数据，识别故障原因。修复设备通常包括更换损坏的部件、调整设备参数等。如果设备损坏严重，则需要进行设备更换，确保系统的正常运行。维护人员应具备应急处理能力，并配备必要的工具和备件。

5. 安全保障措施

安全保障措施包括物理安全、信息安全和人员安全。物理安全措施包括对供水设施的防护，如安装监控设备、设置围栏等，防止设备遭受破坏。信息安全措施包括保护供水系统的数据和控制系统不受网络攻击，通过加密技术、防火墙等手段保护系统数据。人员安全包括对操作人员的安全培训，确保他们了解安全操作规程和应急处理流程。

表 1—7   应急处理与安全保障措施

应急处理内容	主要措施	备注
水源污染	污染源识别、水质检测、净化处理	需根据污染类型选择处理方法
管网泄漏	泄漏定位、管道修复、恢复供水	可采用开挖或非开挖修复技术
设备故障	故障诊断、设备修复或更换	需配备必要的备件和工具
物理安全	安装监控、设置围栏	防止设备破坏
信息安全	数据加密、防火墙	保护系统数据安全
人员安全	安全培训、操作规程	确保操作人员安全

（五）技术创新与发展趋势

随着科技进步和社会需求变化，供水系统的技术创新不断推进，技术创新不仅提高了供水系统的效率和稳定性，也推动了供水系统的智能化和绿色化发展。了解当前的技术发展趋势，有助于设计和建设更为先进的供水系统。

1. 智能化技术的应用

智能化技术在供水系统中的应用主要体现在数据采集与分析、自动控制和远程监控等方面。智能传感器和物联网技术使得对供水系统中各类参数（如水质、流量、压力等）的实时监测成为可能。通过数据采集系统收集的实时数据可以进行深入分析，帮助识别系统中的潜在问题，并优化运行策略。自动控制系统能够根据实时数据自动调整泵站的工作状态，保持系统的稳定性和效率。远程监控技术允许对供水系统进行远程操作和故障诊断，提高了管理的便捷性和响应速度。

2. 节能减排技术的发展

节能减排技术在供水系统中的应用主要包括高效能设备的使用和节能管理措施的实施。高效能泵、节能电机和低能耗水处理设备等新技术能够显著降低系统的能耗。节能管理措施如优化泵站的运行调度、减少管网的泄漏和回收利用废热等，也能够减少能源消耗和排放。通过综合运用节能技术，可以实现供水系统的绿色运行，降低运营成本并减少环境影响。

3. 绿色水处理技术的应用

绿色水处理技术是指在水处理过程中，采用环保、低能耗的技术手段，包括膜过滤技术、光催化技术和生物滤池等。这些技术不仅能够有效去除水中的污染物，还能降低对环境的影响，如膜过滤技术可以高效去除水中的悬浮物和有机物，减少对化学药剂的使用。光催化技术则利用光催化剂分解有机污染物，减少传统处理方法中的二次污染。生物滤池则通过微生物降解水中的污染物，具有较高的处理效率和较低的运营成本。

4. 管网监测与维护技术

管网监测与维护技术的创新主要集中在漏损检测和管道修复方面，现代管网监测技术包括声波检测、压力测试和智能传感器等，能够实时监测管网的运行状态，及时发现潜在的漏损问题。管道修复技术则包括非开挖修复技术（如内衬修复、喷涂修复）和传统的开挖修复技术。非开挖修复技术能够减少对道路和环境的影响，提高修复效率。通过这些新技术的应用，可以延长管网的使用寿命，降低维护成本，并减少对用户供水的影响。

5. 水资源回用与循环利用技术

水资源回用与循环利用技术是应对水资源短缺的重要手段，中水回用技术通过处理污水并将其回用于非饮用领域，如园林浇灌、工业用水等，减少了对新水源的需求。废水循环利用技术则通过处理和再利用生产过程中的废水，降低水资源的消耗和废水排放。实施水资源回用和循环利用技术不仅可以缓解水资源紧张问题，还能实现资源的有效利用和环境保护。

表 1-7 供水系统技术创新与发展趋势

技术领域	创新内容	影响与前景
智能化技术	实时数据采集与分析、自动控制、远程监控	提高系统运行效率与管理便利
节能减排技术	高效能设备、节能管理措施	降低能耗与运营成本
绿色水处理技术	膜过滤、光催化、生物滤池	提高处理效率，减少环境影响
管网监测与维护技术	漏损检测、非开挖修复技术	延长管网寿命，降低维护成本
水资源回用技术	中水回用、废水循环利用	缓解水资源紧张问题

第四节 设备及材料概述

（一）供水设备种类与应用

供水系统的稳定与高效运作离不开各种设备的协同配合，不仅确保了水质的安全性，也提高了供水的可靠性，在供水设备中，除了水泵、阀门、管道、过滤器和消毒设备这些基本组成部分，还有许多其他辅助设备和材料，共同构成了一个复杂而精细的系统。除了水泵，供水系统中还会使用到增压泵、变频泵等特殊类型的泵，根据系统的实际需求自动调节运行状态，以适应不同的供水条件，变频泵通过调整电机的运行频率，实现对水泵转速的控制，从而精确控制流量和扬程，达到节能和延长设备使用寿命的目的。在阀门的选择上，除了基本的闸阀、球阀、截止阀和止回阀，还有蝶阀、隔膜阀、电磁阀等，各自适用于不同的工作环境和控制需求，蝶阀因其结构简单、体积小、重量轻，常用于大口径管道的启闭控制。管道材料的选择除了钢管、铸铁管、PVC 管和PE 管，还有不锈钢管、玻璃钢管等，材料的选择需要综合考虑管道的耐腐蚀性、耐温性、机械强度和连接方式，不锈钢管因其优异的耐腐蚀性能，常用于输送腐蚀性较强的介质。过滤器的设计和应用除了砂滤器、碳滤器和微滤器，还有超滤器、反渗透膜等，过滤器的选择需要根据水质的具体情况和处理目标来确定，反渗透膜可以有效去除水中的溶解盐类和有机物，常用于海水淡化和纯净水制备。消毒设备的选择除了加氯、臭氧和紫外线消毒，还有二氧化氯发生器、银离子消毒器等，消毒方法的选择需要考虑消毒效果、安全性、成本和操作的便捷性，二氧化氯因其广谱、高效、无残留的特点，被广泛应用于饮用水和食品加工用水的消毒。

供水系统中，还会涉及到一些辅助设备，如流量计、压力表、水表等，用于实时监测和控制供水系统的运行状态，流量计可以测量管道中水的流量，而压力表则可以显示系统的压力状态，数据对于系统的稳定运行至关重要。

表 1—8　　　　　　　　供水系统中设备和材料的应用

设备/材料类型	应用范围	特点	适用条件
离心泵	供水提升	高效、低噪音	大流量低压力
蝶阀	启闭控制	结构简单、操作方便	大口径管道
不锈钢管	输送管道	耐腐蚀、卫生	腐蚀性介质
反渗透膜	水质净化	高纯度、低能耗	纯净水制备
二氧化氯发生器	消毒	广谱、高效、无残留	饮用水消毒

此外，供水系统的设计还需要考虑一些基本的工程公式，以确保系统的合理性和有效性，根据伯努利方程，可以计算管道中水流的压力损失：

$$P + \frac{1}{2}\rho v^2 + \rho gh = 常数$$

其中，P 是压力，ρ 是流体密度，v 是流速，g 是重力加速度，h 是高度。

（二）材料选择与使用要求

在供水工程设计与实施阶段，材料的甄选与应用标准直接关系到整个系统的效能与持久性，为确保供水系统的高效与安全运行，需细致考量材料的特性与环境适应性，同时兼顾成本效益。

管道材料的甄选应基于供水压力与介质特性，铸铁管，以其优异的耐磨性能与较长的使用寿命，成为高压供水系统中备受青睐的选择。钢管，尽管在高压力与高温环境下表现卓越，但需注意其防腐蚀处理，以确保系统长期稳定。塑料管，尤其是聚乙烯（PE）、聚氯乙烯（PVC）、聚丙烯（PP），因其轻质、安装便捷与出色的耐腐蚀性能，在中低压力系统中应用广泛。阀门材质的选择需紧密贴合介质性质与工作环境。铸铁阀门，适用于中低压工况，成本效益显著。碳钢阀门，面对高压力与高温挑战时，展现出色的性能。不锈钢阀门，凭借卓越的耐腐蚀性，是处理强腐蚀性介质的上乘之选。过滤器材料的选择应注重化学稳定性和机械强度。砂滤器中，天然石英砂因其高过滤效率与化学稳定性成为首选。活性炭滤器，采用高品质活性炭，有效吸附有机污染物。多介质滤器，通过组合使用不同材质的过滤层，显著提升过滤效果与系统整体性能。

表1—9　　　　　　　　　供水工程中常用材料特性及适用场景

材料类别	特性描述	适用场景
铸铁管	耐磨性强，使用寿命长	高压供水系统
钢管	高强度，适用于高温环境，需防腐处理	高温高压力环境
塑料管（PE）	轻质，安装方便，耐腐蚀	中低压力系统
铸铁阀门	适用于中低压环境	中低压供水系统
碳钢阀门	承受高压力和高温	高温高压力环境
不锈钢阀门	耐腐蚀性佳	强腐蚀性介质处理
石英砂	高过滤效率，化学稳定性好	砂滤器过滤介质
活性炭	吸附有机污染物	活性炭滤器过滤介质
多介质滤器	通过不同材质组合，提升过滤效率	高效过滤需求

材料的耐腐蚀性是系统稳定运行的基石，对于处理含腐蚀性介质的水质，不锈钢与塑料管因其优异的耐腐蚀性能，成为优选材料。强度与耐压性是衡量材料适用性的关键指标，需确保管道与阀门等设备能承受设计压力，避免因压力过高导致的设备损坏。经济性考量不可或缺，材料成本、维护费用与更换周期均需纳入决策范围，以实现成本效益最大化。

表 1—10   供水工程材料性能参数计算公式

参数	公式	说明
承压能力（P）	P＝F/A	F 为作用力，A 为横截面积，用于计算材料的承压能力
经济成本（C）	C＝M＋V＋R	M 为材料成本，V 为维护费用，R 为更换周期的折算成本
耐腐蚀性（R）	R＝1－（m/M）	m 为腐蚀后材料质量，M 为原始材料质量，R 值越大表示耐腐蚀性越好

依据设计规范，材料的采购需经过严格筛选，施工过程中的质量检验不容忽视。管道的规格、壁厚与承压能力的检查，阀门与过滤器的性能测试，以及安装与维护的标准化操作，均是确保系统长期稳定运行的必要条件。

（三）设备材料维护与更换

设备和材料的维护与更换是确保供水系统持续稳定运行的重要环节。有效的维护策略能够延长设备使用寿命，提高系统运行效率，降低故障率和维修成本。维护和更换的主要内容包括定期检查、保养、修理以及材料的更换。

1. 设备维护

设备维护是确保供水系统高效运行和延长设备使用寿命的关键，包括日常检查、定期保养和故障维修三个方面。日常检查涵盖对设备状态的常规评估，包括泵的运行状态、阀门的开关情况以及管道是否有漏水现象。此过程需留意设备是否出现异常噪音、振动或温度升高等问题，并记录设备运行数据，作为长期监控和分析的依据。定期保养则涉及对设备进行系统性的维护，以确保其正常运作。保养内容包括清洁设备、更换磨损部件和润滑运动部件，如泵的维护包括检查和更换密封件，清洁滤网以及润滑轴承，确保泵的高效运转。阀门维护则包括检查阀门的密封性，清洁阀座和润滑阀杆，以保证阀门的密封和操作灵活。管道的维护则关注管道接口的密封性以及内部的清洁，防止堵塞和腐蚀。故障维修则是在设备出现问题时的关键步骤，包括对设备进行故障诊断和修理。常见故障如泵的失效、阀门的卡阻及管道的泄漏等，都需要及时进行处理。维修时需根据具体故障类型进行相应的修复或更换部件，例如更换泵的叶轮、更换阀门的密封圈，或者修复管道的裂缝，以恢复设备的正常功能。

2. 材料更换

材料的更换是针对由于使用过程中磨损、腐蚀或损坏导致部件失效的关键维护操作，更换材料的过程包括需要更换的材料，通过对设备运行状态的定期检查和维护记录的分析，可以发现哪些部件存在老化、磨损或损坏的问题。管道的老化表现为腐蚀或裂纹，阀门的密封失效会导致漏水，泵的叶轮磨损则影响泵的效率和性能。详细检查和评估这些问题的严重性，有助于确定材料更换的必要性和优先级，确保及时处理潜在的设备故障，选择合适的替代材料是至关重要的。选择过程中应确保新材料符合原材料的规格和性能要求，以保证更换后的部件能够发挥预期的功能。替代材料不仅需满足技术标准，还应考虑其耐用性、性能及经济性。例如，选择新的管道材料时，应确保其与原有系统兼容，且在耐腐蚀性和耐压能力上不低于原材料。同时，考虑新材料是否能在更高的标准下提供更好的性能和更长的使用寿命，以提高整体系统的可靠性。更换材料后，需要对设备进行重新安装和调试。确保新材料的安装符合行业标准和制造商的要求，检查设备的运行状态，进行必要的调试，以确保设备能够正常运作，安装新阀门时，需要确保其与管道的连接紧密，避免泄漏；更换泵的叶轮后，需要对泵进行运行测试，以确认其性能达到预期要求。最后，详细记录每次材料更换的时间、原因、类型以及其他相关信息，有助于追踪设备的维护历史和评估更换的效果。通过分析材料更换的频率和原因，可以优化维护策略，选择更合适的设备和材料，减少未来的故障发生率，提高供水系统的整体效率和可靠性。

3. 维护管理系统

建立科学的维护管理系统涵盖了维护计划、记录与分析，以及培训与评估三个关键方面，全面的维护计划应包括日常检查、定期保养和故障维修的具体时间表和内容，并根据设备的实际使用情况和技术要求进行动态调整。通过安排维护活动，能够有效预防设备故障并提升系统的稳定性。与此同时，记录与分析环节发挥着核心作用。对所有维护和更换活动的详细记录，包括设备运行数据、故障记录和维修记录，不仅帮助追踪设备的历史维护情况，还为分析设备的运行状态和故障原因提供了数据支持。通过系统地分析记录数据，可以识别潜在问题，发现维护过程中存在的改进机会，从而优化维护方案，进一步提高系统的可靠性和效率。此外，培训与评估则确保了维护工作的高效开展。通过对维护人员进行定期培训，能够提升其技术水平和操作技能，确保能够熟练应对各种维护任务。同时，定期评估维护效果和检查维护计划的实施情况，能够及时发现并解决实施中的问题，确保维护工作按照既定计划有效进行。

（四）新技术新材料应用

在现代供水工程中，新技术和新材料的应用不断推动系统的进步和优化，技术和材料不仅提升了设备的性能，还增强了系统的耐用性和环境适应性。

1. 复合材料的应用

复合材料在供水工程中的应用越来越广泛，尤其是在管道系统中，纤维增强塑料管（FRP）是一种新型复合材料，其特点包括轻质、高强度和耐腐蚀性。FRP 管道通常由环氧树脂和玻璃纤维编织而成，能够承受较高的工作压力和温度。FRP 管的直径范围一般在 50mm 至 1200mm，耐压能力可达到 1.6MPa 以上。相较于传统的钢管或铸铁管，FRP 管具有更低的安装成本和更长的使用寿命。此外，FRP 管的抗腐蚀性能优异，适合用于化学腐蚀性强的环境。高密度聚乙烯（HDPE）管材因其优良的耐腐蚀性和柔韧性，广泛应用于城市供水系统中。HDPE 管的公称直径范围从 20mm 到 800mm 不等，工作压力可达 1.6MPa，且其在低温环境下不会变脆，适合在极端气候条件下使用。

2. 新型防腐蚀涂层

针对传统金属管道的腐蚀问题，环氧树脂涂层是一种应用广泛的防腐蚀涂层，其耐化学腐蚀性强，适合各种恶劣环境下的管道保护。环氧树脂涂层一般由底涂层和面涂层组成，底涂层的厚度在 $50\mu m$ 至 $100\mu m$ 之间，面涂层的厚度在 $100\mu m$ 至 $200\mu m$ 之间。此类涂层能够有效防止金属表面与腐蚀介质的直接接触，从而延长管道的使用寿命。聚氨酯涂层，其耐磨损性和抗冲击性较强，适合用于高磨损环境下的设备保护。聚氨酯涂层的厚度一般在 $200\mu m$ 至 $300\mu m$ 之间，能够有效抵御机械损伤和化学腐蚀。

3. 智能化监测技术

智能化监测技术的应用大大提升了供水系统的运行效率和安全性，物联网（IoT）技术与传感器技术的结合，使得实时监测供水系统的状态成为可能。通过安装在管道、泵站和阀门上的传感器，能够实时获取设备的运行数据，包括压力、流量、温度等。传感器数据通过无线网络传输到中央控制系统，进行数据分析和处理。这种智能化监测系统可以及时发现设备异常，进行预警，并自动调整系统参数，从而提高系统的稳定性和可靠性。数据采集系统的关键技术包括无线传感器网络（WSN）、远程监控系统和数据分析平台。WSN 能够实时传输数据并监控设备状态，远程监控系统则通过网络接口提供实时监控和控制功能，数据分析平台则对采集的数据进行深度分析，以预测设备的故障趋势和优化维护策略。

4. 节能技术的应用

节能技术在供水系统中的应用越来越受到重视，尤其是在泵站和水处理设备中，变频驱动（VFD）技术是一种广泛应用的节能技术，通过调节泵的转速来匹配实际负荷，从而减少能源消耗。变频驱动系统的节能效果显著，一般可以节省 20％至 50％的能耗，具体节能幅度取决于系统的负荷变化范围和运行时间。另外，高效泵具有更高的能效比（EER），其设计和制造工艺能显著降低能量损耗。高效泵的运行效率通常在 80％以上，相较于传统泵的 60％至 70％效率，有显著的节能效果。

5. 新型过滤材料

在水处理过程中，新型过滤材料的应用提升了水质处理的效率和效果，超滤（UF）膜是一种新型膜材料，其孔径在 $0.01\mu m$ 到 $0.1\mu m$ 之间，能够有效去除水中的悬浮物、胶体物质和大分子有机物。UF 膜的使用能够显著提高水处理的精度，并减少后续处理的负担，另一种新型过滤材料是纳米滤膜（NF），其孔径在 1nm 至 10nm 之间，能够去除水中的离子和小分子有机物。纳米滤膜的应用在去除水中微量污染物和硬度方面表现出色，为高要求的水处理场景提供了解决方案。

(五) 环保节能要求与实现

在现代供水系统的建设和运营中，环保和节能要求逐渐成为重要的考量因素，为了实现可持续发展，供水系统必须在减少资源消耗和降低环境影响方面采取有效措施。以下是实现环保和节能的关键策略和技术。

1. 节能设计

节能设计应涵盖泵站、管网、处理设施等各个方面，在泵站设计中，选择高效泵和变频驱动系统可以显著减少能源消耗。泵站的设计还应考虑到系统的负荷变化，通过合理的泵组配置和调度策略，最大限度地提高系统的运行效率。在管网设计中，采用合理的管径和布局可以减少流体输送过程中的能量损失，管道的内径设计应根据流量和压力需求进行优化，以减少摩擦损失和压力损失。管网系统的优化可以降低泵的工作压力，从而减少能源消耗。

2. 可再生能源利用

太阳能和风能是常见的可再生能源，在供水系统中可以用于提供电力支持，太阳能光伏系统可以安装在泵站和水处理厂的屋顶，为设备提供电力，从而减少对传统能源的依赖。风能则可以通过风力发电机组为供水系统提供额外的电力，尤其在风能资源丰富的地区效果显著。除了太阳能和风能，生物质能源利用废弃的有机物质进行发电或供热，可以为供水系统提供稳定的能源支持，同时减少废弃物的处理成本。

3. 废水回用与资源化

中水回用系统可以将城市污水经过处理后用于非饮用目的，如灌溉、工业用水和冲厕。中水回用不仅可以减少对新鲜水资源的需求，还能降低污水处理成本。在水处理过程中，废水资源化技术也发挥了重要作用，通过膜生物反应器（MBR）技术处理污水，可以获得高质量的处理水，并回收水中的营养物质和有用成分。此外，污水处理过程中产生的污泥可以通过厌氧消化技术转化为生物气体，进一步用于能源生产。

4. 绿色建筑与智能控制

绿色建筑注重资源节约和环境保护，采用高效节能的建筑材料和设备，建筑物的隔热设计可以减少能源消耗，提高空调和供暖系统的效率，绿色建筑还采用雨水收集和利用系统，将降水用于灌溉和设备冲洗，从而减少对自来水的需求。智能控制系统通过实时监测和数据分析，能够优化设备的运行参数，减少能源浪费。智能水表和控制系统可以精确计量水的使用量，并根据用水情况自动调节供水量，从而降低不必要的能源和水资源消耗。

5. 环境友好的材料和工艺

在管道和设备的制造过程中，采用低 VOC（挥发性有机化合物）涂料和环保型密封材料，可以减少对环境的污染。采用再生材料和低能耗生产工艺也有助于降低对自然资源的消耗和减少废物的产生。在施工过程中，采取有效的环保措施可以减少对环境的负面影响，施工现场应采取防尘措施，减少施工过程中产生的扬尘；废弃物应分类处理和回收，避免对土壤和水体的污染。

第五节　仪表及自动化

（一）仪表种类与功能

1. 流量计

流量计用于测定水流速率，常见类型包括电磁流量计、超声波流量计等。电磁流量计基于法拉第电磁感应原理，通过测量导电流体在磁场中的电势差来计算流量。这种流量计的优势在于其对于流体流速的高精度测量，尤其适用于大口径管道，具体的流量计算公式为：

$$Q = k \cdot B \cdot v$$

其中，Q 为流量，k 为流量计的校准系数，B 为磁场强度，v 为电动势（电势差）与流体的流速相关。电磁流量计的测量误差较小，但对导电流体有一定的要求。

超声波流量计利用超声波在流体中传播的时间差来计算流量。其原理基于超声波在流体中传播速度受流体流速影响的特性。流量计算公式为：

$$Q = \frac{A \cdot t_1 - t_2}{t_1 \cdot t_2}$$

其中，A 为管道横截面积，t_1 和 t_2 分别为超声波在流体中传播的时间。超声波流量计适用于各种管道条件，其精度与安装位置和流体的状态密切相关。

2. 压力计

压力计用于监测供水系统中的压力状态，其主要类型包括机械式压力计和电子式压力计。机械式压力计通过指针和刻度来显示压力值，其工作原理基于弹性元件的变形。虽然这种类型的压力计较为直观，但其准确性受环境条件影响较大。

电子式压力计则通过压力传感器将压力信号转化为电信号，再通过数字显示进行读取，其测量公式通常为：

$$P = \frac{V_{out} - V_{min}}{V_{max} - V_{min}} \cdot P_{full}$$

其中，P 为压力值，V_{out} 为传感器输出电压，V_{min} 和 V_{max} 分别为传感器的最小和最大输出电压，P_{full} 为全量程压力。电子式压力计的高精度和良好的重复性使其在现代供水系统中得到了广泛应用。

3. 水位计

水位计用于监测储水设施或管道中的水位，常见类型包括浮子式、水位传感器式和超声波水位计。浮子式水位计通过浮子的位移来指示水位。其工作原理为浮子在水位变化时的位移转化为机械指示或者电信号，公式可以表示为：

$$L = L_{max} - \Delta L$$

其中，L 为水位，L_{max} 为浮子静态时的最大水位，ΔL 为浮子在水位变化时的位移。

电容式水位计则通过测量电容的变化来确定水位。电容的变化与水位成正比，因此可以通过电容变化计算水位，其公式为：

$$C = \frac{\varepsilon \cdot A}{d}$$

其中，C 为电容值，ε 为介电常数，A 为电极面积，d 为电极间距。水位变化导致电容值的变化，从而可以准确测量水位。

超声波水位计通过超声波在空气中传播的时间来计算水位，其测量公式为：

$$L = \frac{I \cdot V}{2}$$

其中，L 为水位，T 为超声波的往返时间，V 为声速。超声波水位计具有非接触测量的优点，适合于各种储水设施。

4. 水质分析仪

水质分析仪用于实时监测水的化学成分和生物指标，以确保水质安全。常见的测量参数包括 pH 值、溶解氧、浊度、氯含量等。pH 值的测量通常采用电极法，其公式为：

$$pH = -\log \frac{H^+}{H^+_0}$$

其中，H^+ 为氢离子浓度，H^+_0 为标准氢离子浓度。溶解氧的测量可以通过电化学传感器，其公式为：

$$DO = \frac{V_{DO} \cdot C_{alibration} F_{actor}}{K}$$

其中，DO 为溶解氧浓度，V_{DO} 为传感器输出电压，$C_{alibration} F_{actor}$ 为校准因子，K 为传感器的灵敏系数。水质分析仪的选择需要考虑其对不同水质条件的适应能力和测量精度。

（二）自动化系统构成

自动化系统在供水工程中其架构涵盖了传感器、控制器、执行器以及通信网络，通过协同工作，确保供水系统的稳定性和高效性。传感器用于实时采集各种系统参数，包括流量、压力、水质等数据。这些数据被传送至控制器，控制器利用预设的算法和逻辑规则处理信息，并生成控制指令。执行器则根据控制器发出的指令执行具体操作，例如调节阀门的开度或启停泵站。通信网络则实现了组件之间的数据交换，确保系统的协调运作。现代供水系统常采用先进的控制算法，如 PID 控制（比例－积分－微分控制）算法，其基本形式为：

$$u_t = K_p \cdot e_t + K_i \cdot \int e_t \, dt + K_d \cdot \frac{de_t}{dt}$$

其中，u_t 为控制量，e_t 为偏差（设定值与实际值的差），K_p 为比例增益，K_i 为积分增益，K_d 为微分增益。PID 控制器通过调整这三种增益，优化系统的响应，减少偏差，确保系统在不同工作条件下的稳定性和精确性。

现代供水系统还广泛采用 SCADA（监控控制和数据采集）系统，具有数据采集、实时监控、报警和趋势分析等多种功能。SCADA 系统通过数据采集模块将传感器数据采集到中央控制系统，并通过实时监控模块提供操作界面和数据展示，帮助操作员监视系统状态。报警模块则在检测到异常时触发警报，以便及时采取措施。趋势分析模块利用历史数据进行分析，帮助预测未来趋势和进行维护决策。

表 1—11   自动化系统主要组件功能

组件	功能描述
传感器	实时采集系统中的流量、压力、水质等参数
控制器	处理数据并生成控制指令
执行器	执行控制指令，如调节阀门、启停泵站
通信网络	组件之间的数据传输
SCADA 系统	数据采集、实时监控、报警、趋势分析

自动化系统的高效运作依赖于这些组件的紧密配合，数据的准确采集和快速传输、控制算法的精确执行以及控制指令的有效实施共同保证了供水系统的高效运行。与此同时，系统的可靠性和稳定性也得到确保，通过实时监控和趋势分析，能够有效地识别和解决潜在问题，优化供水过程，提高资源利用效率。

(三) 数据采集与处理

数据采集在自动化系统中占据核心地位，是确保供水系统高效运作的基础，供水系统通过安装各种传感器，持续监测流量、压力、水位以及水质等关键参数。传感器的数据采集功能确保了系统对关键指标的实时获取，使得系统能够随时了解当前状态，通过通信网络传输至中央控制室，由数据采集系统进行记录和存储，形成一个详尽的数据库。

数据采集系统不仅要具备高精度和高频率的数据记录能力，还需具备可靠的数据存储功能，以确保数据在传输和存储过程中不丢失。数据存储系统一般包括数据库管理系统（DBMS），负责对数据进行结构化存储，以支持后续的数据查询和分析。常用的数据库类型包括关系型数据库（如 MySQL、PostgreSQL）和时序数据库（如 InfluxDB），其中时序数据库特别适用于处理实时数据流和时间序列数据。数据处理涉及对采集数据的进一步分析和解读，以提取有价值的信息和洞察。数据处理过程包括数据清洗、数据整合、数据分析和数据解释几个步骤。数据清洗旨在去除异常值、错误数据和缺失值，保证分析结果的准确性。数据整合则将来自不同传感器和系统的数据进行汇总，以便进行综合分析。数据分析通常运用统计学方法、数据挖掘技术和机器学习算法，识别数据中的模式和趋势，从而为系统优化和问题解决提供依据。统计分析能够揭示系统的运行模式和趋势，通过对流量数据的时间序列分析，可以识别流量的周期性变化，预测未来的流量需求。对于水质数据，通过趋势分析可以发现水质的长期变化趋势，从而指导水处理工艺的调整。异常检测技术则用于识别数据中的异常情况，通过设定阈值监控流量和压力数据，能够及时发现管道泄漏或设备故障。数据解释其目的是将分析结果转化为实际操作中的指导信息。通过对数据的解释，能够揭示系统中的潜在问题，并提出相应的解决方案，流量数据的异常波动可能表明管道存在泄漏或堵塞，而水质参数的异常变化可能指示水源污染或处理设施的故障。解释结果通常以报告形式呈现，供系统操作员和决策者参考。

（四）远程监控与管理

远程监控系统使得供水系统的运行状态可以在中央控制室或其他远程位置进行实时监视，此系统通过集成传感器和通信技术，能够实时传输系统数据到控制中心，使操作人员能够随时查看流量、压力、水质等关键参数的状态。利用先进的图形化用户界面和实时数据展示，远程监控系统提供了清晰的系统运行视图，包括系统组件的工作状态和报警信息。数据的实时传输和展示确保了操作人员能够迅速识别异常情况并做出相应反应。在远程监控的基础上，远程管理系统提供了更多的控制功能。通过系统，操作人员能够在远程地点直接执行各种控制操作，例如调节阀门的开度、启动或停止泵站等。远程管理系统通过安全的通信协议与现场设备连接，确保了指令的准确传达和执行，远程操作的能力显著提高了系统的响应速度，减少了人工现场操作的需要，从而降低了运营成本。远程管理系统的设计通常包括多个功能模块，如远程操作界面、控制指令传输模块和安全验证模块。远程操作界面允许操作人员通过计算机或移动设备发送控制指令。控制指令传输模块则负责将操作指令从控制中心安全传输到现场设备，同时反馈设备的运行状态。安全验证模块确保了远程操作的安全性，通过身份验证和权限管理防止未经授权的访问和操作。通过远程监控和管理，供水系统的维护和运营得以优化。实时数据的获取和远程控制能力减少了现场检查的频率，提高了问题响应的效率，若系统检测到压力异常，远程监控系统会立即发出警报，操作人员可以通过远程管理系统调节相关设备，解决问题，而无需亲临现场，远程操作不仅缩短了故障修复的时间，还降低了由于人工操作带来的错误风险。

表 1－12   远程监控与管理系统功能及优点

功能	描述	优点
实时数据监控	在控制室或远程地点实时查看系统运行状态	及时发现系统异常，减少服务影响
远程控制操作	远程调节阀门、启动或停止泵站等	提高系统响应速度，降低运营成本

续表

功能	描述	优点
安全通信	确保远程指令的安全传输和执行	防止未经授权的访问和操作
数据反馈	反馈设备的运行状态，支持远程监控	提供实时操作反馈，确保控制准确性

远程监控与管理系统的实施带来了运营效率的显著提升，通过集成现代通信技术和自动化控制功能，供水系统能够更灵活、更高效地应对各种运行条件和突发情况。系统的优化不仅提高了日常操作的便捷性，也增强了系统的整体稳定性和可靠性。

（五）智能化发展趋势

随着物联网、大数据、云计算以及人工智能等先进技术的不断进步，供水系统的智能化正逐步实现更高水平的自动化和优化，通过整合各类智能设备、数据处理技术以及自我学习算法，智能化供水系统具备了更加精准、可靠的运行模式。物联网技术的应用使得各类传感器和设备可以通过网络实现无缝连接，实时监测和传输水流、压力、水质等各类参数，大数据技术则能够处理海量的历史和实时数据，为系统的优化提供数据支持。智能化供水系统的核心在于能够通过技术实现自适应调整、故障预测、需求预测等功能，从而有效提升系统的运营效率和管理水平。在智能化供水系统中，通过对历史数据进行分析，机器学习模型能够识别出用水量的变化趋势、季节性波动以及用户行为模式等要素。基于预测结果，系统可以自动调整供水策略，如在高峰期增加供水量，或在用水低谷期减少供水量，确保系统在不同条件下的高效运行，人工智能还被用于优化供水网络中的压力管理。通过对实时数据的分析，系统能够自动调整泵站和阀门的运行状态，保持供水管网中的压力均衡，从而减少水锤现象并降低能耗。传统的维护模式依赖定期检查和人为经验，而智能诊断系统通过收集设备的运行数据，并结合机器学习和大数据分析技术，能够实时监测设备的健康状况。当系统检测到设备的运行参数出现异常时，会通过数据模型预测设备故障的发生时间，并在故障发生前发出预警。这样，运维人员可以根据系统的建议进行预防性维护，避免因设备故障导致的停机或供水中断，从而显著提高系统的可靠性和维护效率。智能水表极大提升了用户用水数据的精确度。相比传统水表，智能水表能够以更高的频率记录和传输用水数据，为用户提供更加准确的用水量统计，智能水表的双向通信能力使得供水公司能够远程监控用户的用水情况，并根据需求调整供水策略或及时检测漏水情况。智能水表的普及不仅提高了供水系统的运营效率，还帮助用户更好地管理用水资源，减少浪费。智能泵站的出现也推动了供水系统的自动化和智能化水平，通过引入先进的控制系统和传感技术，智能泵站能够根据实时数据对泵的工作状态进行动态调整，例如根据需求调节流量和压力，优化能耗。当需求较低时，智能泵站会自动降低运行功率，从而实现节能减排，智能泵站还可以与其他设备和系统进行联动，形成一个综合优化的供水网络，通过整体协调提高系统的运行效率。

第二章　供水管网工程设计

第一节　设计用水量计算

（一）用水量标准确定与计算

在供水管网工程设计的领域里，精准地确定和计算设计不仅要求设计师对区域内居民和不同用途的用水需求有透彻的理解，还要能准确预测未来的需求变化，以确保供水系统的可持续性和适应性。以下为对设计用水量计算的进一步探讨。

设计用水量的计算应基于长期的用水数据收集与分析，包括居民用水、商业用水、公共设施用水以及特殊用途用水等各类用水形式的详细数据，通过数据，可以建立一个综合的用水模型，进而为设计提供坚实基础。以居民生活用水为例，除了人均用水量，还应考虑到家庭结构、季节变化、节假日活动等因素对用水量的影响。比如，在夏季，由于灌溉和空调使用增多，用水量会相应增加；而在冬季，由于气温下降，居民可能会减少户外活动，从而减少用水量。此外，节假日期间由于人们聚集和庆祝活动，用水需求也会有所增加。对于商业和服务业用水，应根据其业务性质和规模来确定，如零售业、餐饮业和娱乐场所的用水量会根据店铺面积、顾客流量以及营业时间而异。公共设施如学校、医院和体育馆，其用水量也会根据服务的人数和服务时间而有所不同。工业用水的计算则更为复杂，需要考虑生产工艺、设备效率以及循环水利用率等因素。工业用水不仅包括生产过程中的直接用水，还包括冷却、洗涤等辅助用水。因此，工业企业的用水标准往往需要与具体的生产流程紧密结合。

表 2—1	不同用途的用水标准	
用水类型	用水量标准（L／人·d 或 m³／日）	考虑因素
居民生活用水	150—300	人口规模、生活习惯、气候条件
商业用水	根据店铺面积和营业时间确定	店铺类型、顾客流量、营业时间
公共设施用水	根据服务人数和服务时间确定	设施类型、服务人数、服务时间
工业用水	根据生产工艺和设备需求确定	生产工艺、设备需求、循环水利用率

在计算供水量时，可以使用以下公式进行计算：

$$Q_\text{总} = Q_\text{居民} + Q_\text{商业} + Q_\text{公共} + Q_\text{工业}$$

其中 $Q_\text{总}$ 表示总设计用水量，$Q_\text{居民}$、$Q_\text{商业}$、$Q_\text{公共}$ 和 $Q_\text{工业}$ 分别代表居民生活用水、商业用水、公共设施用水和工业用水的计算结果。

对于供水管网的长期规划，还需要考虑到人口增长、城市发展和工业扩张等因素，意味着设计用水量的计算不应该是静态的，而应该是动态的，能够适应未来的变化。为此，可以采用预测模型和趋势分析来预测未来的用水需求，并据此调整供水管网的设计。

（二）最高日用水量计算

在供水管网的工程设计中，最高日用水量直接影响到供水系统的规模和能力，最高日用水量的准确预测对于确保系统在用水高峰期的稳定运行至关重要，该参数的确定需要综合考虑多种因素，包括季节性变化、气候条件、人口活动模式以及特殊事件等。最高日用水量的计算通常基于平均日用水量，并引入一个调节系数来反映用水量的波动。这个调节系数，也称为最高日用水系数，是一个经验值，用于调整平均用水量以适应用水高峰。最高日用水系数的取值范围一般为 1.2 至 1.5，具体数值取决于供水区域的具体情况和历史用水数据。

为了更准确地计算最高日用水量，可以采用以下公式：

$$Q_\text{最高日} = K_\text{日} \times Q_\text{日均}$$

其中，$Q_\text{最高日}$ 表示最高日用水量，单位为立方米每天（m³/d），$K_\text{日}$ 是最高日用水系数，$Q_\text{日均}$ 则是平均日用水量。

在实际应用中，最高日用水量的确定可以通过分析多年的用水数据来实现，通过对历史数据的统计分析，可以找出用水高峰期间的日用水量，并以此为基础确定最高日用水量。此外，还可以通过模拟不同情景下的用水需求，来预测未来可能的用水高峰。在供水管网设计中，最高日用水量的确定对于管径的选择、泵站的容量以及调节水池的规模等都有直接影响，如管径的选择需要确保在最高日用水量的情况下，水流能够顺畅地通过，避免因管径过小而导致的水压不足。泵站的容量则需要满足在用水高峰期间，能够提供足够的动力来保证水的输送。调节水池的规模则需要能够存储足够的水量，以应对用水高峰期间的瞬时用水需求。

表 2-2　　　不同供水区域的最高日用水系数和平均日用水量

供水区域	平均日用水量 （m^3/d）	最高日用水系数	备注
城市中心区	5000	1.5	高人口密度，商业活动频繁
郊区	2000	1.3	人口密度较低，工业用水较多
农村地区	500	1.2	农业用水占比较高

在设计供水管网时，除了考虑最高日用水量，还应考虑到系统的可靠性和灵活性，在设计中可以采用多级泵站系统，以适应不同区域的用水需求，还可以通过设置多个调节水池，来平衡不同时间段的用水需求，确保供水的稳定性。此外，供水管网的设计还应考虑到未来的发展。随着城市化进程的加快，人口增长和经济发展可能会导致用水量的增加，在设计时，应预留一定的扩展空间，以适应未来可能的用水需求变化。在特殊情况下，如遇到干旱、水污染事件或其他紧急情况，供水系统可能需要应对更高的用水需求。在此情况下，设计中应考虑引入应急供水方案，如增加临时泵站、调整供水路线或启用备用水源等。

（三）最高时用水量计算

在供水管网工程设计中，最高时用水量决定了系统在用水高峰时段的瞬时供水能力，最高时用水量的计算不仅需要基于最高日用水量，还需要考虑用户的日常用水习惯和用水高峰时段的分布，高峰时段通常出现在早晨和傍晚，因此在设计中必须特别关注这些时段的用水需求。最高时用水量的计算可以通过最高时用水系数与最高日用水量的乘积来实现。最高时用水系数是一个经验值，用于反映在最高日中某一小时内用水量的相对增加，通常在 1.5 至 2.5 之间，具体取值取决于供水区域的用水特性和历史数据。

$$Q_{最高时} = K_{时} \times Q_{最高日}$$

其中，$Q_{最高时}$ 表示最高时用水量，单位为立方米每小时（m^3/h），$K_{时}$ 是最高时用水系数，$Q_{最高日}$ 是最高日用水量。

在供水管网的设计中，泵站的设计需要确保在最高时用水量的情况下，泵站能够提供足够的流量和压力，以满足供水需求。管网压力的调节需要考虑到用水高峰时段的瞬时压力变化，确保供水系统的稳定性。储水设施的选择则需要根据最高时用水量来确定其规模，以保证在用水高峰时段能够提供足够的水量。

表 2—3   不同供水区域的最高时用水系数和最高日用水量

供水区域	最高日用水量（m^3/d）	最高时用水系数	备注
城市中心区	15000	2	高人口密度，早晚高峰明显
郊区	8000	1.8	工业用水较多，用水高峰较平稳
农村地区	1500	1.5	农业用水占比较高，用水高峰时段相对分散

在设计供水管网时，除了考虑最高时用水量，还应考虑到系统的可靠性和灵活性，可以采用多级泵站系统，以适应不同区域的用水需求。同时，还可以通过设置多个储水池，来平衡不同时间段的用水需求，确保供水的稳定性。此外，供水管网的设计还应考虑到未来的发展。随着城市化进程的加快，人口增长和经济发展可能会导致用水量的增加，在设计时，应预留一定的扩展空间，以适应未来可能的用水需求变化。在特殊情况下，如遇到干旱、水污染事件或其他紧急情况，供水系统需要应对更高的用水需求，设计中应考虑引入应急供水方案，如增加临时泵站、调整供水路线或启用备用水源等。

（四）消防用水量计算

消防用水量的精确计算是确保供水系统在火灾紧急情况下能够提供必要水量的关键，不仅基于建筑特性和规模，还须遵循当地的消防法规和标准。在设计供水系统时，必须考虑到不同类型的建筑和区域，如高层建筑、仓库、工业厂房等，对消防用水量有不同的需求。

消防用水量的计算方法通常涉及对建筑总面积和火灾危险性等级的评估，计算公式如下：

$$Q_{消防} = K_{消} \times A$$

其中，$Q_{消防}$ 表示消防用水量，单位为立方米每小时（m^3/h），$K_{消}$ 是消防用水系数，其取值范围通常在 0.02 至 0.1 之间，具体数值取决于建筑的类型和火灾危险性等级，A 表示建筑的总面积，单位为平方米（m²）。消防用水系数的确定需要依据建筑的用途、结构、材料以及内部布局等因素，对于木材加工厂或化工厂等火灾危险性较高的场所，消防用水系数可能会取较高的值，以确保在火灾发生时能够提供足够的水量进行灭火。在设计供水系统时，除了计算消防用水量，还应考虑消防设施的配置，对于重要的公共设施、大型工业园区或高危行业，可能需要单独设置消防水池和消防泵站，以确保在火灾情况下能够提供稳定且充足的水源，设施的设计应与供水管网的压力设计和泵站配置相结合，确保在火灾情况下，供水系统能够正常运行，同时不影响日常生活用水的供应。

表 2—4　　　不同建筑类型的消防用水系数和消防用水量的计算

建筑类型	建筑总面积（m²）	消防用水系数	消防用水量（m³/h）	备注
高层住宅	50000	0.05	2500	高层建筑，火灾风险较高
工业厂房	30000	0.08	2400	火灾危险性较高
商业中心	20000	0.03	600	人流密集，需快速响应

在供水管网的设计中，还应考虑到系统的可靠性和灵活性，如可以采用多级泵站系统和多水源供应策略，以适应不同区域的消防用水需求，通过设置多个储水池和消防泵站，可以平衡不同时间段的用水需求，确保供水的稳定性。此外，随着城市化进程的加快，建筑物的增加和人口的增长可能会导致消防用水量的增加，在设计时，应预留一定的扩展空间，以适应未来可能的消防用水需求变化。在特殊情况下，如遇到火灾、地震或其他紧急情况，供水系统可能需要应对更高的用水需求，设计中应考虑引入应急供水方案，如增加临时泵站、调整供水路线或启用备用水源等。

（五）总设计用水量汇总

在供水系统的设计中，总设计用水量是系统布局、管径选择、泵站配置和储水设施设计的核心参数。总设计用水量综合考虑了不同用户群体的用水需求，包括生活用水、工业用水、商业用水以及消防用水，还需纳入管网的损耗量，以确保整个供水系统的稳定运行及未来发展的弹性。不同用水需求的特性和峰值变化直接影响到供水管网的设计策略，特别是在保障供水系统的可靠性和长期服务能力上具有显著意义。总设计用水量的计算涉及对各类用水量的精确估算，以及对供水管网出现的损耗和特殊需求的合理预测。

总设计用水量的计算公式如下：

$$Q_{总设计} = Q_{生活} + Q_{工业} + Q_{商业} + Q_{消防} + Q_{损耗}$$

其中，$Q_{总设计}$ 表示总设计用水量（m^3/d），该数值反映了供水系统每日所需的总水量。$Q_{生活}$ 代表生活用水量（m^3/d），其计算需基于供水区域内人口规模、居住密度及日常用水标准，结合不同用户的日常活动习惯，并考虑到峰值时段的用水特性。对于生活用水的计算，通常参考当地的生活用水标准（L/人·d）乘以服务人口数量，得出每天的总生活用水需求。通常，城市的生活用水标准较高，约为 $150\sim300$ L/人·d，而农村或郊区的标准较低，为 $80\sim150$ L/人·d。$Q_{工业}$ 是工业用水量（m^3/d），其计算取决于供水区域内各类工业企业的生产规模、工艺流程、设备用水量及生产班次等因素。工业用水需求的差异性较大，通常依据工业企业的用水要求及历史数据进行预估。工业用水量的标准化计算可参考相关行业的用水基准，结合企业的实际生产能力进行调整。例如，对于大规模制造业或化工企业，其用水需求可能远高于一般服务业或轻工业。$Q_{商业}$ 为商业用水量（m^3/d），用于满足供水区域内商业设施、服务场所、办公楼等非生活、非工业用户的需求。商业用水量的确定可根据建筑面积、日均客流量或办公人员数量进行推算。通常，商业设施的用水量受到季节性影响较小，较为稳定，但对于大型商场、酒店等高客流量场所，设计时需考虑高峰时段的供水需求，以避免在高负荷时段出现供水不足的情况。$Q_{消防}$ 表示消防用水量（m^3/h），其计算依据国家和地方消防规范以及建筑物类型、建筑面积和火灾风险等级等因素。消防用水量的设计不仅要满足日常消防需求，还需应对重大火灾时的紧急供水需求。在高风险区域或建筑物密集的地区，消防用水量的设计可能需要独立的消防供水系统，以保证火灾时能够迅速调集充足的水量进行扑救。此外，供水管网设计需确保消防用水与其他用水的同时供给能力，特别是在供水管径设计和泵站选型时，需充分考虑火灾发生时的供水压力波动及应急调节能力。$Q_{损耗}$ 为管网损耗水量（m^3/d），是指供水过程中由于管道泄漏、设备老化、非正常损耗等原因造成的水量损失。一般来说，管网的损耗率会根据供水系统的技术水平、设备维护情况和管道质量进行设定，通常在 $5\%\sim15\%$ 之间。损耗率的设计不仅影响供水系统的效率，也对供水成本和长期维护费用产生直接影响。较新的供水系统或采用先进管道材料的区域，损耗率通常较低，而老旧管网或维修不及时的系统，损耗率较高。

总设计用水量的汇总需全面评估各类用水需求的实际情况，并考虑管网的潜在损耗，在实际工程设计中，设计者需根据城市发展规划、人口增长预测以及未来经济发展趋势对用水量进行动态调整。特别是在快速发展的城市区域或供水需求波动较大的工业园区，需预留一定的供水冗余，以应对未来的用水增长。同时，供水系统的设计还需兼顾节能环保原则，尽可能通过优化设计、提高设备效率和减少损耗来实现供水系统的可持续性。

基于上述各类用水量的汇总，设计者可根据总设计用水量合理选择供水管网的管径、泵站容量以及储水设施的规模。管径的选择直接影响供水系统的输水能力和水力损失，通常需通过水力计算结合实际用水需求进行优化。泵站的配置则需依据最高日和最高时的用水量进行选型，以确保系统在峰值时段能够稳定供水。此外，储水池的容积设计需满足调节供水压力、应急供水和日常调度的需求，其大小取决于总设计用水量和系统的调节能力。

表 2—5　　　　　　　　　　　不同用水类型和计算公式

用水类型	计算公式	备注
生活用水量	$Q_{生活} = P \times q_{生活}$	其中 P 为人口数，$q_{生活}$ 为人均用水量
工业用水量	$Q_{工业} = N \times W_{工业}$	其中 N 为工厂数量，$W_{工业}$ 为单厂用水量
商业用水量	$Q_{商业} = A \times q_{商业}$	其中 A 为建筑面积，$q_{商业}$ 为单位面积用水量
消防用水量	$Q_{消防} = K_{消防} \times A$	其中 K 为消防系数，A 为建筑总面积
损耗水量	$Q_{损耗} = Q_{总供水} \times \lambda$	其中 λ 为损耗率

第二节　管径计算与管网校核

（一）比流量与沿线流量计算

供水管网设计涉及到管道的选型、布局以及整个系统的运行效率，流量计算不仅需要考虑用户的用水需求，还需结合流体力学原理和管道的物理特性进行综合分析。在供水管网中，流量的计算通常从源头开始，逐步向末端推进。沿线流量的确定是管网设计的基础，依赖于用水量的分布和管道的布局。对于直线型的管道系统，流量的计算可以通过简单的乘法运算得出，即沿线流量等于比流量乘以管段长度，比流量是指单位长度管道上通过的水流量，其单位为升每秒每公里（L/s·km）。然而，实际的供水管网往往比直线型系统更为复杂，包含多个支线和节点，沿线流量的计算需要考虑更多的因素，如节点的分布、管道的连接方式以及用水点的具体需求。为了更精确地计算沿线流量，可以采用动态模拟的方法，通过模拟不同用水条件下的流量变化，来优化流量分配。

在确定比流量时，需要考虑整个区域的总用水量和管道的总长度。比流量的计算公式可以表示为：

$$q = \frac{Q_{total}}{L_{total}}$$

其中，Q_{total} 表示区域的总用水量，L_{total} 表示区域内所有管道的总长度。比流量的值对于管道的选型直接影响到管道的直径、壁厚以及材料的选择。为了更好地理解比流量与沿线流量的关系，假设一个供水区域的总用水量为 $Q_{total} = 5000L/s$，该区域的管道总长度为 $L_{total} = 50km$。根据上述公式，可以计算出比流量 q 为：

$$q = \frac{5000}{50} = 100L/s \backslash cdot pkm$$

在这个供水区域中，每公里管道需要承载 100 L/s 的流量，接下来，可以根据具体的管道布局和节点分布，计算出各个管段的沿线流量，如果一个管段的长度为 2 km，那么该管段的沿线流量 Q 可以通过以下公式计算：

$$Q = q \times l = 100 \times 2 = 200L/s$$

在实际的管网设计中，还需要考虑管道的摩擦损失、局部阻力以及可能的流量波动等因素。因此，设计者通常会采用计算机模拟软件来辅助设计，软件可以模拟不同工况下的流量分布，帮助设计者优化管网布局，确保供水系统的稳定性和经济性。

（二）节点流量计算与分配

在供水管网设计中，节点流量的计算涉及到整个系统的水力平衡与效率，节点流量的确定基于质量守恒原理，即进入节点的流量必须等于离开节点的流量加上节点的用水量。

$$Q_{in} = Q_{out} + Q_{node}$$

其中，Q_{in} 表示进入节点的总流量，Q_{out} 表示离开节点的总流量，Q_{node} 表示节点的用水量。

在实际应用中，节点流量的计算需要考虑多种因素，包括用户的用水需求、管道的水力特性以及管网的拓扑结构。对于环状管网，节点流量的精确计算尤为重要，因为可以避免由于流量分配不均导致的局部供水不足或超载问题。在进行节点流量分配时，设计者需要对每个节点的地理位置、用水需求和管道特性进行综合分析。通过调整流量调控阀门或使用压力调节器，可以在管网中实现动态平衡，确保各节点的流量满足实际需求。现代供水系统中，智能化流量调控设备的应用越来越广泛，设备能够根据实时监测的数据自动调整节点流量，提高供水网络的运行效率。

为了更直观地展示节点流量的分配情况，如表 2－6 所示供水系统中不同节点的流量分配情况，包括上游流量、下游流量和节点用水量。

表 2—6　　　　　　供水系统中各节点流量分配情况

节点编号	上游流量（L/s）	下游流量（L/s）	节点用水量（L/s）
1	200	150	50
2	150	120	30
3	120	90	30

通过表 2—6，可以清晰地了解每个节点的流量分配情况，从而对管网进行优化设计，在实际设计过程中，需要根据节点流量分配结果，计算各管段的水头损失，并进行必要的流量调整，以满足整个系统的压力平衡条件。节点流量的计算和分配还需要考虑管网的动态特性。随着用水需求的变化，节点流量可能会发生波动，因此设计者需要采用灵活的设计方法，以适应不同工况下的流量变化，如可以采用可变速泵或变频控制技术，根据实际流量需求调整泵的运行速度，实现节能和高效供水。在设计供水管网时，还需要考虑管道材料、敷设方式、地形条件等因素，会对管网的水力性能和经济性产生影响。通过综合考虑因素，可以制定出既经济又高效的管网设计方案。

（三）管径初拟与管网平差

在进行管径的初步设计时，其核心目标是确保管道系统在满足流量需求的同时，兼顾经济性和水力性能，涉及到对流量的精确计算和对流速的合理控制。在供水管道设计中，推荐将流速控制在 0.6 至 1.5 米每秒的范围内，不仅能够保证水的输送效率，还能确保水流在管道内的稳定性。

基于上述流速范围，通过以下公式计算出所需的管道直径：

$$D = \frac{4Q}{\pi v}$$

其中，D 表示管道直径（单位：米），Q 表示设计流量（单位：立方米每秒），v 表示设计流速（单位：米每秒），此公式提供了一种直接的方法来确定在给定流量和流速条件下所需的管道直径。

在实际应用中，除了初步的管径设计外，还需要对管网系统进行水力平衡校核，以确保整个系统的流量和压力分布合理。这通常涉及到节点流量法和平差过程，该过程包括以下几个步骤：

（1）初步流量分配：计算系统中每个节点的初步流量分配情况。

（2）水头损失计算：基于初步流量分配，计算各管段的水头损失。

（3）流量调整：根据水头损失的计算结果，调整各节点的流量，直至满足整个系统的压力平衡条件。

对于复杂的管网系统，如环状管网或平行管网，还需要采用回路流量法进行平差，方法的重点在于确保系统中每个回路的流量平衡，避免在分支管道上出现不均匀的流量分布，从而防止单一管道的超载。

在进行管网设计时，还需要考虑其他因素，如管道材料、地形条件、管道敷设方式等，对最终的管径选择产生影响。为了更全面地评估管网设计，可以如表2-7所示列出不同设计方案的参数对比。

表2-7 不同设计方案的参数对比

设计方案	管径（m）	流速（m/s）	材料	敷设方式	经济性评估
方案A	0.5	1.2	PVC	直埋	中等
方案B	0.6	1	铸铁	管沟敷设	高
方案C	0.7	0.8	钢	架空敷设	较低

通过对比不同方案的参数，可以更清晰地了解各个方案的优缺点，从而做出更合适的选择。在设计过程中，应不断迭代和优化设计方案，以达到最佳的经济性和水力性能平衡。值得注意的是，管网设计是一个动态的过程，需要根据实际情况进行调整。设计者应持续监测系统运行情况，并根据反馈进行必要的设计修正，以确保管网系统的长期稳定运行。

（四）消防与事故校核

供水管网的设计必须综合考虑日常用水需求与紧急情况下的供水能力，确保在任何情况下都能提供稳定和安全的供水服务。在完成初步的流量和管径设计后，进一步的校核工作至关重要，特别是针对消防用水和事故状态下的供水需求。消防用水的计算应基于不同区域的火灾风险等级，遵循当地的消防法规和设计规范。消防用水量的确定通常基于最大时用水量与消防用水需求的叠加，其计算公式可以表示为：

$$Q_{fire} = q_{fire} \cdot N$$

其中，Q_{fire}代表消防用水量（单位：升每秒），q_{fire}是单个消防栓的设计流量（单位：升每秒），而N是假设同时开启的消防栓数量。根据消防风险等级的不同，设计用水量需求也会有所变化，如表2-8所示。

表 2-8 不同消防风险等级下的设计用水量需求

消防等级	单栓流量（L/s）	同时开启栓数	消防用水量（L/s）
低风险	10	2	20
中风险	15	3	45
高风险	20	4	80

事故校核则是为了评估在突发事件如管道破裂或泵站故障时，管网的供水能力，部分管段可能失效，设计者需要通过模拟来预测事故状态下的流量分布和压力变化，以验证管网是否能够通过备用管道或设施来满足供水需求。

在进行事故校核时，设计者应考虑到管网的冗余性和可靠性，包括评估备用管道的容量、泵站的备用能力以及阀门的调控能力。通过措施，即使在部分系统失效的情况下，也能确保供水的连续性和稳定性。供水管网的设计还应包括对泵站、阀门和其他关键设施的定期检查和维护计划，以降低事故发生的风险。通过实时监测系统，可以及时发现并响应潜在的问题，从而提高整个供水系统的可靠性。在设计供水管网时，还应考虑到未来的发展和变化，包括人口增长、工业发展和城市规划等因素影响供水需求。因此，设计应具有一定的灵活性和可扩展性，以适应未来的需求变化。最终，供水管网的设计是一个多方面、多层次的复杂过程，需要综合考虑流量计算、管径选择、水力平衡、消防用水、事故校核以及未来的可持续发展。通过精确的设计和严格的校核，可以确保供水管网在满足日常需求的同时，也能在紧急情况下提供可靠的供水服务。

（五）管径确定与校核结果

在进行供水管网的管径最终确定时，需要综合考虑流量、压力、流速等多方面因素，以确保整个供水系统在设计条件下运行稳定、经济合理，并具备应对不同工况的能力。管径确定的核心是满足设计流量需求，并在保证供水压力的基础上将水头损失控制在合理范围内。设计中的水头损失通常不宜超过 2-3 m/km，这一标准能够在系统运行中有效控制能耗，避免过高的压降导致供水不足或水力平衡失调。管道流速是另一个关键参数，根据实际经验，流速应保持在 0.6-1.5 m/s 之间，以平衡输水效率与管道磨损。如果流速过高，管道内部的摩擦力将增加，不仅导致较大的能耗，还可能引发水锤效应，损坏管道；而流速过低则可能导致输水效率下降，水质问题如沉积物的累积也可能增加。因此，保持流速在合理范围内对于系统的长期运行尤为重要。基于这些要求，可以使用如下公式确定管径：

$$D = \sqrt{\frac{4Q}{\pi v}}$$

其中，D为管道直径（单位：m），Q为设计流量（单位：m^3/s），v为水流速度（单位：m/s）。

在此基础上，考虑到供水管网的实际运行需求，尤其是在事故或突发情况下，系统还必须具备一定的冗余能力，冗余设计是为了确保在部分管段出现故障时，系统仍能通过其他管段继续供水，而不至于导致大面积的供水中断。冗余能力的设计可以通过增加环状管网结构或者设置备用泵站等方式实现。在设计过程中，针对事故状态下的流量分布进行多次模拟与校核，以验证系统在故障条件下的供水能力。模拟过程中需要设置不同的故障情景，如管道破裂、阀门失效等，通过对这些极端工况的分析，可以调整管径选型，确保系统具备足够的灵活性与安全性。在实际操作中，通过水力平差计算，校核管网中各节点的流量与压力分布，确保系统的水力条件在各个节点上均衡。若平差结果显示某些节点的压力过大或过小，可能需要对管径进行适当调整。平差过程可以通过节点流量法和回路流量法进行，节点流量法基于每个节点的流量守恒，确保各节点的进出流量平衡，而回路流量法则通过平衡各回路中的水头损失，确保系统内各回路间的流量分布合理。经过平差调整后的管径方案，可以进一步通过实际工况模拟进行验证。在供水管网的设计中，消防用水量的确定通常基于供水区域的消防等级和相关法规。在校核消防用水需求时，必须确保管道在最大时用水量的基础上，仍有足够的余量应对突发火灾的需求。常用的计算方法是将设计流量与消防用水量叠加计算，并校核管道的流量承载能力，公式如下：

$$Q_{total} = Q_{demand} + Q_{fire}$$

其中，Q_{total}为总流量（单位：L/s），Q_{demand}为日常供水需求（单位：L/s），Q_{fire}为消防用水需求（单位：L/s），能够保证管网在火灾发生时仍能维持正常的生活供水，不会因消防需求的激增而导致生活供水压力过低。

事故校核则是为了评估管网在突发事件下的应急能力，通过模拟如管道破裂、泵站故障等事故状态，可以验证系统在单点故障时的整体运行情况，确保供水网络能够通过旁通管道、备用泵站等设施维持供水。通常，在设计复杂的供水管网时，需要考虑不同的事故状态下系统的供水能力，如在某些管段失效的情况下，是否可以通过其他管道继续供水。在事故校核中，流量调整、管径设计与管网平衡至关重要，能够通过事故模拟优化系统的结构。

如表2-9所示供水管网设计中不同管径的校核结果，在该表中，管道的流速、设计流量以及水头损失都进行了详细的分析与校核，确保系统的运行安全性与经济性。

表 2—9 供水管网设计中不同管径的校核结果

管段编号	管径（mm）	设计流量（L/s）	流速（m/s）	水头损失（m/km）
1	500	150	1.1	2.1
2	300	80	1.2	2.3
3	400	120	1	1.9
4	600	200	1.3	2.5

最终管径的确定不仅仅是为了满足当前的供水需求，还应考虑未来的扩展需求，随着城市的不断发展，供水需求也会逐渐增加，因此管径设计时应预留一定的扩展空间，以应对未来人口增长和工业发展带来的用水需求增加。在进行管径设计的最后阶段，通过模拟未来不同流量条件下的管道运行状态，验证系统的扩展性和灵活性，可以确保供水管网在长期运行中的安全性与经济性。

第三节 分区给水系统设计

（一）分区给水必要性分析

分区给水系统的设计基于供水区域内地理、人口密度、用水需求等多重因素，通过合理划分供水区域，以提高供水系统的整体效能，特别是在大中型城市以及地形复杂地区中表现尤为突出。其根本目标是优化管网结构、降低水头损失、减少能耗，同时提高供水系统的稳定性与可靠性。在进行分区设计时，需要全面考虑供水区域的水力条件、地形差异、用水分布特点等多重因素。通过合理划定分区，不仅能够确保各个区域的水压、流量均衡，还能最大限度地利用现有水资源和基础设施，避免出现供水过剩或供水不足的现象。供水分区的划定过程一般采用水力分析法，即根据水力条件，将整个供水区域划分为多个相对独立的分区，每个分区配备独立的加压设施或调压设施，以确保该区域内的用水需求能够通过合理的水压调节得到满足。对于较大范围的供水区域，通常会设计多个压力区，通过在不同区域内设置水塔、泵站等设施，调整供水压力，确保各个区域的水压达到设计要求。根据地形条件，分区给水系统的设计必须考虑高低区域之间的压力差异，在地势较高的区域，应设置较高的水压以确保供水到达，而在地势较低的区域，则需要通过压力调节设备防止水压过高引起管道损坏或漏水现象的发生。

为进一步明确分区给水系统的必要性，系统设计时通常会使用用水需求预测模型，通过对历史用水数据的分析，结合人口分布、城市扩张趋势、建筑物密度等因素，对未来供水需求进行预测。对于复杂地形的供水区域，如山区或丘陵地区，地形因素对供水系统的压力设计尤为关键。地势高低差距较大的区域，通常会出现压力不均匀的情况，若不加以合理分区设计，可能导致高地势区域水压不足，而低地势区域水压过高。为解决这一问题，分区供水系统通过分段调压设备或分区泵站调整水压。例如，通过在高地势区域设立独立泵站，使该区域与低地势区域的供水压力保持一致，从而确保不同区域的用水需求能够得到有效满足。对于地势较为平坦的区域，则可以采用统一的供水压力，通过调节水泵运行效率来实现供水压力的动态调节。供水管网中的漏失现象在传统的大范围供水系统中较为常见，特别是在水压高的区域，管道损耗和老化现象会加剧水资源的浪费。通过分区给水，可以将高压区域的水压进行分区调节，有效降低管道的压力负荷，从而减少漏失率。此外，通过在分区内设立独立的检测系统，如流量计、压力计等，可以实时监控各分区的供水状态，一旦出现漏水或异常用水现象，可以迅速定位并进行修复，从而减少因漏失引起的水资源浪费和经济损失。

分区给水系统的实施不仅能够优化水资源分配，还能够提高供水系统的可持续性。在面对未来的用水需求增长或系统扩展时，分区设计可以更加灵活地应对。每个分区的供水系统相对独立，因此在进行系统扩展时，可以逐步对各分区进行升级或扩容，不必对整个供水系统进行大规模改动。这样一来，不仅节省了扩展成本，也减少了扩展过程中对现有系统运行的干扰。

（二）分区界限与供水范围确定

确定分区界限与供水范围是供水系统设计不仅涉及到区域内用水需求的精确估算，还涉及到地形差异、现有供水基础设施和未来发展规划的协调。在划定分区界限时，必须依据地理信息和水力学特征进行科学分析，确保供水系统的可靠性和效率。GIS（地理信息系统）技术已成为确定分区界限的主要工具，能够有效地结合地形、地貌、高程等信息，为供水系统的分区提供科学依据。通过GIS技术可以对整个供水区域的高程进行精确分析，明确不同区域的高程差异，从而为供水分区的合理划定奠定基础。

在实际操作中，供水系统的分区界限划定通常依据城市的地形特点进行。对于平原地区，供水压力较为均匀，通常可以设计较为广泛的供水分区，减少管网的复杂性。而对于地势起伏较大的山区或丘陵地区，供水分区需要根据高程梯度进行细化划分，以确保每个区域的供水压力均衡，如对于地势较高的区域，通常设置独立的加压泵站，保证足够的供水压力；而对于低地势区域，必须设置调压设备，避免过高的水压对管道系统产生损害。通过精确的高程分析，可以有效确定供水系统的分区界限，确保不同区域的水压稳定，供水系统运行更加高效。除地形因素外，供水系统的现有设施布局也是划定分区界限的重要依据。在确定供水范围时，需充分考虑现有的供水管网、泵站、水塔等基础设施的分布情况。根据设施的服务半径，可以将其覆盖范围划定为分区界限。在供水系统优化过程中，需要考虑如何最大化现有基础设施的效能，避免供水资源的浪费，如在设计中可以采用下式对各区域的服务半径进行计算：

$$R = \sqrt{\frac{Q}{\pi \times q}}$$

其中，R 为服务半径，Q 为该供水设施的供水能力，q 为区域内的用水量密度。通过这一公式，可以初步确定各供水设施的服务范围，进而划定各个供水分区的界限。在此基础上，还需根据不同设施的供水特性（如压力、流量）对分区进行进一步调整，确保各分区的供水压力和流量均衡。

在划定供水分区范围时，必须综合考虑不同功能区的用水需求特点，居民区、商业区和工业区的用水需求具有显著差异，分区设计时必须针对这些差异进行优化。对于居民区，用水需求通常呈现明显的高峰时段，如早晨和傍晚的用水量较大，因此分区内的供水设施需要具备较强的调节能力，以应对用水高峰时段的需求。工业区的用水需求则具有连续性，某些工业企业的生产过程需要 24 小时不间断供水，因此工业区的供水分区必须具备高可靠性和大流量供水能力。商业区的用水需求较为多样化，不仅有高峰时段的用水需求，还包括特殊时段的集中用水。因此，在分区范围划定时，应当针对不同功能区的需求特点，优化供水系统的设计。随着城市规模的扩大和人口的增长，供水需求将逐步增加，供水系统的分区设计应具有一定的灵活性，以便在未来进行扩展或改造时能够方便地进行分区调整。在进行供水分区设计时，可以依据城市发展规划中的用地布局，预留出未来扩展的供水能力。例如，某些新建的居民区或工业园区，虽然目前的供水需求较小，但随着人口和企业数量的增加，未来的供水需求将大幅增长。为应对这一变化，在设计初期应考虑扩展预留管道和泵站等设施的位置与规模，确保在供水需求增加时，能够顺利实现系统扩容。

分区界限的确定还需要考虑供水系统的水力条件，即管网内的水压、水流速等参数是否在合理范围内。供水管网中的水压通常由管径、流量、水泵扬程等因素决定，而不同分区的水力条件可能存在较大差异。因此，在分区界限划定时，必须通过水力模拟来分析各分区的水力条件，确保系统的水压稳定，避免出现水压过高或过低的情况。水压过高会导致管道破裂或水资源浪费，而水压过低则无法满足用户的用水需求。通过水力模拟，可以对各分区的管网运行状态进行详细分析，确保分区内的供水系统运行稳定。在水力分析中，常用的分析模型包括哈根－泊肃叶公式，该公式可以用于计算管道内的水流量和压力损失：

$$\Delta P = \frac{8\mu L Q}{\pi R 4}$$

其中，ΔP 为压力损失，μ 为流体的动力粘度，L 为管道长度，Q 为水流量，为管道半径。通过对不同分区的管网进行压力损失计算，可以确保各分区的水压在设计范围内，并通过调节管径或加装调压设备，优化分区供水范围内的水力条件。如表 2－10 所示供水系统中不同分区的管网设计参数，包括管径、流速和水压。

表 2－10 　　　　　　　　　不同供水分区的管网设计参数

分区编号	管径（mm）	流速（m/s）	水压（MPa）	供水范围（km²）
分区 A	200	1.5	0.35	10
分区 B	300	1.8	0.4	15
分区 C	250	1.6	0.38	12
分区 D	350	2	0.45	18

表 2－10 的数据表明，不同分区在管径、流速和水压等方面存在显著差异，设计时根据每个分区的供水需求和地形条件，选择了不同的管网参数，不仅能够保证各分区的供水稳定性，还能够通过精确调节流速和水压，优化供水系统的运行效率。

（三）各区用水量分配与计算

各区的用水量分配与计算在城市供水系统规划中占据核心地位，需综合考虑不同区域的实际情况，以保证资源的合理配置与系统的可持续性运转。在分区界限和供水范围确定后，通过科学的计算方法对每个区域的用水量进行预测和分配。由于各区域的用水需求受人口结构、经济活动、基础设施建设水平等多方面因素影响，计算时需要考虑这些差异性，以求最大程度反映区域特征和需求。采用定额法进行用水量计算时，需将用户类型与其用水习惯区分开来。居民区的用水量主要依赖于人口数量及其生活习惯。举例来说，家庭结构中的成员数量、日常生活中的洗涤、烹饪、沐浴等都会直接影响到用水量的变化。以单位时间的人均用水量乘以居住人口数，可以较为准确地预测居民区的用水量。在进行实际计算时，通常将用水量设定为按日或按月统计，以此计算出不同规模社区的日平均用水需求。公式如下：

$$Q_{居民区} = N_{居民区} \times q_{人均用水量} \times T_{日均时长}$$

其中，$Q_{居民区}$ 为居民区的总用水量，$N_{居民区}$ 为居民区人口总数，$q_{人均用水量}$ 为单位时间内每位居民的平均用水量，$T_{日均时长}$ 表示每日实际用水时间，可以应用于预测不同居住类型（如高层住宅、别墅区）的水资源需求。

商业区的用水量则呈现出更大的不确定性，尤其受营业时间和客流量的影响，在用水量分配中，不仅要考虑每日的基础用水需求，还需要计算高峰时段的水量变化，如餐饮业需要较多的厨房清洁用水，而零售商店则主要依赖于空调系统的用水。计算商业区用水量时，通常将区域内的商业机构划分为不同类型，并分别统计它们的用水特点。商业区用水量的计算公式可以表示为：

$$Q_{商业区} = \sum_{i=1}^{n} N_i \times q_i \times T_i$$

其中，$Q_{商业区}$ 为整个商业区的总用水量，N_i 为第 i 类商业机构的用户数量，q_i 为该类型用户的单位用水量，T_i 为该类型用户的用水时间。在具体应用中，可以通过调研商业区内的营业时间及客户流量，进一步优化该区域的用水量预测。

在对各类区域用水量进行计算后，需综合分析季节性变化和特殊时段（如节假日、大型活动等）对用水需求的影响。不同季节的气候条件将直接影响居民、商业、工业等用户的用水需求，如夏季因空调使用频繁，冷却水的需求增加，而冬季则可能因取暖设备的不同方式产生相应的变化。为了确保供水系统能够在不同季节维持稳定供水，必须建立详细的季节性预测模型，依据历年的用水数据进行趋势分析，并对供水量进行适时调整。此外，节假日和大型活动期间的用水需求变化显著，尤其是在旅游景区或商贸中心用水量在节假日会急剧上升，远超平时水平。通过合理的调度和储水设施的优化，可以缓解特殊时段的供水压力，确保供水系统的稳定运行。

（四）分区给水压力平衡设计

分区给水压力平衡设计的核心在于确保供水系统在各个分区均能提供稳定、适宜的水压，以满足各类用户的用水需求。由于城市地形复杂，各分区的高程差异明显，压力平衡设计需要结合多个物理和系统性因素来确保供水压力既不会过低导致水流不足，也不会过高以致管道受损或设备运行不稳。压力调节的主要手段通常包括设置压力调节阀、使用变频泵以及配置蓄水设施等，从而使不同区域的供水系统能够动态调整供水压力。

在实际设计中，需优先分析各分区的服务水压要求，不同用户类别对供水压力有着不同的要求，居民区通常要求较低的水压，而工业区则由于需要供水到大型设备或进行工艺流程中的水循环，需要更高的供水压力。合理的水压分配是供水系统高效运行的基础，因此需依据不同的用户需求进行压力设计。在系统中，通常将分区的最低服务水压作为设计基准，结合地形差异进行供水压力的调整。除了水压需求外，城市中的分区常分布在不同的高程上，地势较高的分区自然需要更高的水压以保证供水顺畅。而低海拔区域则面临水压过高的问题，需要通过压力调节设备来控制过大的水压，以防止管道破裂或设备损坏。供水系统的总扬程是影响水压设计的关键参数，扬程不足会导致高地势区域水压偏低，而扬程过高则会给低地势区域带来超压风险。在这种情况下，合理的压力平衡设计不仅能保证高地势区域的用水需求，还能避免低地势区域出现供水过度的现象。不同材质的管道对于水流的阻力系数不同，从而在一定程度上改变供水的压力分布。通常，钢管、铜管等具有较小的阻力损失，而塑料管道则由于材质的柔软性，可能存在较大的压降问题。管道的长度和直径同样影响水压的平衡，较长的管道会导致水流沿途的摩擦损失增加，使远端用户的水压降低；而管径较小的管道则在相同流量下会产生更大的压降。因此，设计中需根据分区的具体情况，合理选择管道材质和直径，并在必要时通过增设中继泵站来提高远端区域的水压。

在进行压力平衡计算时，通常采用以下公式进行水压的计算：

$$P = P_0 + \rho g h$$

其中，P 表示供水压力，P_0 为起始压力，即水源处的初始压力值；ρ 为水的密度，通常取值为 1000kg/m^3；g 为重力加速度，取值为 9.81m/s^2；h 为高程差，表示分区内某点相对于水源的高度差，该公式表明，供水压力与水源初始压力、地势高程差呈正相关，随着高程的增加，供水压力也会逐步增加。在实际应用中，该公式可以用于计算不同分区的供水压力需求，结合各分区的高度和起始压力值，从而调整系统配置。

为了确保各分区的压力平衡，实际供水系统中通常会采用两种主要技术：压力调节阀和变频泵。压力调节阀能够通过自动检测水压并进行实时调节，确保各分区的供水压力稳定在设定范围内。其工作原理是通过控制阀门的开合程度，来调节水流速度，从而平衡系统压力。变频泵则通过调整泵的转速来控制输出水压，根据分区的用水需求变化灵活调整供水压力，不仅能有效降低能源消耗，还能大幅提升系统的运行效率和稳定性。在设计供水压力平衡时，还需充分考虑供水高峰时段的特殊需求。高峰时段通常包括早晨和傍晚的用水高峰期，特别是居民区内，短时间内大量用户同时用水，会对供水压力产生极大的波动影响，通过蓄水设施的预调度可以减缓水压波动的影响。蓄水设施通过在非高峰时段储存多余的水量，并在高峰时段释放水量，以此来维持分区内的水压平衡。结合实时水压监控系统，供水系统能够实现动态调节，确保供水稳定。

为了更直观地展示分区内的压力平衡情况，设计中可以借助以下压力平衡计算如表2-11所以：

表 2-11　　　　　　　　不同分区供水压力平衡设计参数

分区类型	起始压力 $P0P\_0P0$ (kPa)	高程差 hhh (m)	计算压力 PPP (kPa)	管道材质	管道长度 (km)	调压方式
居民区	200	10	298.1	钢管	2	压力调节阀
商业区	250	5	299.1	塑料管	3	变频泵
工业区	300	15	446.2	铜管	5	压力调节阀

该表格列出了各分区的初始压力、高程差以及最终计算的供水压力，并详细描述了管道材质、长度及相应的调压方式。根据不同分区的实际需求和地形情况，采用合理的调压设备进行动态调节，以确保供水系统的压力平衡和稳定性。在未来的规划中，系统设计者还需根据城市扩展、人口增长及用水需求变化，及时调整压力平衡设计，以保证系统的可持续性与高效运行。

（五）分区给水系统优化与评估

分区给水系统的优化与评估在供水系统规划与管理中直接关系到系统能否以高效、低耗和可持续的方式运行，对供水系统的优化需从多方面进行评估，包括能耗、供水效率、漏失率、运行可靠性等，评估结果为系统的改进和优化提供了数据基础。通过对管道布局、材质选择、技术升级等方面的调整，提升供水系统的整体效率，并在一定程度上降低运营成本和维护成本。供水系统的能耗主要与供水管道的长度、布置方式、管径以及供水设备的性能有关。通过合理调整供水管道的布局，可以有效减少不必要的弯头和过长的管道，不仅降低了系统中的水流阻力，还减少了水泵的能量消耗，通过改进管道布置方式，减少管道中的转弯和连接节点，可以降低管道内的摩擦阻力，进而降低供水能耗。特别是在地形复杂的区域，优化管道路径可以最大限度减少水头损失，从而实现更高效的供水。传统的铸铁管虽然强度高、耐用，但容易受到腐蚀，且在长期运行中会导致水质下降，相比之下，采用新型节能材料如 PE 管和不锈钢管能够显著提升系统的耐腐蚀性能和使用寿命，新型材料不仅重量轻、便于施工，还具有更低的水流阻力，从而进一步提升供水效率。在一些现代城市中，逐步采用不锈钢管道替代传统管道，既提高了系统的安全性，也减少了管道维护的频率和成本。管道泄漏不仅导致水资源的浪费，还会增加系统的运营成本。因此，在系统优化中，应着重提高供水系统的密封性与抗压性能。对于已运行多年的旧管网，可以通过逐步更新老化管道、加强管道维护来降低漏失率。同时，在新建系统中，应严格控制管道施工质量，确保管道连接处的密封性符合规范要求，以避免因施工不当造成的漏水问题。现代供水系统的复杂性越来越高，传统的手动管理模式难以应对突发状况以及需求波动，通过引入智能化管理系统，可以实现对供水系统的远程监控、实时数据分析和自动化调节。基于传感器技术的实时监测系统，可以随时掌握管道中的水压、水流量等关键参数，一旦发现异常，系统可自动采取调节措施，确保供水系统的稳定运行。此外，智能化系统还可以预测用水高峰，提前调度水源和调整供水压力，以最大化降低水压波动对系统的影响。自动化控制的优化不仅提升了供水系统的效率，还显著减少了人力成本，并降低了系统出错的风险。

在供水系统优化过程中，生命周期成本分析（LCCA）方法通过综合考虑建设成本、运营成本、维护成本等，全面评估供水系统在其使用寿命周期内的整体经济性，如某些初始投资较高的材料或设备，如高效节能泵或不锈钢管道，尽管在建设阶段投入较大，但其更低的维护需求和较长的使用寿命，使其在整个生命周期中展现出更为优越的经济性。通过 LCCA 方法，可以对不同方案进行全面评估，进而确定长期最具成本效益的设计方案。评估还应当考虑系统的供水效率，供水效率不仅仅指水从水源输送到用户的比例，还包括整个过程中的水资源利用效率和能源利用效率。通过对系统各部分能耗和水资源利用率的分析，发现潜在的效率低下区域，从而进行针对性优化，如在某些区域，过高的供水压力可能导致不必要的能耗，通过使用变频泵进行水压调节，使供水压力与用户需求匹配，降低能耗和运行成本。供水效率的提升对于节能减排、减少水资源浪费具有直接的作用。供水系统的维护费用主要包括管道的定期检查、破损管道的修复、设备的维护等。通过优化设计和选材，可以大幅降低系统的维护频率，不锈钢管和 PE 管的抗腐蚀性能使得管道的使用寿命大大延长，维护成本显著降低，智能化管理系统的使用能够实时监控系统状态，及时发现并解决潜在问题，防止小故障发展成大故障，从而减少维修成本。此外，管道的合理布局和压力调节设备的科学配置，也有助于降低系统的故障率和维修需求。对于供水系统的评估，通常采用综合指标评估方法，结合能耗、供水效率、漏失率、用户满意度等多个维度进行分析，可以全面掌握供水系统的运行状态，发现问题所在，并提出针对性的优化措施。系统评估不仅有助于优化供水系统本身，还为未来的供水系统设计提供了宝贵的经验和数据支持。

第四节　加压泵站设计

(一) 泵站位置与规模确定

泵站位置与规模的确定是供水系统设计的基础环节，其对系统的效率、成本以及未来的维护具有深远影响，泵站的选址不仅关乎供水系统的正常运行，还涉及到资源的最优配置和经济效益的最大化。在确定泵站的位置时，必须全面考虑多方面的因素，包括地形地貌、现有基础设施、供水区域的分布以及未来的发展规划。

泵站通常选择位于供水区域的低洼地带或水压不足的区域，因为在此区域设置泵站可以有效弥补由于地形高差造成的水压不足，确保供水的覆盖范围与压力需求得到满足。特别是在城市或工业区，低洼地区往往是排水系统较为集中且供水压力需求较高的地方，因此泵站的位置选择应优先考虑这些区域，泵站的设置还需要避开地质不稳定区域和易发生自然灾害的地带，以减少潜在的风险和维护成本。选址时需考虑与现有管网的连接便利性以及与其他设施的协调性，理想的泵站位置应能够与现有供水管网进行无缝连接，减少建设中的干预和改动，从而降低施工成本和时间，泵站位置应当靠近主要用水区域，避免长距离输水造成的能量损失和系统压力波动。对现有基础设施的评估包括对现有管网的压力分布、流量需求和管道状况的分析，以确保泵站建设能与现有系统有效衔接。在确定泵站规模时，需基于供水区域的用水需求、供水管网的布局以及整体设计方案进行综合考虑。泵站规模的确定不仅要满足当前的用水需求，还要具备应对未来需求增长的能力，需收集和分析供水区域的用水数据，包括日常用水量、用水高峰时段的数据以及季节性变化。这些数据提供了对泵站规模和流量需求的基础了解。接着，需明确供水高峰时段和非高峰时段的用水量，通过对用水数据的时间段分析来实现，通常包括早晚高峰和节假日用水高峰。计算泵站所需的总流量和压力时，需考虑时间段的用水量波动，以确保泵站在不同的用水条件下均能稳定运行。计算时，泵站的流量需求应基于各个区域的用水量和需求模式来确定，涉及到区域性用水量的汇总及流量的高峰预测。规模确定的公式如下：

$$Q_{总} = \sum_{i=1}^{n} Q_i \times T_i$$

其中，$Q_{总}$ 表示泵站的总设计流量，Q_i 为第 i 区域的用水量，T_i 为第 i 区域的用水时间比例，通过汇总各区域的用水需求来计算出泵站所需的总流量，为泵站规模的确定提供数据支持。在实际应用中，可以根据不同区域的具体用水量和时间比例进行详细的计算和调整，以优化泵站的设计。

表 2－12　　　　　　　　　　　泵站总设计流量计算

区域类型	用水量 Q_i（m³/小时）	用水时间比例 T_i	计算流量（m³/小时）
居民区	500	0.6	300
商业区	300	0.3	90
工业区	200	0.1	20

在表格中，各区域的用水量和用水时间比例根据实际需求进行设置，最终计算得出泵站所需的总流量，有助于对泵站规模进行科学合理的确定，以应对不同区域的实际用水需求。除上述因素外，泵站的规模还需要考虑未来的发展规划，包括城市扩展、人口增长以及可能的用水需求增加。泵站的规模应具有一定的余量，以适应未来可能的变化和需求增长，意味着在初期设计中应预留足够的扩展空间和能力，以应对未来的变化，从而避免频繁的系统改建和投资。

（二）泵站扬程与水量计算

扬程计算涉及对供水高度差、管道摩擦损失、以及系统安全余量的综合考虑，而水量计算则依据供水区域的实际用水需求以及管网设计流量进行。

扬程 H 的计算公式综合了不同因素，以确保泵站能够在各种运行条件下提供足够的压力。扬程公式如下：

$$H = h + \frac{f \times L}{2 \times g \times d} + s$$

其中，h 表示供水高度差，反映了水源与供水点之间的垂直距离。供水高度差是泵站设计的基础参数之一，直接决定了泵站需要克服的重力势能。f 是管道的摩擦系数，代表了管道对水流的阻力。摩擦系数通常依赖于管道的材质、粗糙度以及水流的速度。对不同材质的管道，如钢管、塑料管或混凝土管，摩擦系数有显著差异，因此在计算时需选取合适的值。常用的摩擦系数可通过流体力学公式或者工程手册获得。L 是管道的长度，这个参数涉及到水流在管道内的总路径。管道长度越长，水流所经历的摩擦损失也越大，因此需要在扬程计算中考虑。g 是重力加速度，重力加速度在扬程计算中用于转换高度差和压力损失的单位，使得计算结果符合实际需要。d 是管道的直径，影响水流的流速和摩擦损失。管道直径较大可以降低摩擦损失，但同时可能增加初期投资成本。s是安全余量，设置以确保系统在最恶劣的运行条件下仍能稳定运行。安全余量通常依据系统的可靠性要求和实际使用情况来确定，以避免在使用过程中出现不足的情况。

在确定泵站的扬程时，还需考虑实际运行中的管道阻力变化、临时水位波动以及环境因素，这些因素可能会对计算结果产生影响，通常工程设计中会加设一定的安全系数以应对这些不确定性，从而保证系统的可靠性。水量的计算则基于供水区域的实际用水需求。水量计算可以通过用水定额法或统计分析法进行。用水定额法依据区域的用水定额标准进行计算，用水定额是指每单位用水对象（如每人、每平方米建筑面积）的水使用量。统计分析法则通过历史用水数据进行分析，预测未来的用水需求。水量计算的基本公式为：

$$Q = \frac{\sum_{i=1}^{n} Q_i \times T_i}{T_{总}}$$

其中，Q 是泵站的设计流量，Q_i 是第 i 个区域的用水量，T_i 是第 i 个区域的用水时间比例，$T_{总}$ 是总时间。此公式用于汇总各个区域的用水需求，以计算泵站需要处理的总流量。

泵站的扬程和水量计算不仅关系到系统的设计参数，还对系统的经济性和操作效率产生重要影响，精确的计算和科学的设计可以降低系统能耗、减少维护需求、提高运行稳定性，从而为供水系统的长期可持续运行奠定坚实的基础。在实际应用中，泵站的设计和优化需要根据具体项目的要求和环境条件进行调整，以实现最佳的性能和经济效益。

（三）泵站设备选型与配置

泵站的主要设备包括泵、电机、控制系统、阀门等，每个设备的选择和配置都直接影响到泵站的运行性能、经济性以及维护需求。

泵是泵站中最关键的设备，其选型应基于流量、扬程、效率及可靠性等多个因素，泵的流量和扬程是设计中最重要的参数，流量决定了泵能够输送的水量，而扬程则指泵能够提供的水压。泵的选型需确保在全流量和部分流量下均能保持高效率，不仅关系到系统的运行成本，也影响到系统的能耗水平。高效率的泵能够有效减少能源消耗，从而降低运营成本。泵的可靠性也是选择的重要考量因素，设备的稳定性直接影响到系统的连续供水能力。在选型过程中，应参考泵的性能曲线，确保泵在运行过程中能够达到设计要求，并满足各种运行工况下的需求。电机的选型应与泵的功率需求相匹配，确保电机能够驱动泵正常工作，电机的选择需要考虑其功率、效率及节能性能。功率应与泵的功率需求相匹配，避免出现电机超负荷运行或过度投资的问题。电机效率对能耗和运行成本有直接影响,高效率电机能够在相同功率下消耗更少的电能,从而降低运行费用。节能性能的考虑也是选型中的重要因素,通过选择高效电机可以显著提高泵站的能源利用率,减少对电力资源的需求,降低运行成本和环境影响。控制系统其配置应能够实现对泵的自动化调节和高效管理,变频控制系统是一种常见的控制方案,通过调节泵的转速来匹配实际的用水需求,不仅能够实现泵的自动调节,还能够根据需求变化调整泵的运行状态,从而节省能源。变频器能够根据实时的用水量调整泵的转速,避免了传统定速泵在低需求时的能耗浪费。控制系统还应具备故障检测、报警和远程监控功能,以确保泵站的安全运行和快速响应可能出现的问题。阀门用于调节水流量和压力,确保系统在各种运行工况下都能保持稳定的流量和压力。选择适合的阀门类型和规格对于流量和压力的调节至关重要,如闸阀适用于需要完全关闭的场合,而调节阀则适用于精确控制流量的情况。旁通系统则用于在泵的运行过程中进行流量调整或在泵发生故障时维持系统的正常运行。通过合理配置旁通管道和阀门,可以在维修或更换泵时减少对供水系统的影响,确保供水的连续性。在泵站的设备配置过程中,还应考虑设备的维护和更换需求。配置时应预留足够的空间和设施,以便于设备的检修和更换,避免因设备故障而影响系统的正常运行。选择易于维护和更换的设备,可以降低维修难度和维护成本,提高系统的可靠性和稳定性。此外,设备的冗余配置也是提升系统可靠性的一种方法,例如配置主泵和备用泵可以在主泵故障时自动启用备用泵,从而保证供水的连续性。

(四) 泵站运行管理与维护

泵站的运行管理与维护是确保设备长期稳定高效运转的核心环节,有效的运行管理和维护策略不仅能延长设备使用寿命,还能提高系统的可靠性和经济性。泵站的运行管理涵盖日常监控、数据记录、性能分析和故障诊断等方面,而维护工作则包括定期检查、清洁、润滑和更换磨损部件。运行管理的核心在于建立一个全面的监控系统,该系统能够实时收集、记录和分析泵站的运行数据,如流量、压力、能耗等关键指标。通过监控系统,可以实时掌握泵站的工作状态,及时发现并解决潜在问题,流量数据能够帮助监控系统判断泵站是否正常运行,而压力数据则可以揭示系统中存在的泄漏或堵塞情况。能耗数据则用于评估设备的能效水平,帮助进行节能优化。综合利用数据,能够有效进行性能分析,发现设备运行中的趋势和异常,进而采取相应的措施进行调整和优化。建立实时监控系统不仅可以提高对泵站运行状态的掌控,还能通过数据记录和分析提供决策支持。监控系统应具备数据存储、报警和报告生成的功能,能够生成详尽的运行报告,记录设备的各项运行参数和故障历史。这些数据和报告能够为设备的维护和优化提供依据，帮助制定更科学的维护计划，并对设备运行进行预测性维护，预防潜在故障的发生。维护工作涉及到设备的定期检查、清洁、润滑以及磨损部件的更换，定期检查包括对泵、电机、阀门、管道等主要设备的详细检查，确保设备处于良好状态。检查项目通常包括设备的外观、运行声音、振动情况以及连接部件的紧固情况。通过定期检查，可以及时发现并解决设备运行中出现的问题，防止小故障演变为重大故障。泵站在运行过程中可能会积聚灰尘、污垢或其他杂质，这些杂质会影响设备的性能和使用寿命。定期清洁设备表面和内部，确保设备的工作环境清洁，有助于保持设备的最佳运行状态。此外，对进水口和过滤器进行清理，可以防止杂质进入系统，减少对设备的损害。泵站中的运动部件如泵轴、电机轴承等需要定期润滑，以减少摩擦和磨损。润滑油或润滑脂的选择应符合设备制造商的要求，并根据实际运行情况进行定期更换。良好的润滑能够有效延长设备的使用寿命，提高设备的运行效率。泵站设备在长时间运行后，部件的磨损不可避免。常见的磨损部件包括泵的叶轮、密封件、阀门的密封面等。根据设备制造商的建议和实际运行情况，制定合理的更换计划，及时更换磨损部件，以防止设备因部件失效而发生故障。更换部件时应使用原厂配件或经过认证的替代品，确保设备的性能和可靠性。在维护工作中，维护计划应根据设备的使用情况和制造商的建议制定，包括检查周期、清洁要求、润滑标准以及部件更换时间等。维护计划的实施应由专业的技术人员进行，确保按照规范操作，及时完成各项维护任务。为进一步保障泵站的稳定运行，维护计划应包含应急响应措施和故障处理流程。在设备发生故障时，及时的应急处理能够减少停机时间和生产损失。建立完善的故障报告和处理机制，确保所有故障都能够得到快速响应和处理，从而提高泵站的可靠性。

（五）泵站安全与应急设计

泵站的安全与应急设计涉及到设备保护、防止水污染、保障人员安全等多个方面，以及应急情况下的备用方案、操作程序和快速修复措施。安全设计的核心在于防止设备损坏、确保水质以及保障操作人员的安全，安装防护装置和安全警示标志是保护设备和人员的基础措施。防护装置如防护网、隔离栏杆等可以有效防止操作人员在日常操作过程中与设备发生直接接触，降低设备故障带来的安全风险。同时，安全警示标志应设置在明显的位置，提醒操作人员注意设备运转状态及潜在的安全风险。标志应符合标准化设计，能够直观地传达警示信息，以提高人员的安全意识和警觉性。在泵站的环境中，设备常常暴露于水和化学物质中，这些因素可能会导致设备的腐蚀和磨损。选择耐腐蚀材料如不锈钢、合成材料等，以及耐磨损的涂层和部件，可以有效延长设备的使用寿命，并减少因材料老化引起的故障。材料的选择应考虑到泵站的具体使用环境和操作条件，以保证材料的性能与实际需求相匹配。

水质监测系统应能够实时检测水中的污染物含量，如悬浮物、微生物、化学物质等，确保水质符合标准。水质处理系统则包括过滤器、消毒装置等，用于去除水中的杂质和微生物，保持水质的清洁和安全。这些系统的配置应按照供水需求和水质标准进行，定期进行维护和校准，以保证其有效性和可靠性。应急设计则专注于在发生紧急情况时迅速恢复泵站的正常运行能力，备用发电机或不间断电源系统是确保在电力中断时泵站能够继续运作的重要措施。备用发电机应具有足够的功率，以支持泵站的主要设备和系统，确保在电力中断时能够快速启动并提供持续的电力供应。不间断电源系统（UPS）则能够在短时间内提供稳定电力，防止因电力波动导致的设备故障。操作程序应详细规定在不同类型的紧急情况下的操作步骤，包括设备停机、系统切换、故障排除等过程。通信协议则应明确在紧急情况下的联络方式和责任分工，确保所有相关人员能够迅速响应和协调处理问题。操作程序和通信协议应定期进行演练，以确保操作人员能够熟练掌握应急操作技能，并在实际情况中迅速作出反应。备件包括泵站常见故障部件的替换件，如密封件、轴承、阀门等，工具则包括用于设备维护和修理的常用工具，应储备在专门的仓库中，并定期检查和更新，以确保在发生故障时能够及时提供支持。备件的管理应按照使用频率和重要性进行分类，并确保其质量符合设备要求，以避免因备件质量问题导致的二次故障。在制定安全与应急设计方案时，还应考虑到泵站的实际运行环境和面临的风险，如在多雨或洪水频发地区，防水措施和洪水应急方案应成为设计的一部分；在地震频发地区，设备的抗震设计和加固措施应得到重视。通过综合考虑各种风险因素，制定全面的安全与应急设计方案，可以提高泵站在各种环境条件下的应对能力，确保供水系统的持续稳定运行。

第三章　城乡供水保障技术

第一节　城乡一体化供水模式下的多级加氯技术

（一）多级加氯技术原理与优势

多级加氯技术在城乡一体化供水模式中的应用体现了现代水处理系统的高度优化和智能化，该技术的核心在于在不同的供水阶段、不同的水质条件下分阶段加入氯化消毒剂，以便更有效地控制水中的微生物和有害物质，分阶段添加氯的方式能够充分利用氯在不同环境下的消毒特性，从而实现精准的消毒效果。多级加氯技术的设计依赖于对供水网络各个环节的深刻理解和精细控制。水在不同的供水网络节点、不同的水源或管道段中可能会经历不同的水质变化，在水源处和远离水源的供水点，水的温度、浑浊度以及微生物负荷可能存在显著差异。通过在这些不同节点实施阶段性的氯化消毒，可以根据水质的实时变化动态调整氯的投加量，从而有效地杀灭病原微生物，同时避免氯的过量使用。

多级加氯技术在减少消毒副产品（DBPs）方面展现了显著优势，消毒副产品的生成通常与氯的使用量以及水质特性有关，如有机物质的含量和水温等。通过分阶段、分量投加氯，可以精确控制氯的浓度，避免由于氯的过量使用而产生过多的消毒副产品。降低消毒副产品的产生不仅有助于提升水质安全，还可以减少对环境的负面影响，显著提高了水处理系统的灵活性和经济性。在传统的一次性加氯过程中，常常需要根据最不利的水质情况设定氯的投加量，导致在某些情况下氯的使用过量。多级加氯技术通过在不同阶段调整氯的用量，能够根据实际的水质变化进行优化，从而在保持水质安全的同时，降低氯的使用成本，还能减少由于氯化处理不当而导致的水质波动，提高水处理系统的整体稳定性和可靠性。多级加氯技术的实施还需要与先进的监测和控制系统相结合，以确保消毒过程的准确性和可靠性。通过实时监测水质参数，如氯浓度、pH 值和水温等，可以实现对加氯过程的动态调节，进一步优化消毒效果。结合智能控制系统，可以实现对多级加氯过程的自动化管理，提升系统的运行效率和稳定性。

（二）加氯设备选型与配置方案

加氯设备的选型和配置是保障供水系统稳定、有效运作的核心环节，合理的设备选型与配置方案可以显著提升消毒效率，确保水质达到国家和地方的安全标准，同时优化运营成本。加氯设备的选择应综合考虑供水规模、水质特点、设备操作便利性及成本效益等因素。根据不同的应用场景和需求，主要的加氯设备包括干式加氯机和湿式加氯机，每种设备具有其特定的优点和适用条件。干式加氯机利用氯片或氯颗粒，通过机械或电动装置将氯片与水混合，形成氯化溶液，然后将其注入供水系统，设备的优点在于操作简单，维护方便，对氯的处理较为稳定，不容易产生氯气泄漏。干式加氯机适用于中小型供水系统，尤其是当氯气供应不便或对氯气处理要求较高时，干式加氯机能提供较为可靠的解决方案。湿式加氯机则采用氯气瓶，通过加压将氯气溶解在水中，通常配置有气体流量计、压力调节阀及氯气混合装置，能够实现更精确的氯气投加量。湿式加氯机适合于大规模供水系统，因为它们能够提供较高的氯气投加能力，并且在氯气处理方面表现出较高的灵活性。湿式加氯机的配置较为复杂，涉及的操作与维护要求较高，但其高效的氯化能力使其在大规模或需要高精度消毒的场合中不可或缺。

在确定具体的设备配置方案时，需要考虑以下关键因素：

1. 供水规模：根据供水系统的规模，选择适当的设备型号和数量，如对于日处理水量达到数万立方米的供水系统，可能需要多个湿式加氯机联合运行，以满足高负荷的消毒需求。

2. 水质特点：不同水源的水质差异要求选择合适的加氯设备，如水质中有机物质含量较高的情况下，可能需要更高效的加氯设备以及完善的监测系统，以避免产生过多的消毒副产品。

3. 操作便利性：设备的操作简便性和维护要求也是选型时的重要考虑因素，干式加氯机一般操作简便、维护方便，适合于对操作人员要求不高的场景。而湿式加氯机则需配备较为复杂的监控系统和操作流程，适合于技术人员较为熟练的环境。

4. 成本效益：设备的购置成本、运行费用及维护成本需综合评估，干式加氯机通常购置成本较低，但在大规模应用中可能不如湿式加氯机高效。湿式加氯机虽然初期投资较高，但在长期使用中的高效性可能会带来更佳的成本效益比。

如表 3－1 所示不同规模供水系统中干式加氯机和湿式加氯机的配置建议：

表 3—1 不同规模供水系统配置方案

供水规模	设备类型	数量	备注
小型系统（≤5000 m³/d）	干式加氯机	1—2 台	适用于处理量小、需求稳定的系统
中型系统（5000—20000 m³/d）	干式加氯机	2—4 台	适用于处理量适中、需求变化的系统
大型系统（>20000 m³/d）	湿式加氯机	2—6 台	适用于处理量大、需求高的系统

选型过程中，可使用以下公式进行设备需求计算：

$$Q_{total} = Q_{single} \times N$$

其中，Q_{total} 为总的氯化需求量（kg/h），Q_{single} 为单台设备的氯化能力（kg/h），N 为设备数量。

（三）加氯过程自动化控制策略

加氯过程的自动化控制策略核心在于通过实时监测和智能调节确保水质安全。自动化控制系统的设计与实现依赖于传感器、控制器和执行器这三大核心组件的紧密配合，共同构建一个高效、精准的水质管理平台。

传感器在自动化控制系统中负责实时采集水质数据，包括余氯浓度、pH值、浊度等关键参数，传感器必须具备高精度和高稳定性，以确保监测数据的准确性。例如，余氯传感器通过电化学原理测定水中的氯含量，而 pH 传感器则利用电极测量水的酸碱度。浑浊度传感器通常采用光散射技术来评估水的浑浊程度。传感器的选型需要根据水质的具体要求和设备的使用环境来确定，确保其在不同的水质条件下均能稳定工作。控制器是自动化系统的"大脑"，其功能是处理传感器提供的数据，并依据预设的控制算法生成加氯指令。控制器通常采用 PID 控制算法或模型预测控制（MPC）算法，以实现对加氯过程的精准调节。PID 控制算法通过调节比例、积分和微分三个参数，自动调整加氯量，以维持余氯浓度在设定范围内。模型预测控制则通过建立系统模型，基于当前的水质数据预测未来的变化，并据此优化加氯策略。控制器的设计不仅需要满足实时响应的要求，还需具备容错和自诊断功能，以确保在系统出现故障时能够快速恢复正常操作。执行器负责根据控制器发出的指令调整加氯设备的运行状态。执行器通常包括电动阀门、氯气计量装置和泵等。电动阀门可以精确控制氯气的流量，而氯气计量装置则实时监测氯气的投加量。泵则用于将氯气溶解在水中并推动其均匀分布。执行器的选择和配置应考虑其控制精度、响应速度以及耐用性，确保其能够可靠地执行控制器的指令。

在自动化控制系统的设计中，需要充分考虑系统的集成与协同。传感器、控制器和执行器之间的数据传输和控制信号需要实现无缝对接。数据传输通常通过工业以太网、现场总线或无线通信技术完成，确保信息传递的实时性和准确性。控制系统还需具备图形化用户界面（GUI），以便操作人员进行监控和调整，及时了解系统状态和处理异常情况。在实际应用中，控制策略可以通过以下公式来优化加氯过程：

$$加氯量 = K_p \cdot \left(C_{设定} - C_{实际} \right) + K_i \cdot \int \left(C_{设定} - C_{实际} \right) dt + K_p \cdot \frac{d \left(C_{设定} - C_{实际} \right)}{dt}$$

其中，$C_{设定}$ 为设定的余氯浓度，$C_{实际}$ 为实际测得的余氯浓度，K_p 为比例增益，K_i 为积分增益，K_d 为微分增益。

通过调节 K_p、K_i 和 K_d 的值，可以实现对加氯过程的精准控制，保持余氯浓度在规定的安全范围内。

表 3-2　　　　　　　　　不同类型自动化控制系统的配置要点

组件	类型	功能描述	配置要点
传感器	余氯传感器	测量水中氯浓度	高精度、抗干扰能力强
传感器	pH 传感器	测量水的酸碱度	快速响应、稳定性高
传感器	浊度传感器	测量水的浑浊度	测量范围广、分辨率高
控制器	PID 控制器	处理数据、生成控制指令	参数调节灵活、实时响应
执行器	电动阀门	控制氯气流量	精确控制、耐用
执行器	氯气计量装置	监测氯气投加量	实时测量、高精度
执行器	泵	溶解氯气并推动水流	稳定性高、控制精度强

（四）水质监测与加氯量调整机制

监测项目的全面覆盖涉及的主要参数包括余氯、总氯、pH 值和浊度等，直接影响水质的消毒效果与系统稳定性。监测结果的分析和反馈对调整加氯量至关重要。为了实现高效、动态的水质管理，需要设计一个精确的加氯量调整机制。该机制以监测数据为依据，通过设定的反馈控制逻辑来调整加氯量，以维持水质在理想范围内。水质监测的具体项目和其检测范围需根据水源特点和供水需求进行设定，余氯和总氯是反映水中氯化消毒剂存在的主要指标。余氯表示水中氯化剂的残留量，能够直观反映水体的消毒效果。一般情况下，饮用水的余氯浓度应保持在 0.3 mg/L 以上，以确保有效消毒。总氯则包括水中所有形式的氯，包括自由氯和结合氯，其数值的监测有助于了解水中氯的整体负荷及其变化趋势。pH 值的监测用于控制水的酸碱度，因为酸碱度的变化会影响消毒剂的有效性和水的口感。浊度测量则反映水中悬浮物的浓度，悬浮物过多会影响消毒剂的分布和反应效果。加氯量的动态调整机制需要依赖于实时的水质监测数据，一个合理的调整机制通常包括数据采集、处理和反馈控制三个主要步骤。在数据采集阶段，通过自动化传感器获取余氯、总氯、pH 值和浊度等数据，会被传输到中央控制系统，在数据处理阶段，系统对实时数据进行分析，根据预设的标准与阈值进行比对。如果某个监测参数超过或低于设定范围，系统会生成调整建议，例如若余氯浓度低于 0.3 mg/L 时，系统将会触发自动增加加氯量的操作。具体操作中，可以设定当余氯浓度低于 0.3 mg/L 时，加氯量增加 10%，反馈控制逻辑能够保证水质在设定范围内波动，从而避免水质的突变带来的健康风险。类似的机制还可以应用于其他监测参数，如当 pH 值偏离标准范围时，系统可自动调整加酸或加碱量，以维持 pH 值的稳定。在实际应用中，为了更好地进行控制和优化，需要建立一个详尽的数据记录和分析系统，不仅用于实时控制，还为长期的水质管理提供了重要依据。通过对历史数据的分析，可以发现水质变化的规律，并调整加氯策略以适应不同的水质变化。

表 3—3　　　　　　　　　　　水质参数监测标准和调整机制

参数	监测标准范围	调整机制
余氯	0.3—0.5 mg/L	当低于 0.3 mg/L 时，增加加氯量 10%
总氯	0.5—1.0 mg/L	监测并调整加氯量，以确保总氯在标准范围内
pH 值	6.5—8.5	当偏离范围时，自动调整加酸或加碱量
浊度	≤1 NTU	超过标准时，增加预处理或调整加氯量

通过上述机制，供水系统能够在不同的水质状况下自动调整操作参数，从而确保水质稳定并符合安全标准。进一步的优化可以结合机器学习和数据挖掘技术，对系统进行预测性维护和自适应调整，提高系统的效率和稳定性，动态调整机制不仅可以减少人力干预，提高系统的自动化水平，还能显著提升供水安全性和经济性。

（五）多级加氯技术应用效果评估

多级加氯技术的应用效果评估涉及对其实施效果的全面分析，目的是系统地衡量其在实际运行中的表现和效果，评估内容通常包括消毒效果的提升、水质稳定性的增强、成本效益的分析以及对环境的影响，评估内容能够为技术的优化和改进提供依据，确保其在不同应用场景中的有效性和经济性。消毒效果的评估主要通过对比多级加氯技术实施前后的水质数据来进行，具体来说，通过对余氯、总氯、细菌计数和其他微生物指标的监测，来评价多级加氯对水质的改善程度。实验中，实施前后的水质数据需要进行统计分析，以确定消毒效果的实际提升。通常，评估的目标是实现水中微生物的显著减少，从而达到更高的消毒标准。此外，消毒效果的评估还应考虑多级加氯在不同水质条件下的表现，包括原水中有机物质和悬浮物的浓度对消毒效果的影响。水质稳定性的分析则关注多级加氯技术在长时间运行中的表现，评估过程中，需要收集长期的水质数据，包括余氯的稳定性、pH 值的变化、浊度的控制等。水质稳定性的好坏直接影响到供水系统的可靠性和用户的用水安全。通过对长期数据的分析，可以判断多级加氯技术是否能够在不同的水源条件下保持稳定的水质，并且在出现水质波动时是否能够快速调整。成本效益分析通常包括对技术实施成本、运行维护成本以及节省的运营费用等方面的评估。技术实施成本包括设备采购、安装以及初期调试的费用，而运行维护成本则涉及到技术操作中的消耗品、人员培训和设备维护等。通过对比多级加氯技术与传统单级加氯技术的成本，可以评估其在经济上的合理性。效益分析不仅关注技术带来的直接经济效益，还需要考虑其对水质改善所带来的间接经济效益，如降低疾病发生率和改善公众健康等。对环境的影响评估则关注技术实施对周边生态环境的潜在影响，多级加氯技术的环境影响主要体现在对水体、空气和土壤的潜在污染。具体评估方法包括监测加氯过程中产生的副产物，如氯仿和其他卤代烃类化合物，副产物可能对环境和人类健康产生负面影响。此外，技术实施过程中产生的废水和废气也需要进行评估，以确定其对环境的影响程度。

综合上述内容，评估多级加氯技术的应用效果需要采取多种方法进行全面分析。实验对比是评价消毒效果和水质稳定性的常用方法，通过对比实施前后的水质数据，能够直观地了解技术的改善效果。统计分析则为评估提供了科学依据，通过数据的系统分析，能够揭示技术应用中的规律和趋势。成本效益分析则帮助评估技术在经济上的可行性，确保技术的应用不仅能够提高水质，还能带来经济上的合理回报。环境影响评估则保障技术实施的可持续性，确保其在改善水质的同时，不对环境产生负面影响。在实际应用中，还应结合现场的具体情况和需求，定期进行评估和调整，以确保多级加氯技术能够持续发挥其应有的效果，此过程需要综合考虑技术的各个方面，并与相关的管理部门和专业人士合作，以优化技术的应用效果和经济性，最终实现水质的全面提升和环境的可持续保护。

第二节　管道冲洗技术

（一）管道冲洗技术概述与重要性

管道冲洗技术在供水系统维护中目的是通过去除管道内的沉积物、杂质、生物膜以及潜在的污染物，以维护水质和系统的整体运行效率，技术主要依赖于高压水流的机械作用，能够有效地清除管道内壁上的附着物，从而防止微生物的滋生和腐蚀问题。通过定期实施管道冲洗，可以显著延长管道的使用寿命，并确保供水系统的稳定运行。在实际应用中，管道冲洗技术包括多种方法和设备，以适应不同管道材料和系统的需求。常见的冲洗方法包括静态冲洗和动态冲洗。静态冲洗通常适用于较小规模的管道系统，通过在管道内注入高压水流，直接冲击管道内壁，逐步去除沉积物和杂质。动态冲洗则在流速较大的情况下进行，通过调整水流的方向和压力，实现对管道内壁的全面清洁，可以根据管道的实际状况和污染程度灵活选择和应用。管道内的沉积物和杂质通常包括泥沙、铁锈、矿物质结垢以及其他污染物，不仅影响水质，还可能导致管道阻塞，降低系统的运行效率。通过高压水流的冲击，可以将沉积物从管道内壁上剥离，并通过水流带走，从而保持管道的通畅和清洁。特别是在长时间未进行维护的管道中，沉积物的积累可能会导致水流不畅，甚至引发管道破裂等问题，定期冲洗能够有效防止情况的发生。生物膜的存在是另一个常见的问题，特别是在供水系统的冷却水管道和热水管道中。生物膜由微生物群体在管道内壁上形成，不仅影响水质，还导致管道腐蚀和堵塞。生物膜的形成通常与水质、温度和管道材料等因素有关。通过高压冲洗，可以有效去除这些生物膜，减少微生物的滋生，从而降低水质被污染的风险。在管道冲洗过程中，除了使用清水进行冲洗外，有时还需要使用化学清洗剂或其他专用的冲洗液，以去除特定类型的沉积物或污染物，对于铁锈较多的管道，可以使用含有酸性物质的清洗剂来溶解铁锈，提高冲洗效果。在选择清洗剂时，需要考虑其对管道材料的兼容性，避免对管道造成额外的损害。

管道冲洗的频率和周期应根据供水系统的具体情况和使用条件进行设定，一般来说，冲洗频率取决于管道的使用情况、水质变化和沉积物的积累速度。在高污染环境或频繁使用的管道系统中，需要更频繁地进行冲洗。而对于新安装或使用条件较好的管道，冲洗的周期可以适当延长。定期的维护计划和检查可以帮助确定合适的冲洗频率，从而保证供水系统的长期稳定运行。为了提高管道冲洗的效果，现代供水系统还结合了先进的监测技术，通过安装流量计、压力传感器和沉积物监测设备，可以实时跟踪管道内部的情况，及时发现和处理问题，能够为冲洗计划提供科学依据，帮助制定更加精准的维护策略。

（二）冲洗设备选择与操作规范

冲洗设备的选择必须根据管道的材质、管径、使用年限以及预期的冲洗频率来确定，不同的管道系统和维护需求要求使用不同类型的设备，以确保冲洗过程的高效性和安全性。常见的冲洗设备包括高压水枪、脉冲清洗机和机械清洗球，各种设备具有不同的适用范围和操作特点。

高压水枪通过高压水流对管道内壁进行冲击，能够有效地去除沉积物和杂质，高压水枪的选择应考虑到管道的材质和直径。对于较小直径的管道，可以使用高压水枪进行直接冲洗，而对于较大直径的管道，需要配备多台水枪进行分段冲洗。高压水枪的水流压力和喷射角度可以调节，以适应不同管道的清洁需求。例如，对于钢管和铸铁管道，需要设置适当的压力以避免对管道造成损害。脉冲清洗机则通过发射周期性水流脉冲来实现清洗，特别适用于去除顽固的沉积物和结垢。脉冲清洗机的工作原理是利用水流脉冲的冲击力去除管道内的沉积物。设备能够在较短时间内清洁管道内壁，适合用于那些沉积物积累较多、清洗难度较大的管道系统。脉冲清洗机的压力和脉冲频率需要根据管道的具体情况进行调整，以达到最佳的清洗效果。机械清洗球是一种通过在管道内滚动的球形清洗设备来进行冲洗的装置。机械清洗球通常用于管道内壁有较多沉积物和结垢的情况。通过球的滚动和撞击来清除管道内的沉积物。机械清洗球的选择应考虑到管道的直径和材质。球体的尺寸和材料需要与管道的内径匹配，以确保能够有效地在管道内移动，并且不会对管道造成磨损或损坏。

操作规范在管道冲洗中以确保冲洗过程的有效性和安全性，操作规范包括确定冲洗顺序、控制水流压力和速度以及考虑管道结构的特殊性。在开始冲洗之前，需要制定详细的冲洗计划，明确冲洗的顺序和方法，在多段管道系统中，可能需要分段进行冲洗，以确保每一段管道都得到充分的清洁。水流压力过高可能对管道造成损害，尤其是对于老旧或材质较脆弱的管道，如铸铁管道，在冲洗时需根据管道的材质和使用年限选择适当的压力，并实时监测冲洗过程中的压力变化，以防止管道破裂或其他损害。不同材质和结构的管道对冲洗的要求各异，如对于内壁有防腐涂层的管道，需要特别注意避免高压水流对涂层造成剥落。对于管道内壁有复杂结构或存在弯头的情况，冲洗设备的选择和操作方法需要进行调整，以确保清洗效果的全面性。此外，在冲洗过程中，操作人员应实时监测水流量、压力、冲洗液的排出情况等，以确保冲洗过程的顺利进行。必要时，应对冲洗设备进行调整或更换，以应对突发情况或提高清洗效果。冲洗完成后，还需对管道进行检查，确保没有残留的沉积物或损害。

（三）冲洗过程中的水质监测

水质监测在管道冲洗过程中为了确保冲洗效果，必须在冲洗前、冲洗过程中以及冲洗后对水质进行全面的监测，监测项目通常包括浊度、色度、细菌总数和大肠杆菌群等指标，能够反映管道内的沉积物去除情况和水质的整体改善程度。

浊度测量是评价冲洗效果的关键指标之一。浊度是指水中悬浮颗粒对光线的散射能力，通常以 NTU（Nephelometric Turbidity Unit）为单位进行测量。通过对冲洗前后水样的浊度进行对比，可以直观地了解管道内沉积物的去除效果。公式如下：

$$度化率 = \frac{洗前度 - 洗后度}{洗前度} \times 100\%$$

色度测量用于评估水体的颜色变化，通常由溶解在水中的有机物质或其他物质引起，色度变化的测量可以反映出冲洗是否有效去除了引起颜色变化的污染物。色度通常以色度单位（CU）表示，其测量方法类似于浊度，通过色度计进行测定。细菌总数是指每单位体积水中存在的细菌数量，细菌可能来自管道内壁的生物膜或沉积物。使用细菌检测包可以快速获取水样的细菌总数数据。细菌总数的公式计算如下：

$$菌度（CFU/100mL） = \frac{培后察到的菌落}{品体（mL）} \times 100\%$$

大肠杆菌群是水中细菌的一类，通常用来评估水体是否受到粪便污染，通过采用特定的检测方法和培养基，如膜过滤法或发酵法，可以得到准确的大肠杆菌群数据。监测点的设置应覆盖冲洗区域的关键位置，包括冲洗的起始点、结束点以及可能存在污染物积聚的区域，在长管道系统中，可以选择管道的开端和末端作为主要监测点，同时在已知沉积物较多的地方设置额外的监测点，以获得更全面的水质数据。

在实际操作中，便携式浊度仪和细菌检测包可以实时监测冲洗过程中水质的变化，便携式浊度仪允许操作人员在现场快速测量水样的浊度，便于及时调整冲洗操作。细菌检测包则提供了一种快速简便的方式来获取水样中的细菌数据，从而评估冲洗的有效性。

表 3—4　　　　　　　　　　　水质监测指标及检测方法

监测指标	标准范围	检测方法	设备/工具
浊度	≤1 NTU（饮用水）	散射光浊度计	便携式浊度仪
色度	≤15 CU（饮用水）	比色法	色度计
细菌总数	≤500 CFU/100 mL	平板计数法	细菌检测包
大肠杆菌群	0 CFU/100 mL	膜过滤法	大肠杆菌检测工具

通过综合分析上述监测指标，可以全面评估管道冲洗的效果，如果监测结果显示浊度、色度、细菌总数和大肠杆菌群均在标准范围内，则说明冲洗过程达到了预期的效果；否则，需要调整冲洗操作，增加冲洗频率或改进冲洗方法。

（四）冲洗效果评估与周期设定

评估的内容主要包括水质的清洁度、微生物指标以及管道的腐蚀程度，能够全面反映管道冲洗的实际效果，并为后续的维护工作提供科学依据。

水质清洁度的评估通常通过对冲洗前后水样的浊度和色度进行对比来完成，浊度反映了水中悬浮颗粒的浓度，冲洗后的水样应显示出显著的浊度降低。色度则测量水样的颜色变化，通过比色法可以有效评估是否去除了引起水体颜色变化的污染物。

表 3-5　　　　　　　　　　　　水质清洁度评估

时间点	浊度（NTU）	色度（CU）	备注
冲洗前	12.5	25	初始数据
冲洗后	2.3	5	冲洗后改善情况

微生物指标的评估包括细菌总数和大肠杆菌群的监测，用于检测水样中微生物的浓度变化，通过平板计数法和膜过滤法可以获取精确的细菌总数和大肠杆菌群数据。冲洗后的水样应显示细菌总数的显著减少和大肠杆菌群的消失，确保水质符合卫生标准。

表 3-6　　　　　　　　　　　　微生物指标评估

时间点	细菌总数 （CFU/100 mL）	大肠杆菌群 （CFU/100 mL）	备注
冲洗前	150	12	初始数据
冲洗后	10	0	冲洗后改善情况

管道腐蚀程度的评估则涉及对管道内壁的检查，以确定腐蚀或磨损的程度，腐蚀可以通过内窥镜检查、壁厚测量和管道表面状态分析来评估。新建管道通常腐蚀情况较轻，但随着使用时间的增加，尤其是在存在腐蚀性水质或不良维护条件下，管道的腐蚀程度可能会加重。评估结果可以通过定期检查和测试记录进行跟踪。

表 3-7　　　　　　　　　　　　管道腐蚀评估

时间点	内窥镜检查 结果	壁厚测量 （mm）	腐蚀类型	备注
冲洗前	轻微腐蚀	8	点蚀	初始数据
冲洗后	无明显腐蚀	8.2	无	冲洗后改善情况

周期设定是评估冲洗效果的一个重要方面，通常取决于水质变化、管道材

质和使用情况，新建管道因其材质和内部状态较好，通常需要较短的冲洗周期来保持系统的初始状态。随着管道的使用年限增加，管道内积累的沉积物和腐蚀会导致冲洗需求增加，因此老旧管道需要更频繁的冲洗。

表 3—8　　　　　　　　　　　冲洗周期设定

管道类型	使用年限	冲洗周期	备注
新建管道	<1 年	每 6 个月	维持初始状态
中等使用	1—5 年	每 3—6 个月	预防沉积物积累
老旧管道	>5 年	每 2—3 个月	频繁检查和冲洗

通过综合评估结果，可以全面了解管道冲洗的实际效果，并对管道维护进行科学合理的调整。定期的监测和评估不仅能够提高管道系统的运行效率，还能确保供水水质的安全和稳定。

（五）管道冲洗技术的优化方向

管道冲洗技术的优化包括提高冲洗效率、降低操作成本以及减少对环境的负面影响，为实现优化目标，可采取一系列技术和管理措施。提高冲洗效率是优化的核心目标之一，传统的冲洗方法可能面临效率低下的问题，而通过引入新型冲洗设备，可以显著提升冲洗效果，现代高压水枪和脉冲清洗机可以在较短的时间内完成管道的彻底清洁。这些设备利用高压水流或脉冲波动的机械作用，能更有效地去除沉积物和污垢，从而减少冲洗时间和频率。此外，结合喷射模式的调整，如变换喷头角度和流量，可以进一步优化冲洗过程。在降低成本方面，新型冲洗设备的投资虽然初期较高，但其高效能和长寿命能够减少长期的维护和更换费用。另一个降低成本的措施是优化化学清洗剂的使用。传统化学清洗剂可能具有较高的成本和潜在的环境风险，而新型生物可降解清洗剂可以有效去除管道内的污垢，同时对环境友好，清洗剂不仅能够提高冲洗效果，还能减少废水处理的复杂性和费用。管道冲洗过程中使用的化学清洗剂和高压水流可能对环境造成一定的负担。采用生物可降解的清洗剂是一种有效的解决方案，清洗剂能够在自然环境中分解，减少对土壤和水体的污染。此外，回收和再利用冲洗水也是减少环境影响的有效措施。通过对冲洗水进行处理和再利用，可以减少水资源的浪费，并降低冲洗操作的总水耗。智能监测系统能够实时跟踪管道内的水质参数和冲洗效果，并根据实时数据自动调整冲洗策略，通过集成传感器监测水中浊度、色度和微生物指标，系统可以自动优化冲洗流程和调整化学清洗剂的投加量，智能化管理不仅提升了冲洗效果，也减少了人工操作的误差和资源浪费。自动化控制系统可以进一步提高冲洗操作的精确度和一致性，通过引入自动化设备和控制系统，可以实现冲洗过程的全程自动监控和调整，自动化冲洗系统能够根据预设的冲洗周期和水质数据自动启动和停止冲洗作业，同时调整冲洗设备的参数，以适应不同的管道条件。这种自动化控制不仅提高了冲洗效率，还降低了操作人员的劳动强度和人为错误的发生率。

第三节　管道非开挖修复技术

（一）非开挖修复技术原理与优势

非开挖修复技术是一种在无需挖掘地面的情况下进行管道修复的先进方法，其工作原理基于将修复材料引入旧管道内部，以形成一个新的管道衬里，主要利用树脂浸渍的软管或片材等特殊材料，通过加热、冷却或自然固化的方式，使材料紧密贴合在原有管道的内壁上。其应用范围广泛，包括自来水管道、污水管道及各种工业管道系统。非开挖修复技术不仅能够有效解决管道老化、腐蚀或裂纹等问题，还具有显著的经济和环境效益。

在非开挖修复技术的实施过程中，需要对管道进行详细的检查和评估，通过内窥镜检查、管道检测仪器和水质分析等手段，确定管道的损坏程度和修复需求。此阶段的评估结果将直接影响后续的修复材料选择和施工方案。修复材料的选择主要基于管道的类型、损坏情况以及操作环境的要求。常用的修复材料包括树脂浸渍的玻璃纤维布、碳纤维布和聚合物片材等，这些材料具有优良的机械性能和耐腐蚀性，能够有效地恢复管道的结构强度和耐用性。修复过程的关键在于将修复材料正确地引入管道内部，一般采用的技术方法包括反向浸渍、局部加热和气囊加压等。反向浸渍技术通过将树脂浸渍的软管或片材从管道的远端推送至需要修复的部位，利用压力使其紧密贴合管道内壁。局部加热技术则通过加热修复材料，使其软化并紧密附着于管道内壁，冷却后形成坚固的内衬。气囊加压技术则使用充气气囊将修复材料压紧到管道内壁上，确保其在固化过程中均匀紧密地贴合。在修复材料固化完成后，需要对管道进行全面的检查，以确保修复效果的质量。通过内窥镜检查、流量测试和压力测试等手段，可以确认修复后的管道是否符合设计要求，是否存在渗漏或其他问题。

表 3－9 管道修复质量评估

检测项目	评估标准	检测结果	备注
内窥镜检查	无明显缺陷	合格	检查情况
流量测试	流量正常	合格	测试结果
压力测试	无泄漏	合格	测试结果

非开挖修复技术的优势在于其显著减少了对环境的破坏，传统的开挖修复方法通常需要大规模的地面挖掘，造成道路封闭、交通扰乱以及对周边环境的破坏。而非开挖修复技术通过在现有管道内进行修复，避免了各种问题。施工周期通常较短，能够减少对居民生活和商业活动的影响，同时降低了施工过程中的安全风险。经济效益方面，非开挖修复技术虽然初期投资相对较高，但由于其施工周期短、对环境影响小，因此总体成本通常低于传统的开挖修复方法。减少了对道路和建筑物的损坏，降低了修复后的修复费用和维护成本，非开挖修复技术的应用可以延长管道的使用寿命，减少长期运营和维护的费用。

为了进一步提高非开挖修复技术的效率和经济性，可以采用以下措施进行优化：

1. 改进修复材料：选择更先进的修复材料，如具有更高强度和耐腐蚀性的复合材料，可以提高修复效果并延长管道的使用寿命。

2. 优化施工工艺：通过改进施工工艺和设备，提高修复过程的精确性和效率。例如，使用更精确的加热和加压设备，确保修复材料的均匀固化。

3. 引入智能化管理：利用传感器和数据分析技术，实时监控修复过程中的关键参数，自动调整施工参数以优化修复效果。

表 3－10 非开挖修复技术优化方向

优化方向	具体措施	预期效果
改进修复材料	采用高强度复合材料	提高修复效果
优化施工工艺	使用先进加热和加压设备	提高施工精度和效率
引入智能化管理	利用传感器和数据分析实时监控	优化施工参数

（二）修复材料选择与施工方法

修复材料的选择和施工方法直接影响修复效果的质量和施工效率，材料的选择依据包括管道的材质、尺寸、使用年限以及损坏程度，不同的修复材料具有各自独特的物理化学性质，以适应不同类型和条件的管道修复需求。常用的修复材料包括聚酯、环氧树脂和聚酰胺等各具特点，能够满足不同修复场景的需求。聚酯树脂是一种较为经济的选择，适用于中低压力的管道修复，具有良好的粘附性和耐腐蚀性。环氧树脂则以其优异的机械性能和耐化学腐蚀性广泛应用于高压力和高腐蚀环境下的管道修复。聚酰胺材料则以其优良的弹性和耐磨损特性适合用于需要高度耐久性的修复项目。选择适合的材料不仅需要考虑管道的具体条件，还需综合评估修复的经济性和长期表现。

施工方法的选择对修复效果的实现同样至关重要，常见的施工方法包括翻转内衬法、CIPP（Cured－In－Place Pipe）法和螺旋缠绕法等，每种方法都有其特定的施工流程和技术要求。翻转内衬法（Inversion Lining）是一种在管道内部应用软管或片材的修复技术。施工过程中，将树脂浸渍的软管通过翻转方式从管道的入口处推入到需要修复的区域。该方法利用高压空气或热蒸汽将软管翻转并紧贴在原管道的内壁上。通过控制翻转的速度和温度，树脂在软管内逐渐固化，形成一个新的内衬。翻转内衬法的优势在于其施工灵活性和适应性强，适用于多种管道尺寸和形状。CIPP（Cured－In－Place Pipe）法是一种常见的管道修复技术，主要用于老旧或受损严重的管道。施工过程中，先将浸渍有树脂的软管通过推送或抽吸方式插入管道内部，随后通过加热、蒸汽或紫外光等方式使树脂固化，形成一个新的内衬管道，在较短的时间内完成修复工作，并且能有效地恢复管道的结构强度和耐用性。螺旋缠绕法（Spiral Winding）则适用于管道的内径变化较大的场景。施工过程中，使用专门的缠绕设备将修复材料以螺旋方式缠绕在管道内壁上。缠绕过程中，通过控制缠绕的角度和张力，确保修复材料均匀贴合管道内壁。该方法可以提供良好的管道内壁支撑，并且能够有效覆盖管道的裂纹和损伤区域。

修复材料的选择和施工方法的应用应基于详细的管道评估和修复需求。如表 3－11 所示帮助在实际操作中做出科学合理的决策：

表 3－11　　　　　　　　　修复材料和施工方法选择参考

管道条件	修复材料	适用施工方法	优势	注意事项
低压力/轻腐蚀	聚酯树脂	翻转内衬法	经济实用，适用性强	控制翻转过程中的折叠
高压力/高腐蚀	环氧树脂	CIPP 法	高强度，耐化学腐蚀	精确控制固化过程
大直径管道	聚酰胺/玻璃纤维	螺旋缠绕法	高效施工，对不规则形状适应性强	确保缠绕均匀，固定可靠

在选择合适的修复材料和施工方法时，还应综合考虑管道的使用年限、损坏程度和未来的维护需求。使用适当的材料和方法可以显著提高修复效果，延长管道的使用寿命，减少后续的维护和修复成本，定期的维护和检查能够确保修复效果的持久性，并及时发现和解决潜在的问题。通过合理的材料选择和施工方法应用，管道非开挖修复技术能够有效提升供水系统的整体性能，为长期稳定的供水保障提供坚实基础。

（三）修复过程中的监测与控制

在管道非开挖修复过程中，监测与控制是确保修复质量的核心环节，修复过程的监测包括对材料固化程度、管道变形情况和管道密封性的检测，而控制措施则涵盖施工环境的温湿度、材料的均匀性以及固化过程的全面监控，监测和控制手段能够确保修复效果的稳定性和可靠性，防止潜在的质量问题。

固化程度直接影响修复内衬的性能和管道的耐用性，常见的监测方法包括使用红外热像仪来实时监测管道内衬的固化温度分布。这种设备可以检测到固化过程中温度的均匀性和是否存在局部过热或冷却问题。通过分析温度分布图，可以确定固化是否达到预期效果，以及是否需要调整固化过程中的温度控制，固化过程中还可以通过取样和测试固化材料的物理性质，如硬度和粘结强度，来评估固化的完整性。管道在修复过程中会受到内外部压力的影响，从而导致管道变形或位移，不仅会影响修复材料的附着效果，还导致管道的泄漏或破裂。使用激光扫描仪或结构变形传感器可以实时监测管道的几何形状变化。激光扫描仪能够提供高精度的管道形状数据，并与修复前的数据进行对比，准确识别出变形区域。结构变形传感器则通过布置在管道表面的传感器，实时监测管道的变形量，以确保修复过程中的管道稳定性。管道密封性的监测也是修复质量控制中的重要内容，确保管道修复后的密封性，可以有效防止水流泄漏和外部污染物的侵入。常见的密封性检测方法包括气密性测试和水密性测试。气密性测试通过向管道内部充入气体，并测量气体的泄漏量来评估管道的密封性。水密性测试则通过在管道内注入水并监测是否出现渗漏来进行密封性检测。这些测试可以有效发现密封不良的问题，并在修复完成后进行修正。

施工环境的温湿度控制对于修复材料的固化过程具有直接影响，温度过高或过低都可能导致修复材料固化不均或固化不完全，因此需要精确控制施工环境的温湿度。通过使用环境控制设备，如空调、加热器和湿度调节器，可以确保施工环境保持在材料固化所需的温湿度范围内。修复材料的均匀性直接关系到内衬的整体性能和稳定性。在施工过程中，需要确保材料的配比和搅拌均匀，以避免固化后的材料出现气泡、裂缝或强度不均等问题。可以通过使用混合设备和质量检测仪器来监控材料的均匀性，确保每一批材料的质量符合要求。固化过程的监控包括对固化温度、时间和压力的实时跟踪，使用传感器和数据记录设备，可以持续监测固化过程中的关键参数，并根据实时数据调整施工条件。数据记录设备能够提供详细的固化过程记录，以便在出现问题时进行回溯分析。通过实时监控和调整，可以确保修复材料达到最佳的固化效果，提升修复质量的可靠性。

（四）修复效果评估与长期监测

修复效果的评估通常分为施工完成后的即时评估和长期监测两个阶段，施工完成后的即时评估旨在验证修复工作的初步效果，确保管道在短期内能够达到设计标准并正常运行。长期监测则关注修复效果的持续性，通过定期检查来评估修复质量的稳定性和持久性，两个阶段的评估方法包括管道闭水试验、管道 CCTV 检测和水质分析等，能够全面评价修复效果。施工完成后的即时评估主要包括对管道流量、压力和水质的测试，流量和压力的测试可以通过安装流量计和压力传感器来完成，设备能够实时记录管道内的流量变化和压力波动，帮助评估修复后管道的流通能力和承压能力。通过比较修复前后的流量和压力数据，可以判断修复是否对管道的运行产生了积极影响。通常流量测试包括测量管道的最大流量和平均流量，而压力测试则涵盖了管道的静态压力和动态压力。

表 3—12　　　　　　　　施工完成后管道流量和压力测试数据

测试项目	测试前值	测试后值	变化情况
最大流量（L/s）	20	22	2
平均流量（L/s）	15	17	2
静态压力（MPa）	1.5	1.6	0.1
动态压力（MPa）	1.2	1.3	0.1

水质分析则通过对修复后管道中的水质进行取样检测，主要关注水质中的污染物、悬浮物和化学指标，水质分析常用的方法包括浊度测定、化学需氧量（COD）测试和细菌总数测定等，能够帮助判断修复后的管道是否影响了供水质量，并确认管道的清洁程度和修复材料对水质的影响。

表 3-13   施工完成后水质分析数据

水质指标	测试前值	测试后值	变化情况
浊度（NTU）	5	4.8	-0.2
化学需氧量（mg/L）	30	28	-2
细菌总数（CFU/100mL）	50	45	-5

长期监测是对管道修复效果的持续跟踪，确保修复质量的长期稳定，长期监测包括定期的管道闭水试验、CCTV 检测以及水质分析等，能够帮助识别潜在的长期问题，如修复材料的老化、管道的结构变化或潜在的泄漏等。

管道闭水试验通过将管道充水并保持一定时间，观察是否存在泄漏或水压下降的现象，闭水试验可以通过安装压力传感器和水位计来实现，记录管道在充水后的压力变化和水位稳定性。测试过程中，需要监测管道的压力和水位是否保持稳定，以判断修复是否具备长期稳定性。

表 3-14   管道闭水试验数据

测试项目	测试前值	测试后值	变化情况
初始压力（MPa）	1.5	1.5	无变化
24 小时后压力（MPa）	1.5	1.5	无变化
初始水位（m）	5	5	无变化
24 小时后水位（m）	5	5	无变化

管道 CCTV 检测是通过摄像技术对管道内壁进行检查，以评估修复效果和发现潜在问题，CCTV 检测能够提供管道内壁的高分辨率图像，帮助识别修复后的表面缺陷、裂缝、脱落或其他不符合标准的问题。检测过程中，需要分析图像数据，并与修复前的数据进行对比，以确保修复质量符合要求。

（五）非开挖修复技术的适用范围

非开挖修复技术是一种适用于多种管道材质和尺寸的先进修复方法，包括铸铁、PVC、混凝土等不同类型的管道，在处理交通繁忙、地下设施复杂或环境敏感区域的管道修复时表现尤为突出。其主要优势在于能够减少对地面的挖掘和破坏，避免对周边环境和交通的干扰，同时有效降低了施工对现有地下设施的影响。对于铸铁管道，非开挖修复技术能够解决其常见的腐蚀和裂纹问题，铸铁管道由于其材质的脆性和腐蚀性，往往在使用过程中出现裂纹和破损。非开挖修复技术通过应用高强度的内衬材料，能够有效修复铸铁管道的结构损伤，提高其承压能力和耐用性。对于 PVC 管道，非开挖技术可以处理其老化、变形和连接处的漏水问题。PVC管道虽然具备较好的耐腐蚀性能，但在长期使用过程中仍可能出现连接松动和材料老化等问题。使用非开挖修复技术，通过内衬和修复材料覆盖在原有管道内壁，恢复其功能并延长使用寿命。混凝土管道因其常常暴露在严苛的环境条件下，如湿润和酸碱腐蚀，容易出现裂缝和破损。非开挖修复技术通过应用合适的修复材料和方法，能够有效修复混凝土管道的裂缝和结构损伤，提高其抗渗透性和耐久性。特别是在交通繁忙的地区，非开挖修复技术显著减少了施工对交通的干扰。传统的开挖修复方法需要大面积挖掘，这不仅对交通造成极大的干扰，还可能影响周边的商业活动和居民生活。非开挖技术通过在地面不进行大规模开挖，能够在施工过程中保持交通流畅，减少对社会活动的影响，通过使用管道内衬修复技术，可以在不影响地面使用的情况下，对地下管道进行修复，这对于繁忙的城市中心区尤为重要。

在地下设施复杂的区域，非开挖修复技术同样展现了其优势，城市地下通常布满了各种管线和设施，传统的开挖方法可能会对这些设施造成破坏或干扰。非开挖修复技术能够通过在原管道内部进行修复，避开了对周边管线的直接干扰，通过CIPP（Cured-In-Place Pipe）技术，可以在原管道内壁形成一个新的内衬，从而恢复管道功能，而不需要挖掘周围区域，从而避免了对地下设施的干扰。环境敏感区域，如生态保护区或历史遗迹所在区域，对于施工的影响控制尤为严格。非开挖修复技术由于其施工方式的特殊性，能够显著减少对环境的影响。相比于传统的开挖方法，非开挖修复技术可以在不破坏地表的情况下完成修复，避免了对环境的进一步破坏，在自然保护区内进行管道修复时，选择非开挖技术可以保护周边的植被和生态环境，减少对环境的扰动。对于老旧管道的更新和维护，非开挖修复技术提供了一种经济有效的解决方案，老旧管道往往面临着严重的腐蚀、磨损和结构损伤问题。传统的修复方法可能需要大规模的开挖和替换，而非开挖修复技术能够在不大规模破坏的情况下，采用高效的修复材料和方法来恢复管道的功能，使用聚酯树脂或环氧树脂等高性能材料进行内衬修复，可以大幅度降低修复成本，同时延长管道的使用寿命，不仅能够节省修复时间和人工成本，还能够减少因管道故障带来的经济损失。

表3-15 不同管道材质的非开挖修复技术应用效果

管道材质	主要问题	修复技术	修复效果
铸铁管道	腐蚀、裂纹	内衬修复	恢复承压能力，提高耐用性
PVC管道	老化、变形、漏水	内衬修复	解决漏水问题，恢复功能
混凝土管道	裂缝、结构损伤	内衬修复	提高抗渗透性和耐久性

表 3—16　　　　　　　　非开挖修复技术适用区域特征

区域类型	技术优势	应用
交通繁忙区域	减少交通干扰	城市中心管道修复
地下设施复杂区域	避免对周边设施干扰	地下管线密集区域修复
环境敏感区域	保护环境，减少扰动	自然保护区管道修复
老旧管道	经济有效，延长使用寿命	老旧供水管道更新

第四章　水处理工艺技术进展

第一节　传统集中供水水处理工艺

（一）传统集中供水工艺简介

传统集中供水工艺是一种历史悠久且广泛应用的水质处理技术，其设计和实施均基于对水源特性的深入分析和对处理需求的细致规划，目的是确保经过处理的水达到国家规定的饮用水水质标准，保障公众健康和安全。在水源类型上，集中供水工艺主要分为地表水处理和地下水处理两大类，各自针对不同的水质特点和污染物进行专门设计。

地表水处理工艺特别关注悬浮物、胶体物质和有机物等污染物的去除，通常存在于河流、湖泊等自然水体中，对人体健康造成危害。处理工艺通过混凝沉淀阶段，使用硫酸铝、氯化铁或聚合氯化铝等混凝剂，通过电中和和吸附作用，将水中的小颗粒聚集成较大的絮体，便于后续的沉淀和过滤。混凝剂的选择和投加量需要根据水质特性、混凝效果和絮体的稳定性进行精确计算和调整。在沉淀阶段，絮体在沉淀池中沉降，从而实现与水的分离。沉淀池的设计需考虑水力停留时间、沉淀效率和絮体沉降速度，以确保絮体能够充分沉降，减少出水中的悬浮物含量。过滤阶段进一步去除水中的剩余悬浮物和胶体颗粒，常用的过滤介质包括石英砂和无烟煤，介质具有较高的孔隙率和截留能力，能够有效拦截微小颗粒。过滤速度的控制对于保证过滤效果至关重要，一般控制在 8－12 米每小时，以确保过滤介质不会被堵塞，同时反冲洗频率的合理设置也是维持过滤效果的关键。地下水处理工艺则侧重于铁、锰和溶解性无机物的去除，污染物来源于地下水中的矿物质溶解，对水的口感和安全性有负面影响。针对地下水的处理，除了混凝沉淀和过滤外，还需要采用特定的化学处理方法，如氧化和吸附，以去除铁、锰等金属离子。消毒目的是杀灭水中的病原微生物，防止疾病的传播，常用的消毒剂包括氯气、二氧化氯和臭氧等，能够有效地杀灭细菌、病毒和其他微生物。消毒剂的投加量需根据水源的初始水质和出水的水质标准来确定，以确保达到足够的消毒效果，同时避免消毒剂过量对人体健康造成潜在风险。在整个供水工艺中，水质监测和自动化控制系统的运用对于保证处理效果和操作安全性同样重要，通过实时监测水质参数，可以及时调整处理工艺，确保供水质量稳定可靠。自动化控制系统则可以减少人为操作错误，提高工艺的稳定性和效率。随着科技的发展和环保意识的提高，新型的水处理技术和材料也在不断涌现，如膜技术、生物处理技术等，在某些特定条件下能够提供更高效、更环保的水质处理方案。

（二）工艺流程及优化策略

从水源的选取到最终水质的达标，每一个步骤都经过精心规划和科学管理，取水点的选址不仅需要考虑水源的稳定性和水质的可靠性，还需评估水源地的自然条件和周边环境，以避免污染物的侵入。水源保护区的建立是保护水源不受污染的有效措施，通过法律法规和物理隔离，减少人类活动对水源的影响。

在水源进入处理系统之前，预处理单元的设置可以有效拦截和去除大颗粒物和沉积物，减轻后续处理单元的负担。预处理单元的设计需根据水源特性和水质波动情况来定制，以确保其高效运行。混凝沉淀阶段是水质净化的首要步骤，混凝剂的选型和投加量直接影响絮凝效果。聚合氯化铝（PAC）因其良好的絮凝性能和较低的残留金属离子浓度，在水处理领域得到了广泛应用。混凝剂的投加量需通过实验室混凝试验来确定，并根据原水的浊度、有机物含量以及季节性变化进行动态调整，以实现最佳絮凝效果。沉淀池的设计需综合考虑沉淀效率、占地面积和投资成本，水平流沉淀池和斜管沉淀池各有优势，斜管沉淀池因其较小的占地面积和较高的沉淀效率，在现代水处理工程中更受青睐。沉淀池表面负荷和停留时间的设计需根据水质特性和处理要求来确定，以确保絮体能够充分沉降，减少出水中的悬浮物含量。单层或双层滤料过滤池的设计需考虑滤料的透水性、截留能力和反冲洗效果。双层滤料过滤池因其高透水性和较长的滤程，逐渐成为现代水处理的主流选择。过滤速度的控制和反冲洗频率的设置直接影响出水水质，需根据水质监测结果和滤料特性进行优化调整。消毒剂的选择需综合考虑其对病原体的杀灭效果和副产物的生成。氯气和二氧化氯因其高效性和稳定性，在水处理中得到了广泛应用。对于高有机物含量的水源，臭氧作为一种替代消毒剂，因其强氧化性和较小的消毒副产物，逐渐被应用于水处理工艺中。

在工艺流程的优化策略中，实时监测水质参数，可以及时调整处理工艺，确保供水质量的稳定性和可靠性。自动化控制系统可以减少人为操作错误，提高工艺的运行效率和安全性。随着科技的发展，新型的水处理技术和材料不断涌现，为传统集中供水工艺的优化提供了新的思路和方法。膜技术、生物处理技术等新型技术在特定条件下能够提供更高效、更环保的水质处理方案。通过技术创新和工艺优化，传统供水工艺能够更好地适应水质挑战和社会发展需求，实现供水系统的可持续发展。在工艺流程的设计和优化中，还需考虑能源消耗和环境影响。采用节能技术和设备，减少能源消耗，降低运营成本。同时，处理过程中产生的污泥和副产物需进行妥善处理和处置，减少对环境的影响。

（三）技术特点与应用范围

传统供水处理工艺的技术特点在于其经过时间验证的成熟度、在各种水质条件下的可靠性以及对不同水源的适应性，工艺的混凝沉淀技术在去除水中悬浮物和部分有机物方面表现出色，尤其是在处理中到高浊度的地表水时，能够有效地降低水体的浊度，提高水质的清澈度。混凝剂的合理使用，结合絮凝剂的投加，可以促进水中颗粒物的聚集，形成易于沉降的大絮体，从而在沉淀过程中实现高效分离。消毒环节通过使用氯气、二氧化氯或臭氧等消毒剂，能够有效杀灭水中的病原微生物，防止通过饮用水传播疾病。在水质波动较大或存在特殊污染物的情况下，传统工艺可以与深度处理技术相结合，如活性炭吸附、膜过滤或离子交换等，以进一步净化水质，满足更为严格的水质标准。

传统供水工艺的应用范围极为广泛，不仅适用于大中型城市的集中供水系统，也适用于小型社区和农村地区的供水。地表水处理通常包括混凝、沉淀、过滤和消毒等基本工序，而地下水处理则可能根据水质特点省略某些工序，直接进行过滤和消毒，对于高铁、锰含量的地下水，可以采用氧化过滤法，通过曝气或加药氧化铁、锰，再通过过滤去除，有效降低水中的铁、锰含量，改善水的口感和颜色。在实际应用中，传统供水工艺需要根据水源的具体条件进行优化设计，在水源中含有较高有机物时，需要增加活性炭吸附工序，以去除水中的有机物和异味；在水源硬度较高的情况下，可能需要采用离子交换或反渗透技术，以降低水中的硬度成分。此外，随着人们对健康和环保意识的提高，传统供水工艺也在不断地进行技术创新和升级，以适应更为严格的水质要求和环保标准。

在工艺设计中，还需要考虑能源消耗和环境影响。通过采用节能技术和设备，可以减少能源消耗，降低运营成本，同时也有助于减少温室气体排放，实现供水系统的绿色运行。此外，处理过程中产生的污泥和副产物需要进行妥善处理和处置，以减少对环境的影响。随着科技的发展，新型的水处理技术和材料为传统供水工艺的优化提供了新的思路，膜技术的发展为水处理提供了更为高效的分离手段，生物处理技术的应用则可以提高水处理的生态友好性。通过整合新技术，传统供水工艺可以在保持其成熟和可靠性的基础上，进一步提高处理效率和水质。

（四）处理效果与水质标准

《生活饮用水卫生标准》（GB5749）是保障民众健康和生活饮用水净化技术的设计、评价以及开展饮用水水质监督管理的重要依据，属于强制性国家标准。《生活饮用水卫生标准》包含了一系列关于水质的基本指标，如感官特性（如颜色、浑浊度）、微生物指标（如总菌落计数）、物理性质如浊度、化学指标（如 pH 值、总硬度、重金属含量）及放射性指标等。标准致力于保障饮用水的安全与卫生，反映了国家对于饮用水安全的一贯要求，确保了供水系统出水的安全性和健康性，确保居民日常生活的用水符合基本的健康要求。新版《生活饮用水卫生标准》（GB5749－2022）于 2022 年 3 月 15 日发布，2023 年的 4 月 1 日起正式实施。新版《标准》的指标数量由 2006 版标准的 106 项（含常规指标 42 项，非常规指标 64 项及参考指标 28 项）调整为 97 项（含常规指标 43 项和扩展指标 54 项及参考指标 28 项）。新版标准的主要变化有：增加与更新了指标，强化了水质监测要求，完善了管理体系，扩展了适用范围。新标准的变化体现在：更加关注感官指标，更加关注消毒副产物，更加关注风险变化，指标限值更加严格，进一步统一城乡供水的水质评价要求。

新版《生活饮用水卫生标准》旨在构建一个更为科学、合理、有效的饮用水安全保障体系，不仅提升了饮用水质量，还增强了管理效率和公众参与度，体现了国家对人民群众健康的高度关注和保护决心。新标准的颁布在一定程度上反映了我国近年来在水污染防治、水环境治理、水处理技术提升和农村饮水安全工程建设等方面取得的成效。新标准的实施也将为我国饮用水安全保障水平的提升提供更有力的技术保障。

浊度作为衡量水质清澈度的重要指标，传统工艺通过混凝沉淀和过滤技术，能够有效降低至 1NTU 以下，确保了水体的透明性。pH 值的控制在 6.5－8.5 范围内，保证了水的酸碱平衡，适合人体饮用。总硬度的控制不超过 450mg/L，避免了水垢的产生，同时保护了供水管道和家庭用水设备。出厂水游离氯余量不低于 0.3mg/L，有效抑制细菌和微生物的生长，确保了水质的生物安全性。菌落总数不超过 100CFU/mL 的标准，进一步保障了水的微生物含量。在有机物的去除方面，传统工艺通过混凝、吸附和生物降解等手段，能够实现 50% 以上的去除率。混凝剂的使用促进了有机物与悬浮物的结合，便于在沉淀和过滤过程中被去除。活性炭吸附技术的应用，进一步提高了对有机物的去除效果，尤其是在去除水中的异味和色素方面表现突出。病原微生物的去除是保障水质安全的核心，传统工艺通过消毒环节，使用氯、二氧化氯或臭氧等消毒剂，实现了超过 99％ 的病原微生物去除率，对于防止水源性疾病的传播至关重要。然而，对于难降解有机物、微量重金属以及新兴污染物，如药物残留、内分泌干扰物等，传统工艺的处理效果存在局限，污染物往往需要更为先进的深度处理技术，如膜技术、高级氧化技术或吸附技术，才能有效去除，反渗透和纳滤膜技术能够有效拦截溶解性污染物，高级氧化技术能够分解难降解有机物，而活性炭和树脂吸附技术则能够去除水中的重金属离子。水质标准的制定和执行，是确保供水安全的重要保障，随着科技的进步和人们健康意识的提高，水质标准也在不断更新和完善。供水企业需要不断跟进最新的水质标准，采用先进的处理技术和设备，以满足日益严格的水质要求。在水质监测方面，实时和准确的监测是确保供水质量的基础。供水企业需要建立完善的水质监测体系，对出水水质进行定期和不定期的检测，及时发现和解决水质问题。同时，水质数据的公开透明，也是提高公众信任和满意度的重要手段。此外，供水企业还需要关注供水系统的可持续性。在工艺设计和运营中，应考虑能源消耗和环境影响，采用节能降耗的技术和设备，减少污染物的排放。通过优化工艺流程和提高设备效率，实现供水系统的绿色发展。

（五）传统工艺的优势与局限

传统供水处理工艺以其多年积累的技术经验与相对成熟的工艺流程，广泛应用于城镇供水系统，展现出较高的经济性与实用性，其主要优势体现在设备投资与运营成本相对较低，且工艺流程较为简单易懂，维护操作便捷。基于经典的混凝沉淀、过滤和消毒单元，传统工艺能够有效去除地表水和地下水中的常规污染物，如悬浮物、胶体颗粒、铁锰等。特别是在水质条件相对稳定的地区，传统供水处理工艺凭借其较高的去除效率，能够满足绝大部分居民和工业用户的基本用水需求。同时，传统工艺中的一些单元，如混凝沉淀和过滤，具有较强的适应性，能根据水质变化灵活调整投药量或滤速，以保持系统的平稳运行。此外，传统工艺技术成熟，操作人员的技术培训成本较低，这也为其在较为偏远地区的普及应用奠定了基础。

伴随现代工业化与城市化的发展，水源地水质日趋复杂，传统供水工艺的局限性逐步显现，传统工艺在处理复杂的污染物组合时，存在较大的瓶颈，尤其是对如有机污染物、重金属、微量药物残留等新型污染物的去除能力有限。传统工艺主要依赖混凝、沉淀和过滤等物理化学过程，虽然这些步骤能去除部分污染物，但对一些溶解性有机污染物及微小颗粒物的去除效果不足。尤其是在工业废水、农业径流等导致的复杂污染情境下，传统供水工艺往往无法达到更严格的饮用水标准。传统供水工艺在运行上较为依赖化学药剂的投加，如混凝剂和消毒剂，虽然这些化学药剂能有效处理常规污染物，但药剂使用过多或过少都会影响处理效果与水质安全。药剂投加量的增加不仅提升了运营成本，带来副产物的生成，例如氯消毒过程产生的三卤甲烷等消毒副产物，这些物质具有潜在的健康风险。此外，传统工艺的工艺设计依赖于较长的水力停留时间，以保证污染物的充分去除和水质的达标输出，长停留时间也使得工艺在应对突发性水质变化时，调整响应较为滞后，难以及时处理短期内出现的水质问题，例如洪涝灾害或工业事故排放引起的水质异常变化。在这些情况下，传统工艺的灵活性较差，无法快速有效应对突发污染，导致短时间内水质达不到要求。

面对水资源日益恶化及水质标准日趋严格的现状，传统供水工艺的局限性不仅体现在处理效果上，还包括其可持续性与环境友好性，为了应对现代水质问题，传统工艺需与先进的深度处理技术相结合，形成多级组合处理工艺，以提升对污染物的去除效率，通过增加活性炭吸附、膜分离、臭氧氧化等深度处理单元，可以显著提高对有机物、微污染物及重金属的去除率，确保出厂水水质符合更高的标准。此外，为降低传统工艺对化学药剂的依赖，未来可进一步引入绿色替代技术，如光催化氧化技术、生物过滤技术等，从而减少药剂使用量与消毒副产物的产生，提升工艺的环境友好性。

第二节　常规工艺面临的问题与挑战

（一）面临的主要问题与挑战

随着工业化与城市化的快速推进，水源污染的种类日益增多，污染物性质的变化也愈加复杂化，给传统水处理工艺带来了前所未有的压力，工业废水中的重金属、有毒有机物、农药残留以及医药废弃物逐渐成为水源污染的主要成分，而新型污染物由于其化学性质稳定、难以降解，使得传统的混凝沉淀、过滤、消毒等工艺对污染物的去除效率较低。同时，农业活动排放的化肥、杀虫剂以及动物养殖场的抗生素残留，也对水处理系统提出了更高的处理要求，不仅可能直接威胁人体健康，且部分物质具有长期累积效应和环境迁移性，会通过食物链放大其危害。气候变化的影响也对水处理工艺的稳定性与适应性提出了更高的要求，随着全球气温的升高，极端气候事件，如干旱、洪水的频发，不仅使得水源的供应量波动加剧，水质也因此发生显著变化。在干旱期间，水体流动性降低，河流湖泊中的污染物浓度上升，导致水源地水质恶化；而洪涝灾害则常常带来大量污染物的冲刷与汇入，进一步加剧水质的不稳定性，传统的水处理工艺由于停留时间固定、药剂投加量相对滞后，难以快速响应水质突变所带来的挑战。尤其是当水质指标如浊度、总有机碳含量发生急剧变化时，传统工艺在短时间内调整能力较差，容易造成处理效果下降，进而影响出厂水水质的安全性。为此，水处理工艺的设计需要更具灵活性与适应性，以应对气候变化带来的水质波动。

水质参数的变化对水处理工艺的运行效果影响深远，常见的水质参数，如pH值、溶解氧含量、总有机碳及悬浮物浓度等，都会直接影响处理工艺的效率与稳定性，如pH值的波动会影响混凝剂的投加效果，进而影响到后续沉淀与过滤单元的处理效率。当pH值过高或过低时，混凝剂的电中和与吸附能力下降，导致絮体形成不充分，悬浮物去除率降低。此外，溶解氧含量的变化对于生物处理单元的影响尤为明显。在溶解氧不足的情况下，活性污泥中的微生物无法维持正常的代谢活性，导致有机污染物的去除效率显著下降。而高有机物含量则可能引发微生物群落失衡，导致污泥膨胀或厌氧微生物大量滋生，进而影响整个生物处理单元的稳定运行。因此，在水质参数频繁变化的情况下，如何实现对工艺流程的精细控制与实时调整，是提升水处理工艺适应性的关键所在。

为了应对挑战，水处理工艺在未来需要更为智能化与自动化的控制系统支持，以实现对水质参数的实时监测与动态调整。现代传感器技术的进步为水处理工艺的智能化提供了可能，通过实时监测水源地水质的变化，可以及时调整药剂的投加量、反应时间以及过滤介质的清洗周期等操作，从而有效提升处理系统的适应性与灵活性。与此同时，深度处理技术的引入，如膜过滤技术、臭氧氧化、生物炭吸附等，能够增强对新型污染物的去除能力。尤其是膜技术的应用，通过超滤、纳滤或反渗透技术，可以有效去除水中的微量有机物、重金属及溶解性无机物质，确保出厂水质的高度纯净。此外，臭氧氧化与高级氧化技术在处理难降解有机物及微量药物残留时展现了优越的性能，能够进一步提升水质处理的深度与广度。面对日益恶化的水源污染问题，单纯依靠水处理工艺的末端控制无法从根本上解决问题。通过加强水源保护区的规划与管理，减少农业面源污染与工业点源污染的排放，才能从源头上减轻水处理工艺的负担。水源保护措施包括限制农业化肥与农药的使用量，推广环保农业技术，治理沿岸工业企业的排污行为，以及加强水源地生态修复等。

（二）水质变化对工艺的影响

水质的波动对水处理工艺的运行效率与稳定性贯穿于整个处理过程的各个环节，在水源中，悬浮物含量的增加通常由暴雨、泥沙沉积或上游污染源的流入引发，对混凝和沉淀阶段带来了显著的挑战。当水中悬浮颗粒增多时，混凝剂的电中和和絮凝作用需要更强的投加量和更长的反应时间才能形成足够大的絮体供沉淀去除。即使通过调整混凝剂的投加量来提高去除效果，过多的悬浮物仍可能导致沉淀池超负荷，造成絮体沉淀不完全，从而增加后续过滤单元的负担。

在沉淀阶段，悬浮物浓度的提高会导致沉淀池的处理能力下降，使得絮体难以有效沉降，进而导致沉淀池中的固体积聚增多，不仅影响了沉淀池的处理效率，也可能导致絮体再悬浮，进入后续的过滤环节，增加了过滤单元的负担。过滤介质的截留能力是有限的，当悬浮物浓度过高时，滤料容易出现堵塞现象。这种情况会加速滤料的磨损，使得反冲洗频率增加，并缩短滤料的使用寿命，从而影响到过滤单元的处理效果。最终，会直接导致出水水质的浊度升高，甚至导致处理水质无法稳定达标，从而威胁供水的安全性。不仅悬浮物对水处理工艺造成影响，水源中的溶解性污染物也同样构成了较大的干扰。氮、磷等营养盐的增加，通常源于农业面源污染或污水处理厂的排放不达标。当溶解性污染物进入水源后，会对生物处理单元的微生物群落结构与功能产生显著影响。氮和磷作为微生物生长繁殖的重要元素，其浓度的过高引发微生物群落的失衡，导致某些特定微生物的大量繁殖，如藻类或厌氧微生物的过度增殖，微生物群落的失衡不仅会影响到脱氮除磷的效果，还引发污泥膨胀或泡沫问题，从而导致处理系统中微生物活性的降低，进一步阻碍有机物的有效分解。此外，溶解性有机污染物的增加，如有机氮化合物、酚类化合物或挥发性有机物，会进一步加大水处理工艺中的氧化负荷。有机污染物不仅增加了生物处理单元的氧需求，还超出化学处理单元的处理能力，使得整体水处理系统的效率下降。氧化负荷的增加会导致反应器中的氧气供应不足，降低微生物对有机物的降解能力，进一步加重了水处理系统的运行负担，处理单元必须进行额外的调整和优化，以确保水质能够达到规定的标准，避免对水源安全构成威胁。

（三）工艺调整与适应性改进

水质的复杂性和多变性要求水处理工艺能够根据不同的水质条件进行调整与优化，以确保出水水质达到标准，不仅包括对现有工艺的改进，还需要引入更多智能化与自动化的控制手段，以实现对水质变化的快速响应与有效处理，随着溶解性有机污染物在水源中的含量日益增加，传统的物理和化学处理工艺可能难以在短时间内有效去除这些难降解物质，增加粉末活性炭（PAC）作为辅助处理手段是一种有效的技术改进。PAC 具有良好的吸附性，能够在水中吸附多种溶解性有机物，如有机氮化合物、挥发性有机物和一些低分子量有机污染物，从而提高处理效果。通过适时调整 PAC 的投加量，不仅可以灵活应对水质波动，还能有效减少有机物对后续处理单元的负荷。在混凝过程中，混凝剂的选择与投加量的变化将直接影响到水中悬浮物和胶体物质的去除效果，不同类型的混凝剂，如硫酸铝、聚合氯化铝（PAC）、硫酸铁等，具有不同的电中和与絮凝特性，适用于不同水质条件。在水质发生变化时，灵活调整混凝剂的种类、浓度以及投加顺序，可以显著提高混凝效果，优化混凝反应的水力条件，确保絮体在水中形成和沉降的稳定性，也有助于在面对悬浮物含量增加时保持出水水质的稳定。

生物处理单元在面对溶解性有机物和营养盐含量波动时，通常需要通过调整微生物的生物代谢条件来维持处理效果，当水中氮、磷含量增加时，适当延长污泥龄、增加曝气量，能够促进硝化和反硝化过程的进行，从而提高脱氮效果。污泥龄是指活性污泥中微生物的平均年龄，对系统中微生物的组成和活性有显著影响。在处理高氮废水时，延长污泥龄可以有助于增加硝化菌的比例，保证充足的硝化作用。与此同时，增加曝气量能够提高溶解氧水平，促进好氧微生物的代谢活性，并提高对有机物的降解效率，过高的曝气量可能会导致能耗增加和运行成本上升，因此需要结合水质条件进行合理调控。污泥回流比是指生物反应池中回流污泥的比例，直接影响到系统中微生物的浓度和活性。通过调整回流比，可以控制系统中的污泥浓度，确保微生物的生长环境稳定，从而保证脱氮除磷效果在水质波动时的稳定性，在进水中磷含量增加的情况下，可以适当增加厌氧区的污泥回流比，以提高反硝化细菌的活性，促进磷的释放和吸收，进而实现稳定的除磷效果。除了对工艺流程和运行参数进行优化调整，水处理工艺的自动化与智能化也是应对水质变化的重要发展方向。随着水质监测技术的进步，传感器技术的广泛应用使得对水处理过程中的关键参数进行实时监测成为可能。通过集成溶解氧（DO）、化学需氧量（COD）、氨氮（NH4－N）、浊度等在线传感器，水处理系统可以持续获取水质信息，并根据实时数据自动调整工艺运行状态，当传感器检测到进水中的氨氮浓度升高时，系统可以自动增加曝气量，以确保硝化过程能够顺利进行，避免氨氮在出水中超标。同样，基于 COD 或总有机碳（TOC）的监测数据，系统可以自动优化化学投加量或调节生物反应条件，确保有机物的去除效率不受水质波动的影响。

智能化控制系统不仅可以实现实时监控与调整，还能够通过历史数据的积累与分析进行预测性维护与优化，基于长期的水质数据与工艺运行记录，系统可以建立起水质变化与处理效果之间的关联模型，预测未来的水质变化趋势。通过这些模型，操作人员可以提前做好工艺调整的准备，或系统自动根据预测结果调整处理流程或设备参数，基于数据驱动的智能化优化，不仅提高了工艺的灵活性与响应速度，还能够减少不必要的化学药剂投加和能源消耗，从而降低运行成本。在面对气候变化、极端天气和工业排放等导致的水质不确定性时，智能控制系统与自动化调节技术的结合能够极大提升水处理工艺的适应性和稳定性，暴雨过后水中悬浮物含量急剧上升时，系统可以自动调节混凝剂投加量，并适时启动沉淀或过滤系统的强化运行模式，以应对短期内的水质波动，在长期运行过程中，系统还可以根据设备的运行状态和水质监测数据，自动规划设备维护与清洗周期，防止设备的过度负荷运行或因积垢堵塞导致的故障发生。

随着水质监测技术、工艺优化手段以及智能化控制系统的不断进步，水处理工艺的适应性改进将更加高效、灵活和智能化，多维度的工艺优化不仅提升了传统水处理工艺的应对能力，还为未来复杂水质条件下的处理需求提供了更加可靠的技术保障。通过引入更多先进的设备和控制手段，水处理工艺能够在多变的环境条件下实现持续、高效的运行，确保供水系统的安全性与水质的稳定达标。

（四）技术革新与未来发展方向

未来水处理技术的革新与发展趋势，将朝着提升处理效率、降低能源消耗和运行成本的方向不断推进，同时扩大对更多污染物种类的适应能力。现代社会的水污染问题日益复杂，水质安全要求不断提升，现有的传统处理工艺面临巨大挑战。因此，技术革新成为水处理行业的迫切需求，其中膜技术和高级氧化技术（AOPs）被认为是未来水处理领域的两个关键突破点。膜技术如超滤（UF）和反渗透（RO），在去除微量污染物和提高出水水质方面展现了极大的优势。超滤通过物理分离的方式，能够有效截留水中的颗粒物、胶体物质和细菌，而反渗透则可进一步去除溶解性盐类和低分子量的有机物，使得其在高标准的饮用水和工业纯水处理中具有广泛应用前景。随着膜材料的不断改进，膜技术的成本也逐渐下降，耐污染性和抗氧化能力的提升进一步增加了其在复杂水质处理中的适应性。高级氧化技术（AOPs）则通过产生高活性氧化剂，如羟基自由基（·OH），能够高效降解难降解的有机污染物，不仅适用于去除一般有机物，还能有效处理许多传统工艺难以处理的微量有机污染物，如药物残留、内分泌干扰物以及农药等。AOPs常与其他处理工艺如臭氧氧化、紫外光照射结合使用，通过自由基的强氧化作用，实现对复杂有机污染物的彻底矿化，使其转化为无害的水和二氧化碳。未来将逐渐成为高标准水质处理中不可或缺的一部分，同时通过工艺集成和优化，有望大幅度降低能耗和运行成本。与此同时，未来的水处理工艺将更加注重微生物生态学与分子生物学技术的应用。生物处理单元是传统工艺中去除有机物和营养盐的核心，然而在现有条件下，微生物群落的结构和功能往往受限于水质条件和运行参数。通过引入微生物群落结构的研究，科学家能够深入了解不同微生物之间的功能分工及其在水处理中的协同作用。基因组学、转录组学等分子生物学技术的应用，可以揭示微生物在不同条件下的基因表达和代谢路径，从而优化生物处理过程。未来，人工智能和大数据技术的结合，将使得微生物处理单元的运行状态能够通过自动监测系统实现实时反馈和调整，进而达到最佳的处理效果。单一的物理、化学或生物处理手段，在面对复杂多变的水质时往往难以全面有效地去除所有污染物，集成多种处理技术，成为提高处理效果、扩大适应性和降低运行成本的有效手段，在去除水中的有机污染物时，超滤膜可以与高级氧化技术相结合，利用膜的截留功能去除较大的悬浮颗粒和有机物质，而通过高级氧化技术则可进一步降解那些难以通过物理方法去除的溶解性污染物，物理化学方法与生物处理技术的结合也能在某些特定条件下取得更好的处理效果，如臭氧氧化与活性污泥法的联用，能够在提高有机物去除效率的同时减少臭氧消耗量，实现能源的节约和成本的降低。

未来水处理技术的发展还将更加注重可持续性和资源回收利用，在水资源短缺和环保要求日益严峻的背景下，水处理工艺不仅要满足出水水质要求，还需尽可能实现资源的循环利用。膜技术的发展为水回用和资源回收提供了广阔的空间，例如通过反渗透技术，可以将污水中的高纯度水资源分离出来，用于工业冷却、农业灌溉等领域。此外，污水中含有大量可回收的营养盐，如氮、磷等，在适当的工艺条件下，营养盐可以被转化为可用的肥料，实现废水的资源化处理。通过厌氧生物处理技术，还可以将有机污染物转化为甲烷等可再生能源，进一步提升污水处理的经济效益和环境友好性。除了技术集成和资源回收，未来水处理技术的研发还将更加关注自动化与智能化的发展趋势。通过传感器、控制系统与数据分析技术的结合，未来的水处理设施将能够实现全自动化运行和智能控制。基于传感器的实时数据反馈，工艺运行参数可以根据水质的变化进行自动调整，从而保证处理效果的持续稳定。与此同时，自动化系统还能够通过预测性维护技术，对设备的运行状态进行监测，并在设备出现潜在故障时提前发出警报，降低因设备故障导致的运行中断风险。智能化的另一大优势在于其可以通过机器学习算法和历史数据分析，不断优化工艺运行参数。未来，通过引入人工智能技术，水处理系统可以在不断积累运行数据的过程中，自我学习并优化处理策略，通过对进水水质、出水水质、能耗和化学药剂使用量的综合分析，智能系统可以提出更加节能、环保的处理方案，进一步降低整体运行成本。此外，智能化系统还能够帮助水处理设施管理人员更好地掌握设备的运行状态，并在设备需要维护或更新时，提出最佳的维护建议，以延长设备使用寿命和提高系统的运行效率。

（五）政策与法规对工艺的影响

随着环境保护意识的提高，各国政府和国际组织不断完善相关政策和法规，以应对日益严峻的水资源短缺和水污染问题，不仅对水质标准提出了更严格的要求，还对水处理工艺的创新和改进提出了更高的期望，越来越多的国家和地区制定了更为苛刻的饮用水水质标准，要求水处理工艺能够有效去除更广泛的污染物，包括传统污染物（如悬浮物、重金属和有机物）和新兴污染物（如药物残留、内分泌干扰物和微塑料），新的水质要求迫使水处理工艺不断升级，采用更先进的技术，如膜分离技术、高级氧化技术和纳米材料等，来满足日益提高的水质标准。

在政策的推动下，节能减排和资源回收利用成为水处理工艺改进的核心目标之一，政府出台的鼓励措施，如节能减排的经济激励政策，直接推动了水处理工艺向节能环保的方向发展。为了减少化学药剂的使用量和能耗，许多水处理厂开始应用更高效的物理分离技术，如膜过滤和吸附技术，来取代或补充传统的化学处理手段，不仅能够提高水处理效率，还可以减少化学药剂的排放，从而降低对环境的影响，政策对低碳排放技术的推广，也促进了以厌氧生物处理技术为核心的污水处理工艺的发展，通过厌氧处理实现有机物的降解，同时产出可再生能源，如沼气等，资源回收技术符合当前可持续发展的理念，成为政策鼓励的重点方向。同时，再生水利用作为政策鼓励的重要领域，推动了水处理工艺的进一步优化。政策明确要求在某些地区广泛应用再生水，如用于工业生产、农业灌溉、城市绿化等非饮用水领域。这使得水处理工艺不仅需要去除传统污染物，还需特别关注病原微生物、内分泌干扰物和持久性有机污染物的去除，以确保再生水的安全性和卫生标准。为了达到再生水利用的标准，水处理工艺开始更多地采用反渗透、超滤和紫外消毒等先进技术，以确保水质符合规定。此外，政策还推动了再生水利用技术与智能化监测系统的结合，使水处理设施能够根据实时水质数据自动调整工艺流程，提高处理效率并保障水质稳定。

法规对污染物排放标准的日趋严格，也促使水处理工艺逐步向深度处理方向发展，在许多国家，尤其是水资源紧张和工业化程度较高的地区，政府通过立法将污水排放标准提升至更高水平，通常要求污水处理厂将污染物去除至极低浓度，尤其是对于含氮、含磷废水的处理，必须达到更高的脱氮除磷效率，水处理工艺开始引入多种深度处理技术，如生物滤池、膜生物反应器（MBR）和高效沉淀池等，以进一步降低污染物浓度，并确保排放水质达到法规要求，政策对重金属污染物的严格控制，也推动了相关处理工艺的发展。为了应对复杂的重金属污染问题，水处理工艺中引入了新型吸附材料和化学沉淀技术，以有效去除污水中的重金属离子。在水处理工艺创新方面，政策对新技术和新材料的支持，为技术研发和应用提供了强大动力，政府通过科研基金、税收减免等方式，鼓励水处理技术的研究与开发，纳米材料的应用在水处理中的研究获得了广泛的政策支持。纳米材料因其独特的表面性质和反应活性，在去除污染物（尤其是微量污染物）方面展现了极大的潜力，政策还鼓励采用可再生能源和绿色材料，推动了光催化、太阳能驱动水处理技术的快速发展。这些新技术的应用不仅提高了处理效率，也减少了对传统能源的依赖，符合全球范围内的绿色发展战略。同时，法规对健康与安全的要求，也促使水处理工艺在设计和运行上更加注重卫生安全保障。随着越来越多的饮用水事件引发公众关注，政府在立法中对饮用水处理设施的设计和运行提出了更为严格的要求。为了确保公众健康，法规要求水处理厂引入更高水平的水质监测和控制系统。这类系统通过实时监测水中的微生物、化学污染物和消毒副产物含量，确保出厂水质符合饮用水标准。为了满足要求，水处理工艺不断更新检测手段，并加强对关键控制点的管理，臭氧消毒和二氧化氯消毒的结合应用，能够有效减少传统氯消毒产生的副产物风险，从而确保饮用水的安全性。法规对极端气候事件的应对也对水处理工艺提出了新的要求。极端天气事件，如洪水、干旱和台风等，对水源水质产生剧烈影响，导致污染物种类和浓度发生剧烈变化。为了应对挑战，法规要求水处理设施具备应急处理能力，能够根据水质变化迅速调整处理工艺，促使水处理工艺向更加灵活、智能化的方向发展，通过自动化控制系统和快速反应措施，确保在极端条件下仍能保证水质稳定。

第三节　深度处理工艺基础

（一）深度处理工艺基础

深度处理工艺通过一系列精细化的技术手段，确保水质达到更高的标准，通常在传统水处理工艺之后实施，目的是进一步降低水中的污染物含量，包括难以去除的微量有机物、氨氮、色度、悬浮颗粒以及潜在的病原微生物等，对人体健康或工业生产过程产生不利影响，因此，深度处理工艺的应用显得尤为必要。在深度处理工艺中，多种技术被综合运用，以实现对水质的全面提升，活性炭吸附利用活性炭的高比表面积和孔隙结构，有效吸附水中的有机物和部分重金属离子。离子交换技术则通过离子交换树脂，选择性地去除水中的特定离子，如钙、镁等硬度离子，从而软化水质。紫外线消毒则利用紫外线的杀菌能力，破坏或灭活水中的微生物，无需使用化学消毒剂，是一种环保的消毒方式。除了上述几种技术，深度处理工艺还包括膜分离技术，如反渗透和纳滤，通过半透膜的选择性透过性，去除水中的溶解性固体和微生物，高级氧化技术通过产生强氧化剂，如羟基自由基，能够高效分解难以降解的有机物。生物处理技术，如生物活性炭滤池，利用微生物的生物降解作用，进一步去除水中的有机物。

选择合适的深度处理工艺需要综合考虑多种因素，包括原水的水质特性、预期的水质目标、处理成本以及操作的便利性等，对于含有高浓度有机物的水源，需要采用活性炭吸附或高级氧化技术进行预处理，以降低后续工艺的负荷。而对于硬度较高的水源，则可能需要通过离子交换来软化水质。在工业用水处理中，根据特定的工业需求，可能还会采用特定的深度处理技术，如电子行业对超纯水的需求，可能就需要采用反渗透和纳滤等膜分离技术。深度处理工艺的实施，不仅提高了水质的安全性和可靠性，也为水资源的可持续利用提供了技术保障。随着人们对健康和环境保护意识的提高，以及工业用水标准的日益严格，深度处理工艺在水处理领域的应用将越来越广泛。通过不断的技术创新和优化，深度处理工艺将能够更有效地应对各种水质挑战，满足不同领域对水质的高标准要求。

（二）活性炭吸附技术

活性炭吸附技术依赖于活性炭的物理和化学特性，尤其是其巨大的比表面积和复杂的孔隙结构，赋予了活性炭强大的吸附能力，表4-1展示了颗粒活性炭（PAC）和块状活性炭（GAC）的主要特性，颗粒活性炭的比表面积通常在800至1200平方米每克之间，而块状活性炭的比表面积则在700至1000平方米每克之间，不仅包括微孔和超微孔，还为吸附提供了丰富的空间。在吸附过程中，污染物如有机物、色度物质和异味等通过物理吸附和化学吸附的方式被固定在活性炭的孔隙中。物理吸附主要依赖于范德华力，而化学吸附则涉及到污染物与活性炭表面官能团之间的化学反应。活性炭的吸附容量，以染料为例，颗粒活性炭的吸附容量在 100 至 200 毫克每克，而块状活性炭则在 50 至 100 毫克每克，表明颗粒活性炭在单位质量上的吸附能力通常高于块状活性炭。

表 4－1 　　　　　　　　　　　**活性炭吸附技术参数**

参数	颗粒活性炭（PAC）	块状活性炭（GAC）
比表面积	$800-1200$ m^2/g	$700-1000$ m^2/g
孔径分布	微孔、超微孔	微孔、超微孔
吸附容量（针对染料）	$100-200$ mg/g	$50-100$ mg/g
使用寿命	$1-3$ 个月	$1-3$ 年

活性炭的使用寿命与其吸附效率密切相关，颗粒活性炭由于其较小的颗粒尺寸和较高的比表面积，通常具有较短的使用寿命，大约在 1 至 3 个月之间，而块状活性炭则因其较大的颗粒尺寸和较低的比表面积，使用寿命可延长至 1 至 3 年，差异在设计水处理系统时需要被充分考虑，以确保处理效率和经济性的最佳平衡。

随着活性炭吸附效率的降低，定期更换或再生活性炭成为必要，活性炭的再生过程旨在恢复其吸附能力，延长其使用寿命。热再生是一种常见的方法，通过高温处理去除活性炭表面的吸附物质，恢复其孔隙结构。化学再生则利用特定化学剂，通过化学反应去除吸附物质。这些再生方法的选择取决于活性炭的类型、吸附物质的性质以及经济成本等因素。在设计活性炭吸附系统时，需要考虑活性炭的填充量、水流速度、接触时间等参数，以确保吸附效率和处理效果。活性炭的粒径、形状和密度也会影响其在吸附床中的表现，较小的粒径可以提供更大的比表面积，但同时也可能导致更快的压降和更频繁的更换需求。因此，选择适当的活性炭类型和参数对于实现高效、经济的水处理至关重要。

活性炭吸附技术在水处理中的应用不仅限于去除有机物和色度，还可以去除水中的重金属离子、农药残留物和其他有害化学物质。随着对水质要求的提高和环境法规的严格，活性炭吸附技术将继续在水处理领域为提供清洁、安全的水资源做出贡献。

（三）离子交换技术解析

离子交换技术是一种高效且成熟的水处理工艺，依据离子交换树脂的化学性质，实现水中特定离子的选择性去除，阳离子交换树脂和阴离子交换树脂是该技术中两种基本的树脂类型，分别针对水中的阳离子和阴离子发挥作用。阳离子交换树脂通常含有磺酸基团，能够与水中的钙、镁等阳离子发生交换反应，实现水的软化。而阴离子交换树脂含有季铵盐基团，能够与氯离子、硫酸根离子等阴离子发生交换反应，去除水中的阴离子污染物。表4—2列出了两种树脂的关键参数，反映了在离子交换容量、使用温度范围、可用的再生剂以及再生周期等方面的差异。

表 4—2 　　　　　　　　　　离子交换技术参数

参数	阳离子交换树脂	阴离子交换树脂
离子交换容量	1.5—2.5 eq/L	1.5—2.0 eq/L
使用温度范围	1—60℃	1—50℃
再生剂	盐酸、氢氧化钠	氢氧化钠、氨水
再生周期	1—3 周	2—4 周

离子交换容量是衡量树脂性能的关键指标，表示单位体积树脂可交换的离子当量数，阳离子交换树脂的离子交换容量通常在1.5至2.5 eq/L之间，而阴离子交换树脂的容量较低，范围在1.5至2.0 eq/L之间，容量值决定了树脂的吸附能力和处理效率。使用温度范围指示了树脂在不同温度下的有效工作区间，阳离子交换树脂可以在1至60℃的温度范围内工作，而阴离子交换树脂的使用温度范围则略低，为1至50℃。温度对树脂的交换速率和效率有显著影响，因此在设计系统时需要考虑温度因素。阳离子交换树脂通常使用盐酸或氢氧化钠作为再生剂，而阴离子交换树脂则使用氢氧化钠或氨水。再生剂的浓度和用量需根据树脂的离子交换容量和水中离子的浓度进行调整。再生周期是树脂使用后需要进行再生的时间间隔，与树脂的离子交换容量、处理水量和水质等因素有关。阳离子交换树脂的再生周期较短，通常为1至3周，而阴离子交换树脂的再生周期则较长，为2至4周，定期的再生可以确保树脂的持续高效运行。

离子交换技术在水处理中的应用不仅限于软化和去除重金属离子，还可以用于制备高纯度水、处理工业废水、回收工业中的贵重金属等。随着科技的进步和对水资源保护意识的提高，离子交换技术将得到更广泛的应用和发展，为水资源的可持续利用和环境保护提供强有力的技术支持。

（四）紫外线消毒技术应用

紫外线消毒技术以其高效、环保的特性在水处理领域中被广泛采用，该技术通过紫外线的辐射作用，破坏水中微生物的DNA或RNA结构，导致其失去繁殖能力，从而达到消毒效果。紫外线消毒技术特别适用于对水质要求较高的场合，如饮用水、食品加工用水、医疗用水等。如表 4-3 列出了紫外线消毒系统中两种常用的灯管类型：高压汞灯和低压汞灯。高压汞灯具有较高的光强，范围在 80 至 120 微瓦特每平方厘米，而低压汞灯的光强较低，为 20 至 30 微瓦特每平方厘米。两种灯管都使用 254 纳米的波长，对微生物 DNA 破坏最有效的波长。高压汞灯的使用寿命较长，通常在 8,000 至 12,000 小时之间，而低压汞灯的使用寿命较短，为 6,000 至 8,000 小时。

表 4-3 　　　　　　　　　　　紫外线消毒系统参数

参数	高压汞灯	低压汞灯
光强	$80-120\mu W/cm^2$	$20-30\mu W/cm^2$
灯管长度	1-1.5 m	0.5-1 m
波长	254 nm	254 nm
使用寿命	8,000-12,000 小时	6,000-8,000 小时

　　紫外线消毒系统的设计需综合考虑多个因素，包括水流量、紫外线强度、水质特性以及微生物种类等。系统设计时，需要确保足够的紫外线剂量，即单位体积水体接受的紫外线能量，通常以毫焦耳每平方厘米（mJ/cm^2）为单位。紫外线剂量的计算公式为：

$$紫外量＝光\times接触$$

　　接触时间是指水流经过紫外线灯管的时间，需要根据水流量和灯管配置来确定，水质的透光性也会影响紫外线的穿透效果，因此，浊度、悬浮物和有机物含量等水质参数需要在设计前进行评估。定期清洁灯管可以去除沉积在灯管表面的污垢和生物膜，保持灯管的透光性和消毒效率。灯管的更换则需要根据其使用寿命和实际的消毒效果来决定。

（五）深度处理工艺的效果评估

　　深度处理工艺的效果评估不仅涉及水质指标的测定，还包括对工艺的经济性和操作性的全面分析，水质分析作为评估的基础，涵盖了对水中各种污染物的定量检测，如化学需氧量（COD）、生物需氧量（BOD）、悬浮物（SS）、总氮（TN）和总磷（TP）等，这些指标直接反映了水体的污染程度和生物活性。如表 4-1 所示不同水质指标在处理前后的对比，以及相应的标准值，通过数据，可以直观地评估深度处理工艺对水质改善的效果，化学需氧量从 150 mg/L 降至 10 mg/L，生物需氧量从 80 mg/L 降至 5 mg/L，均达到了严格的标准值要求。悬浮物和总氮、总磷的降低也显著，进一步证明了深度处理工艺的有效性。

表 4—4 水质指标对比

指标	原水值	处理后值	标准值
化学需氧量（COD）	150 mg/L	10 mg/L	≤10 mg/L
生物需氧量（BOD）	80 mg/L	5 mg/L	≤5 mg/L
悬浮物（SS）	50 mg/L	1 mg/L	≤1 mg/L
总氮（TN）	20 mg/L	2 mg/L	≤2 mg/L
总磷（TP）	4 mg/L	0.5 mg/L	≤0.5 mg/L

通过对比不同处理工艺对特定污染物的去除效果，可以确定最优的处理方案，活性炭吸附技术在去除水中的有机物和色度方面表现出色，而离子交换技术则在去除硬度离子和特定重金属离子方面更为有效。紫外线消毒技术则因其无化学添加和快速反应的特点，在微生物的灭活方面具有优势。经济性分析包括对设备投资、运行成本、维护费用和药剂消耗等方面的综合考量，一个经济高效的工艺不仅能够降低初期投资，还能减少长期的运营成本，提高整体的经济效益。操作性评估则关注工艺的实施难度、维护要求和系统的稳定性。一个易于操作、维护简单的工艺可以减少人力成本，提高系统的可靠性和使用寿命。自动化和智能化技术的集成，可以进一步提高操作的便捷性和工艺的稳定性。

深度处理工艺的效果评估是一个多维度、综合性的过程，通过对水质指标的精确测定、处理效果的科学比较、经济成本的合理分析和操作性的细致评估，可以全面评价工艺的性能，确保水处理系统能够稳定、高效地运行，满足严格的水质标准和环境保护要求。随着技术的发展和创新，深度处理工艺将不断优化，为水资源的可持续利用和水质安全提供更加坚实的保障。

第四节 超滤工艺的产生与发展

（一）超滤工艺的产生背景

超滤工艺的产生背景紧密关联着水处理技术的发展需求和材料科学的突破，20世纪70年代，随着工业化进程的加速，水体污染问题日益严峻，传统的水处理技术在去除水中微量污染物方面存在局限，污染物包括细微颗粒、胶体物质以及部分大分子有机物，往往能够逃逸常规处理工艺的净化效果，对人类健康和生态环境构成威胁。在此背景下，超滤技术应运而生，其核心在于利用具有特定孔径的超滤膜实现对水体中污染物的分离。超滤膜的孔径通常在

0.01 至 0.1 微米之间，能够有效截留分子量在 1，000 至 500，000 道尔顿的物质，从而去除水中的悬浮物、细菌、病毒和部分有机物。

超滤技术的发展经历了从初期的探索阶段到现代的成熟应用，早期的超滤膜材料主要包括纸质和陶瓷材料，材料虽然具有一定的分离效果，但在机械强度、化学稳定性和成本效益方面存在不足。随着材料科学的进步，聚合物膜材料逐渐成为超滤膜的主流选择。聚合物膜以其优异的机械性能、良好的化学稳定性和可调节的孔径结构，满足了水处理行业对高效、稳定和经济的分离技术的需求。超滤工艺的应用不仅涵盖了饮用水的净化，还包括工业废水的处理、食品工业的浓缩和分离、医药行业的提纯以及生物工程中的大分子物质回收等。在饮用水处理中，超滤技术能够有效去除水中的隐孢子虫和贾第虫等微生物，提高水质安全；在工业废水处理中，超滤技术有助于实现废水的资源化利用，减少环境污染。

随着全球水资源的日益紧张和水质标准的不断提升，超滤技术在水处理领域的应用前景广阔，超滤工艺的持续优化和创新，如膜材料的改进、膜组件的设计优化以及运行条件的智能化控制，将进一步推动水处理技术的发展，为实现水资源的可持续利用和水质安全保障提供强有力的技术支撑。超滤技术的成功实施，不仅提高了水处理效率，也为解决全球性的水问题提供了新的解决方案，展现了膜分离技术在现代水处理行业中的重要地位和作用。

（二）超滤膜技术原理与特点

超滤膜技术是一种先进的膜分离工艺，其核心原理在于利用具有特定孔径的半透膜实现对水体中不同尺寸物质的分离，该技术以其高效率、高选择性和低能耗等优势，在水处理领域得到了广泛的应用和发展。膜分离原理是超滤技术的基础，它依赖于膜孔径的筛选作用，将水中的悬浮物、胶体、细菌和大分子有机物等物质截留，而允许水分子和小于膜孔径的溶解物质通过。超滤膜的孔径范围通常在 0.01 到 0.1 微米，这一尺寸范围使其在去除水中的微生物和大分子污染物方面具有显著效果。膜材料的选择对超滤膜的性能有着决定性的影响，聚醚砜（PES）、聚酰胺（PA）、聚四氟乙烯（PTFE）等高分子材料因其优异的机械强度、化学稳定性和抗污染性能，成为超滤膜的常用材料。这些材料的化学和物理特性直接影响膜的分离效率、耐久性和使用寿命。

表 4-5   超滤膜技术主要参数

参数	典型值
孔径范围	$0.01-0.1\mu m$
操作压力	$0.1-1.0$ MPa
水通量	$20-60$ L/m^2·h
膜材料	PES，PA，PTFE
使用温度范围	$5-45℃$

　　超滤膜的过程类型多样，包括压力驱动膜过程和真空驱动膜过程，压力驱动过程，如管式膜和平板膜，通过施加外部压力差，推动水分子通过膜孔，实现物质的分离；而真空驱动过程，如超滤管膜，则利用膜两侧的压力差，通过真空抽吸作用促进水的透过。操作模式的选择也是超滤系统设计的重要考虑因素，连续流（CF）模式适用于长期稳定的水处理需求，而间歇流（BF）模式则适用于周期性的过滤和清洗操作，有助于提高膜的清洗效率和延长使用寿命。超滤膜技术的主要特点在于其高效的污染物去除能力，能够去除水中的悬浮物、胶体、细菌等，确保水质的安全性，同时，超滤技术具有较低的能耗和操作维护成本，与传统的水处理方法相比，具有更高的处理精度和稳定性，超滤膜技术还具有较强的耐污染性，通过定期的清洗和维护，可以有效恢复膜的分离性能，延长系统的使用寿命。

　　随着材料科学和制造技术的进步，超滤膜技术不断优化和创新，新型膜材料的开发、膜组件设计的改进以及智能化控制系统的应用，都为超滤技术的发展提供了新的动力。超滤膜技术在饮用水净化、工业废水处理、食品加工、医药制造等领域的应用，不仅提高了水质处理的效率和安全性，也为水资源的可持续利用和环境保护做出了重要贡献。随着全球对水质安全和环境保护要求的不断提高，超滤膜技术将在未来的水处理领域发挥更加重要的作用。

（三）超滤工艺的应用领域

　　超滤工艺因其高效的分离能力和广泛的适用性，在饮用水处理方面，超滤技术的应用确保了水质的安全性和稳定性，通过对水中悬浮物、胶体、细菌和病毒等微生物的有效去除，超滤工艺能够显著提高饮用水的质量，满足严格的饮用水标准。在工业废水处理领域，工业生产过程中产生的废水往往含有大量的悬浮物、油脂、重金属和有机物等污染物，超滤工艺能够对这些污染物进行有效分离，预处理后的废水更容易进行后续的生物降解或化学处理，从而实现废水的资源化利用和减排目标。在造纸、纺织、化工等工业领域，超滤工艺的应用帮助企业提高了废水处理效率,降低了生产成本。超滤工艺在制药工业中的应用主要集中在药物的精制和浓缩过程,由于药品生产对水质有极高的要求,超滤技术能够有效去除药液中的杂质和微生物,确保药品的纯度和疗效。在生物制药、中药提取和疫苗生产等领域,超滤技术成为保障药品质量的重要手段。超滤工艺在果汁、乳品、啤酒等产品的加工过程中发挥着关键作用,在果汁加工中,超滤技术可以去除果汁中的悬浮物和大分子果胶,使果汁更加清澈可口;在乳制品工业中,超滤技术用于脱脂和浓缩,提高了乳制品的附加值,超滤工艺还能在低度酒精饮料的生产中去除杂质,提升产品品质。海水中含有大量的悬浮物、微生物、有机物和无机盐,直接进行反渗透处理会对膜造成较大损害。超滤工艺作为预处理步骤,可以有效去除海水中的大颗粒污染物,减轻反渗透系统的负担,延长膜的使用寿命,提高整个淡化过程的效率。随着全球水资源的紧缺和水处理技术的发展,超滤工艺的应用领域将不断拓展,在农业灌溉、建筑给水、市政污水处理等领域,超滤技术也展现出巨大的应用潜力,超滤工艺在环境保护、生态修复以及水环境治理等方面也将发挥重要作用。通过不断的技术创新和应用实践,超滤工艺将为全球水资源的可持续发展做出更大的贡献。

(四)技术发展与创新趋势

超滤技术自 20 世纪 70 年代以来,随着材料科学和制造工艺的不断进步,已经发展成为水处理领域的一项成熟技术,其发展不仅体现在膜材料的创新上,还涉及到膜模块设计、操作模式、智能化控制以及清洗技术等多个方面的技术革新。

膜材料创新是超滤技术持续进步的驱动力,随着新型高分子材料的开发,如聚醚砜(PES)、聚酰胺(PA)、聚四氟乙烯(PTFE)等,超滤膜的性能得到了显著提升,不仅具有优异的机械强度和化学稳定性,还通过表面改性技术,如接枝、涂层等方法,赋予了膜表面抗污染、亲水和功能化的特性。抗污染膜通过改变表面电荷和粗糙度,减少了污染物的吸附;亲水性膜通过增加表面亲水基团,降低了膜表面的接触角,减少了膜污染和结垢的风险;功能化膜则通过引入抗菌、抗静电等特性,拓宽了超滤技术的应用范围。新型膜模块设计,如中空纤维膜、平板膜和卷式膜等,通过优化膜面积与体积比、改善膜组件内部流体动力学,提高了系统的水通量和处理效率,模块化设计还便于系统的扩展和维护,提高了系统的灵活性和经济性。操作模式的改进为超滤系统提供了更高的运行稳定性和经济性,如交替过滤技术通过在不同膜组件之间切换过滤和反冲洗状态,有效降低了膜表面的污染物积累,延长了膜的清洗周期。

周期性反冲洗技术通过定期的高压水冲洗，去除膜表面的污染物，保持了膜的高效运行。智能化与自动化技术的应用为超滤系统的运行维护带来了革命性的变化，先进的控制系统能够根据实时监测数据自动调整操作参数，如压力、流速和清洗频率，以优化处理效果和降低能耗。数据监测技术的应用，如在线水质监测和膜性能评估，为系统的稳定运行提供了有力保障。新型清洗剂和清洗工艺的研发，针对不同类型的污染物提供了更为有效的清洗方案，酶基清洗剂的开发，针对生物污染提供了更为环保和高效的清洗手段。化学清洗和物理清洗的结合使用，进一步提高了清洗效果，延长了膜的使用寿命。

表 4－6 超滤膜材料创新

材料类型	特点
抗污染膜	减少膜表面污染，提升通量
亲水性膜	提高膜的亲水性，减少结垢
功能化膜	增强膜的特定功能，如抗菌

（五）超滤工艺的未来展望

超滤工艺的未来发展主要受到环境保护和水资源管理需求的推动，随着全球对水质和环境保护的关注不断增强，超滤技术预计将在以下关键领域实现显著的进步和创新。

1. 提升处理效率

为了应对日益严格的水处理要求，未来超滤技术的发展将着重于显著提升膜的处理效率和通量，目标是推动超滤技术进步的核心方向，为实现目标，将开发高性能的聚合物膜和纳米结构膜，新型膜材料具有更高的通量和选择性。通过改进膜材料的性能，不仅可以显著提高水的透过率，还能够有效减少膜污染，从而提升整体的处理能力。膜表面改性处理是一项关键技术，通过增强膜的亲水性或优化膜表面的结构，可以减少污垢的附着，延长膜的使用寿命，膜模块的设计也将经历显著的优化过程，通过改进流体流动路径和膜模块的布局，可以减少流体在膜表面上的停滞区域，优化流体流动，从而提高处理效率，改进的膜模块设计可能包括更合理的流体分布系统和更有效的流体引导技术，改进将减少膜表面的污垢积累，并增强膜的整体性能。在操作模式方面，未来将引入更加灵活的策略，以适应不同水质条件，周期性反冲洗和交替过滤技术将成为常见的操作方法。周期性反冲洗可以有效地清除膜表面的积垢物质，恢复膜的透水性，而交替过滤技术则通过在多个膜单元间切换使用，避免了单一膜单元的过度使用和污垢积累，操作模式的优化将进一步提升超滤系统的整体处理能力，使其在面对复杂和变化的水质条件时表现更加稳定和高效。未来的超滤技术还将结合先进的数据监控和控制系统，通过实时监测膜的运行状态和水质参数，动态调整操作策略，智能化的管理方式不仅可以提高处理效率，还能降低运行成本和维护频率，为超滤技术的应用提供更强的支持。

2. 降低运行成本

未来的超滤技术将把降低整体运行成本作为提升系统经济性和市场竞争力的重点，膜清洗技术通过开发高效的清洗剂和优化清洗工艺，可以有效去除膜表面的污染物，同时最大限度地避免对膜性能的损害，先进的清洗技术不仅能够提高膜的耐用性，还增强了膜的抗污染性能，从而减少了膜的更换频率，降低了维护成本。高效清洗技术的应用能够使膜在更长的周期内维持稳定的性能，减少了由于膜污染而导致的频繁清洗和更换，从而显著降低了运行费用。在能耗方面，未来的超滤系统将引入低能耗的泵和优化操作条件，以有效减少系统的能源消耗。先进的泵技术与优化的操作模式将显著降低能源需求，不仅有助于减少运营成本，还能提高系统的整体经济性。通过精细化的能源管理和操作优化，未来的超滤系统将能够在保证高处理效率的同时，大幅降低能源消耗，为用户提供更经济的水处理解决方案。新型膜材料的开发将致力于提高膜的抗污染能力和耐用性，不仅能够延长膜的使用寿命，还能够降低膜的更换频率，从而减少维护和更换成本。通过综合运用膜清洗技术、能效优化以及膜材料的耐用性提升，超滤系统将能够在提供高效水处理效果的同时，实现更低的运行成本，技术创新将使超滤系统在各种应用领域中具备更高的经济效益，从而提高市场竞争力，满足日益增长的水处理需求。

3. 扩展应用领域

随着技术的不断进步，超滤工艺正逐步扩展至更多的新兴领域，在废水资源化方面，超滤技术能够有效回收和再利用废水中的有用成分，如营养物质和工业副产品，从而减少资源浪费，促进可持续发展。通过对废水进行精细过滤，超滤工艺可以提取有价值的物质，减少对环境的负担，并提高资源的再利用率。在海水淡化领域，超滤技术被广泛应用于前处理阶段，以去除海水中的大颗粒悬浮物和胶体物质，能够显著降低后续反渗透处理的负荷，提高反渗透膜的使用寿命，并降低整体操作成本。通过减少进水中的悬浮物和胶体，超滤不仅提升了系统的稳定性，还提高了水质的稳定性和一致性。在生物质能源生产过程中，超滤可以用于处理和回收生产过程中产生的副产物，如发酵液和固体废物，不仅提高了资源的利用效率，还减少了副产物对环境的影响。通过对副产物进行高效过滤和处理，超滤工艺能够回收有用的成分，从而进一步优化生产过程和资源管理。随着超滤技术的不断发展和优化，其应用领域将不断扩展，以满足更加复杂和多样化的水处理需求。未来，超滤技术有望在更多的行业和领域中发挥作用，为解决全球水资源和环境问题提供创新的解决方案。

4. 环境友好型技术

未来的研究和发展将聚焦于新型膜材料的创新，以减少对环境的负面影响，特别是，将重心放在研发可降解的膜材料上，能够在使用寿命结束后自然降解，减少固体废弃物的产生，无毒清洗剂的应用也将成为重要方向，清洗剂能够有效去除膜表面的污垢，但对环境无害，从而降低化学药剂的使用，并减轻对生态系统的压力。在膜清洗工艺方面，将通过优化清洗流程来进一步减少废水的排放，通过采用低耗能的清洗方法和高效的清洗剂配方，能够显著降低清洗过程中所需的水量和化学品使用量，从而减少废水的生成，研发先进的膜材料和改进清洗技术将有助于提高膜的使用寿命和性能，减少频繁更换膜的需求，不仅降低了材料成本，也减少了废弃膜对环境的影响。通过绿色技术和材料的应用，超滤工艺将显著提升其环境保护性能，在水处理过程中，采用环保材料和高效清洗工艺将使超滤系统在提供优质水质的同时，更加符合可持续发展的要求，为环境保护作出更大的贡献，不仅有助于减少资源浪费，还能促进水处理技术的生态化，推动超滤工艺在全球水资源管理中发挥更积极的作用。

5. 智能化发展

智能化技术的引入将极大地提升超滤系统的操作效率和稳定性，通过先进的监测和控制技术，实现对膜状态和系统运行的全面实时跟踪与优化，超滤系统逐渐集成了在线传感器，能够实时监测膜的污垢积累、孔径变化以及其他关键指标，为系统运行提供详细的数据支持。通过数据分析工具对这些实时数据进行处理，能够为系统提供全面的运行视图，从而帮助操作人员更好地理解和优化系统的性能。基于实时数据，超滤系统能够自动调整操作参数，如流速、压力和反冲洗频率，动态调整能力使得系统能够在各种运行条件下保持高效的处理效果，确保水质稳定。智能控制系统的应用增强了超滤技术的自适应能力，使系统能够根据水质条件的变化自动调整操作模式。这种自适应功能使系统能够实时响应水质波动和运行环境的变化，从而优化处理效果，减少人工干预的需求，提高操作的便捷性和可靠性。

当系统检测到水质变化或膜污染程度增加时，智能控制系统可以自动调整清洗频率或优化膜通量，以维持最佳的处理效果，智能化的自调节功能不仅提高了超滤系统的整体性能，还显著降低了维护成本。通过集成智能化技术，超滤工艺变得更加高效和可靠，不仅提升了系统的运行稳定性，还增强了处理能力，使得超滤系统能够在更加复杂的环境中展现出卓越的性能，推动其在各个实际应用领域中的普及。此外，智能化技术的应用还能够促进系统的故障预测与诊断，通过监测系统运行的各项指标，智能系统能够识别潜在的故障模式，并及时发出警报。预警机制可以在问题成为严重故障之前进行处理，减少系统停机时间，提高整体系统的可靠性和可维护性。智能化发展还涉及到数据的云端存储和分析，云计算平台的应用能够将系统运行的数据集中存储，并进行深度分析，不仅有助于优化当前系统的运行，还可以为未来的系统设计提供有价值的参考。通过分析历史数据，能够识别出系统运行中的潜在趋势和规律，从而为系统的长期优化和改进提供科学依据。

（六）超滤技术在东营南郊水厂的应用实践

东营市自来水公司南郊水厂是东营市中心城区主供水厂之一，设计供水规模为 20 万 m^3/d，始建于 1995 年，分两期建设，目前全部采用超滤处理工艺，出水浊度及微生物指标远优于国家生活饮用水卫生标准（GB5749－2006）。多年来，随着东营市经济社会的发展进步，为了让广大市民拥有更高的生活质量，公司致力于在提升饮用水水质上下功夫，针对引黄（河）水库水质特有的"冬季低温低浊，夏季高藻，常年微污染，嗅味季节性超标"特点，不断改进水厂制水工艺，努力提升供水水质，为实现龙头水直饮的目标奠定了坚实的基础。同时，作为国内首家十万吨级浸没式超滤膜水厂，历经十多年的运行管理，南郊水厂在超滤膜应用和专业技术人员培养方面积累了一定的经验，有力支持了我国超滤净水处理技术的发展。

1. 一期水质改善工程

水厂一期工程设计规模 10 万 m^3/d，初期采用常规水处理工艺，主要包括混凝沉淀＋砂滤。依托国家"十一五"水专项课题研究，在中国工程院李圭白院士指导下，2009 年水厂实施了水质改善工程，预处理工艺增加了高锰酸盐复合药剂（PPC）预氧化（高藻期补加二氧化氯）和粉末活性炭（PAC）投加系统，砂滤池后增加 10 万 m^3/d 规模超滤膜池一座，整个工艺成为 PPC 预氧化＋PAC 吸附＋混凝沉淀＋砂滤＋超滤的组合工艺，属典型的长流程超滤组合工艺（见图1）。该项目被列为国家重大水专项示范工程。

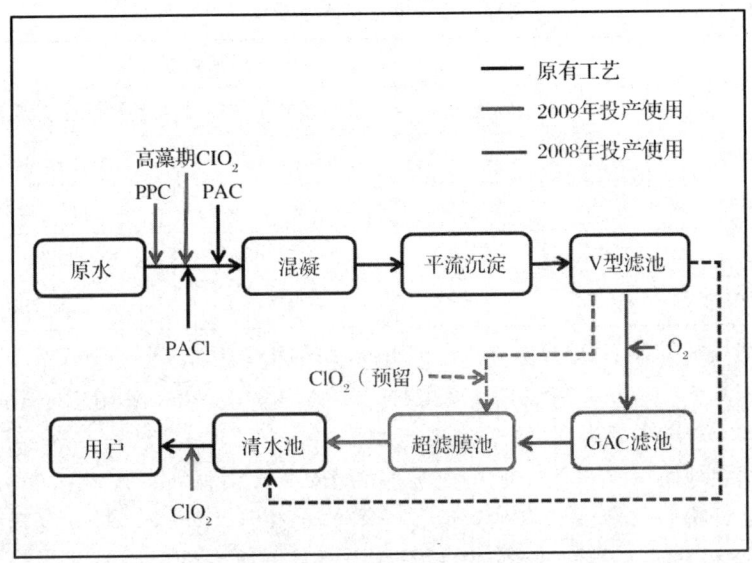

图1　一期处理工艺示意图

近些年，一期工艺共进行了三次重大改造，分别为：

第一次，常规工艺深度处理改造。2009年，在原有常规水处理工艺基础上增加了浸没式超滤系统和粉末活性炭投加系统等处理单元。

第二次，强化超滤组合工艺，去除小分子有机物和嗅味改造。2017年实施了一期工艺改造工程，超滤工艺前增加液氧－生物活性炭滤池处理单元，并于2018年12月投入运行。

第三次，超滤组合工艺强化预处理改造。2019年12月，建设完成高纯二氧化氯气体投加系统和二氧化碳气体投加系统。高纯二氧化氯气体投加系统替代了原有的稳定性二氧化氯溶液投加系统，二氧化氯气体作为预氧化剂和消毒剂，其运行稳定性和经济性明显提高，减少了副产物种类，且副产物超标风险大大降低。二氧化碳气体投加系统用以在夏秋季节原水pH值较高时降低原水pH值，效果明显，大大降低了铝指标超标风险。

每次改造，出水水质都有较大改善，多项水质指标得到提升。出厂水水质情况见表1。

表 1　　　　　　　　南郊水厂一期出厂水水质指标

水质指标名称	水质指标数据		
	常规工艺	增加超滤工艺后	增加活性炭池工艺后
浊度（NTU）	0.50－1.20	0.05－0.20	0.05－0.20
高锰酸盐指数（mg/L）	2.10－2.90	1.78－2.40	1.35－2.10
菌落总数（CFU/mL）	0－80	未检出	未检出
嗅味（土溴素）（ng/L）	15－35	8－20	5－12

药剂投加控制：PAC 为 2.2～5.0mg/L，PPC 为 0.2～0.3mg/L（高藻期同时投加 0.5～0.7mg/L 的 ClO2 气体），PACl 为 3.0～5.0mg/L，出厂水消毒投加 ClO2 气体量为 0.2～0.3mg/L。

一期膜池第一次采购安装的超滤膜为 PVC 合金材质、孔径 $0.01\mu m$ 的浸没式中空纤维膜（帘式），2017 年实施了首次膜组件更换，膜丝材质更换为 PVC 复合和 PVDF 复合两种，组件型式由帘式更换为柱式。

2. 二期扩容工程

为满足城市快速增长的供水需求，南郊水厂于 2012 年实施二期扩容工程并于 2014 年初投产，处理规模为 10 万 m^3/d。工艺设计采用了以炭泥回流为强化预处理的短流程超滤组合工艺，将沉淀池与膜滤池耦合在一栋构筑物，缩短了工艺水力停留时间，显著提升了水处理效率，同时有效减少了水处理构筑物的土地占用面积。高浓度炭泥回流为预处理工艺，可有效提升粉末活性炭的利用效率，强化水中低分子量有机物的去除效能，超滤为核心工艺，有效保障了出水的生物安全性。二期工艺属典型的短流程超滤组合工艺（见图2），出水水质情况见表2。

二期工艺运行以来，共进行了两次重大改造：

第一次，沉淀池增设斜管以控制沉淀池出水（膜池进水）浊度。由于原工艺沉淀池出水浊度较高，膜池运行负荷较重，于 2015 年实施了工艺改造，在沉淀池后端增设单层斜管，改原来溢流堰板为集水管，以改善水力运行条件，达到降低预处理出水浊度的目的。

第二次，强化预处理改造。2021 年 4 月，二期工艺接入高纯二氧化氯气体投加系统和二氧化碳气体投加系统，可以有效应对原水高藻期预氧化和降低 pH 值，提升了组合工艺运行稳定性，降低了副产物超标风险。

二期膜滤池第一次采购安装的超滤膜为 PVC 合金材质、孔径 $0.01\mu m$ 的浸没式中空纤维膜（柱式），2019 年实施了首次膜组件更换，膜丝材质更换为 PVDF，组件型式由柱式更换为帘式。由原来的一端出水改为两端出水，有利于更好发挥膜丝的产水能力，降低设备负荷，提高系统效率。

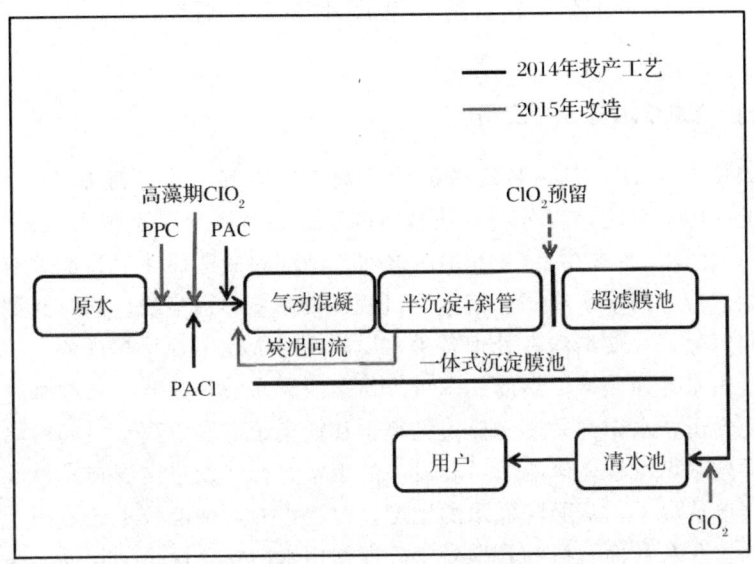

图 2　二期处理工艺示意图

表 2　　　　　　　　　　　　　南郊水厂二期出厂水水质指标

水质指标名称	水质指标数据	备注
浊度（NTU）	0.05—0.30	
高锰酸盐指数（mg/L）	1.78—2.56	
菌落总数（CFU/mL）	未检出	
嗅味（土臭素）（ng/L）	12—25	

药剂投加控制：PAC 为 2.5～5.0mg/L，PPC 为 0.20mg/L（高藻期同时投加 0.5～0.7mg/L 的 ClO_2 气体），PACl 为 2.5～4.0mg/L，出厂水消毒投加 ClO_2 气体量为 0.2～0.3mg/L。

关于膜组件的运维管理。超滤膜丝的使用寿命一般为 5～7 年，这与水质状况和维护管理密切相关。鉴于超滤膜工艺投入运行后运行管理的复杂性和专业性，在第一次换膜的采购方案中即考虑了由供货商承担膜组件更换后的运维管理的模式并得以实现。

第五节　纳滤及反渗透工艺简介

（一）纳滤技术基础与应用

纳滤技术（NF）是一种高效的膜分离工艺，其工作原理基于压力驱动，通过膜的孔隙对溶液进行分离，该技术的膜孔径范围介于反渗透（RO）和超滤（UF）之间，通常在 1 至 10 纳米之间。纳滤膜的选择性使其能够有效地分离和去除溶液中的多价离子、某些有机物以及微量的污染物，同时允许单价离子如钠和氯通过，使纳滤在处理各种水质问题时展现出独特的优势。

在饮用水处理领域，纳滤技术可以显著改善水质，尤其在去除水中的硬度方面表现突出，水中的硬度主要由钙离子和镁离子等多价离子引起，离子的高浓度会导致水垢沉积，影响管道和设备的正常运行。通过纳滤技术，能够有效去除这些多价离子，从而降低水的硬度，改善水质，纳滤技术还可用于去除水中残留的农药和其他有机物，这对于确保饮用水的安全性至关重要。在工业废水处理方面，许多工业废水中含有各种有价值的物质，如重金属、油脂和有机溶剂等，不仅对环境造成污染，还可能具有经济价值。通过纳滤技术，可以从废水中回收这些有价值的物质，实现资源的再利用，在制药和化工行业，纳滤技术能够从废水中分离出重金属离子，减少环境污染，并使其能够被再处理和回收，从而减少废水的处理成本。在食品加工行业中，纳滤技术主要用于果汁的浓缩和脱酸处理，果汁在加工过程中常常需要去除一些不需要的酸性成分，以改善口感和延长保质期。纳滤技术能够有效去除这些酸性物质，同时保留果汁中的主要成分，如糖分和香味物质，纳滤技术还可以用于牛奶的脱脂处理，去除乳清中的脂肪，得到低脂或脱脂乳制品。医药制造领域的应用则集中在蛋白质和多肽的分离与纯化，医药制造中常涉及复杂的生物分子，通常具有很大的尺寸和不同的电荷特性。纳滤技术能够通过调整膜的孔径和操作条件，有效地分离这些生物分子，确保最终产品的纯度和质量。通过这种方式，能够在生产过程中去除杂质，提高药品的安全性和疗效。此外，纳滤技术在其他领域的应用也逐渐得到关注，如在海水淡化方面，纳滤技术可用于去除海水中的大部分盐分和其他污染物，为淡水资源的开发提供了新的可能性。虽然纳滤技术在海水淡化中的应用还处于探索阶段，但其潜力巨大，未来有望成为海水淡化领域的重要技术之一。

纳滤技术的优势不仅在于其出色的分离性能，还包括其操作简便和经济性，在膜的选择性方面，纳滤技术能够提供比超滤更高的分离精度，同时又避免了反渗透膜操作中常见的高能耗问题。纳滤膜的使用寿命较长，维护成本较低，使得其在长时间运行中仍能保持高效的分离性能。

(二) 反渗透技术原理及优势

反渗透（RO）技术是一种高效的膜分离工艺，其原理基于半透膜在高压下对水进行选择性分离，该技术的膜孔径通常在0.1至1纳米范围内，使得反渗透膜能够有效阻隔溶解性固体、微生物、病毒及其他杂质，仅允许水分子通过，高度选择性使得反渗透能够提供接近纯水的处理效果，从而广泛应用于多种水处理需求中。

在海水淡化领域，反渗透技术是解决全球水资源短缺问题的核心技术之一，海水淡化过程中的反渗透系统能够在高压下将海水中的盐分和其他溶解物质从水中分离出去，生成可饮用的淡水。此过程的能效和经济性直接影响到淡水生产的成本和可行性，因此，优化反渗透系统的运行条件和膜材料成为研究的重点。饮用水制备中，反渗透技术用于进一步提高水质，确保其符合饮用标准。许多地方的水源中可能含有有害的化学物质、微生物或病毒，传统的水处理方法无法完全去除污染物。通过反渗透技术，可以有效去除这些潜在的有害物质，提高水质的安全性，反渗透技术在城市供水系统中能够处理来自不同水源的水质，确保最终供应的水质符合严格的健康标准。工业纯水制造方面，反渗透技术为电子、医药、化工等行业提供了对高纯度水的需求保障，在电子工业中，生产高集成度芯片需要极为纯净的水，以避免杂质对产品质量的影响。反渗透技术能够有效去除水中的杂质，确保生产过程中水质的稳定性和纯度。在医药行业中，药品生产过程中要求使用高纯度的水，以保证药品的安全性和有效性。通过反渗透处理，能够达到这些高标准的要求。在废水处理领域，反渗透技术的应用使得废水资源化成为可能，废水处理过程中，反渗透技术可以去除废水中的溶解盐、重金属和有机物，回收有价值的资源，减少环境污染，在工业废水处理过程中，反渗透技术能够将废水分离成高浓度的废液和高质量的回用水，回用水可以再用于工业生产或其他用途，从而实现资源的循环利用。

表 4—7　　　　　　　　　　　反渗透技术应用领域与优势

应用领域	优势
海水淡化	提供淡水资源，缓解水资源短缺
饮用水制备	确保饮用水安全，去除有害物质
工业纯水制造	满足高纯度水需求，保证产品质量
废水处理	资源回收，减少环境污染

在实际应用中，反渗透系统的性能受多个因素影响，包括操作压力、膜材料和膜表面状态等。公式如下：

$$J = \frac{P - \prod}{\mu}$$

其中，J 代表渗透通量，P 是施加的操作压力，$\prod$ 是渗透压，μ 是膜的粘度。该公式说明了操作压力对渗透通量的影响，压力越高，通量越大。然而，过高的操作压力也会增加能耗，因此在实际应用中需要综合考虑能效和处理效果，以实现经济和环境效益的平衡。

（三）两种技术的比较与选择

在水处理技术的选择中，纳滤（NF）和反渗透（RO）技术各自具有独特的优点和适用范围，两者的比较涉及水质要求、成本效益和操作条件等多个因素。了解各因素可以帮助选择适合的技术，以满足特定的水处理需求。纳滤技术和反渗透技术在膜孔径、分离性能和应用领域上有所不同，纳滤技术的膜孔径介于超滤和反渗透之间，通常在 1 至 10 纳米范围。由于其孔径较大，纳滤主要针对去除水中的多价离子和部分有机物，同时允许单价离子通过，使得纳滤技术在处理水中的硬度离子（如钙和镁离子）以及一些中等大小的有机污染物时表现优异。因此，纳滤技术广泛应用于水质软化、特定有机物去除和水质改良等领域。反渗透技术则使用更小孔径的膜，通常在 0.1 至 1 纳米之间，使得其能够有效去除水中的溶解性固体、微生物、病毒和大部分有机物。反渗透技术在生产接近纯水的过程中具有显著优势，因此在海水淡化、饮用水制备、工业纯水制造和废水处理等领域得到广泛应用。

表 4—8   纳滤与反渗透技术的比较

特征	纳滤技术	反渗透技术
膜孔径	1—10 纳米	0.1—1 纳米
主要去除对象	多价离子、中等大小有机物	溶解性固体、微生物、病毒
主要应用	水质软化、有机物去除	海水淡化、饮用水制备、工业纯水
能耗	较低	较高
操作压力	中等	高

在选择纳滤还是反渗透技术时，需要考虑多个因素：

1. 水质要求：对于需要去除水中的硬度离子或中等大小有机物的应用场景，纳滤技术往往更具优势，纳滤能够有效去除水中的钙离子和镁离子，从而降低水的硬度,对饮用水的处理尤其重要。纳滤技术在去除较大颗粒和有机物方面表现优越,但在处理极小的污染物时,其效果不如反渗透技术。反渗透技术能够去除更细小的污染物,从而达到极高的水纯度,因此在海水淡化和生产高纯度工业用水等应用中,反渗透技术通常是更为合适的选择。

2. 膜的通量和截留性能:反渗透膜通常需要施加较高的操作压力以实现较高的通量,意味着反渗透系统在运行过程中可能会面临较高的能耗。相比之下,纳滤膜的操作压力较低,通量也相对较高。使得在考虑实际生产需要时,必须评估膜的通量是否能够满足生产的需求,膜的截留性能也需符合水质标准,这直接关系到水处理的最终效果。

3. 系统的能耗和操作成本:反渗透系统通常需要较大的操作压力,导致其能耗较高,从而增加了运行成本,操作压力的提高不仅增加了能耗,也导致系统设备的磨损加剧,进而提高维护成本。而纳滤技术的能耗相对较低,使得其在某些应用场景中具有更好的经济性。在考虑长周期的运行成本时,纳滤技术可能提供更为经济的解决方案。选择合适的技术时,必须综合考虑能耗、操作成本以及长期经济效益,以确保技术选择的整体经济性和可持续性。具体的能耗计算可以通过以下公式进行估算:

$$E = \frac{P \cdot Q}{\eta}$$

其中,E 是能耗,P 是操作压力,Q 是水的流量,η 是系统的能效比。通过计算可以评估不同技术在实际应用中的经济性。

4. 维护和操作复杂性:纳滤技术在膜清洗和维护方面相对简单,因为纳滤膜的孔径较大,不易被细小的污染物堵塞,较大的孔径使得膜的通量较高,且膜表面的污染物较容易去除,从而减少了清洗频率和维护难度。由于膜不容易被细微颗粒物质堵塞,纳滤系统的运行维护通常更为便捷,减少了系统的停机时间和维护成本。相对而言,反渗透技术的维护和操作复杂性则较高,反渗透膜的孔径较小,因此更容易受到水中细小污染物的影响,细小颗粒会导致膜的快速污染,进而需要更频繁的清洗和维护。膜孔径的微小也意味着需要更加精细的清洗工艺和更多的维护措施,以防止膜的性能衰退和处理效果降低。频繁的清洗不仅增加了运行成本,还可能对膜材料造成损害,缩短膜的使用寿命,反渗透系统对操作条件的控制也要求更高,例如操作压力和流量的精确调节,进一步增加了操作的复杂性。因此,在长期运营中,反渗透技术的维护成本和操作复杂性可能远高于纳滤技术,这对整体系统的可靠性和经济性产生较大影响。

5. 环境影响:反渗透系统的运作会产生大量的浓缩水,浓缩水中含有高浓度的盐分和其他污染物，若浓缩水处理不当，将会对环境造成严重负担。反渗透系统所产生的浓缩水需要通过专门的处理设施进行处理，以减少其对环境的影响，包括浓缩水的稀释、资源回收或最终的安全处置等措施，处理过程的复杂性和成本较高，反渗透技术在环境保护方面需要更多的投入和精细化管理。纳滤技术虽然产生的废液量相对较少，但同样需要进行适当的处理和资源回收。虽然纳滤技术的废液量较少，减少了对环境的直接负担，但废液的处理依然不容忽视。适当的废液处理措施包括回收利用废液中的有用成分、减少废液的排放量以及确保废液处理过程符合环保要求。纳滤技术的环境影响较反渗透系统小，但在实际应用中仍需要制定有效的废液处理策略，以降低对环境的影响。

（四）技术挑战与解决方案

膜污染是纳滤和反渗透技术中的普遍问题，膜污染指的是膜表面和孔隙的污染物沉积，导致膜通量下降、分离效率降低以及膜寿命缩短。污染物可以是有机物、无机物、细菌或藻类等。膜污染的类型包括污垢污染、结垢污染和生物污染。污垢污染主要是由于悬浮物和有机物的沉积，结垢污染则是由于水中无机盐的沉淀，生物污染则由微生物的附着和生长引起。

为了解决膜污染问题，研究人员已经开发出多种抗污染膜材料和表面改性技术，使用抗污染涂层或添加抗污染功能的材料，可以有效减少污染物的附着。常见的表面改性技术包括等离子体处理、化学镀膜和自组装单层膜，这些技术可以改变膜的表面性质，使其更不易被污染，开发新型的膜材料，如具有抗污性能的高分子复合材料，也为解决膜污染提供了新的方向。膜清洗可以分为物理清洗和化学清洗两类，物理清洗通常包括反冲洗、气体清洗和超声波清洗，这些方法可以去除膜表面的松散污垢。化学清洗则使用清洗剂（如酸、碱、氧化剂）来溶解和去除膜上的污垢和结垢。近年来，清洗剂的配方和清洗工艺的优化显著提高了清洗效果，同时减少了清洗过程对膜的损伤，由于反渗透过程需要施加高压以克服渗透压，导致较高的能耗。

高能耗不仅增加了运行成本，还对环境产生了负担。为了降低能耗，研究者们正在探索以下解决方案：

1. 低压反渗透膜：传统反渗透膜在操作过程中需要施加较高的压力，以推动水分子通过膜的微孔，导致较高的能量消耗。低压反渗透膜通过改进膜材料的结构和化学性质，能够在较低的操作压力下提供较高的通量，通常具有更高的渗透率和选择性，能够有效地去除水中的溶解性污染物，同时减少对高压泵的需求，从而降低了能量消耗，低压膜的使用还可以减少系统的总体操作压力，降低泵和压缩机的负担，进一步节省能源。随着膜材料和膜结构的不断优化，低压反渗透膜的性能和经济性预计将得到显著提升。

2. 系统设计优化：系统设计优化包括改进膜组件的布置、提高膜的利用率和优化流体动力学等方面，通过合理设计膜组件的配置，如串联或并联布置，可以显著提高系统的整体效率，如串联配置可以使高浓度废液经过多级膜系统处理，从而提高水的回收率和处理效率，而并联配置则可以增加系统的处理能力，分担负荷，降低单个膜组件的操作压力，优化流体动力学设计，如改善进水流速、减少流体在膜表面的停滞区域，可以有效减少能量的浪费，提高膜的通量和系统的总体能效。系统设计的优化不仅可以提高处理效率，还能减少对能源的需求，从而降低整体运行成本。

3. 能量回收技术：能量回收装置，如能量回收轮（Energy Recovery Wheel）和压力交换器（Pressure Exchanger），能够从高压浓缩水中回收一部分能量，并将其用于驱动高压泵。能量回收轮通过旋转的方式将浓缩水中的机械能转换为可用于驱动泵的能量，从而减少了对外部电力的需求。压力交换器则通过将高压浓缩水的能量直接传递给低压进水，实现能量的有效回收和利用，能够显著提高系统的能源利用率，降低整体能耗，如某些高效能量回收装置可以将能量回收率提高到 90% 以上，从而大幅度减少能源消耗和运行成本。随着技术的不断进步和优化，能量回收装置的性能和经济性将不断提升，为反渗透系统的节能改造提供有力支持。

4. 集成系统：将反渗透技术与其他水处理技术集成使用，可以实现更高效的水处理和能量利用，集成系统通过将反渗透与纳滤、超滤等技术结合，能够根据水质需求和处理阶段调整操作参数，从而优化能耗，在水处理过程中，超滤和纳滤可以作为预处理步骤，去除大部分悬浮物和较大的有机分子，降低反渗透膜的负荷和污染程度，预处理能够减少反渗透膜的污染，降低膜的操作压力和清洗频率，从而节省能源和维护成本。同时，集成系统还能够根据实际水质条件灵活调整操作模式，如调整膜的流速、压力和反冲洗周期，以提高处理效果和能效。集成系统的使用不仅能够提高水处理效率，还能减少能源的消耗，提高系统的整体经济性和环境友好性。

化学清洗技术的改进也为降低能耗提供了新的可能，开发更高效、环保的清洗剂和优化清洗工艺，可以减少膜清洗的频率和强度，从而降低运行成本和能耗。膜的长期稳定性和耐用性直接影响到水处理系统的经济性和可靠性，为了提高膜的使用寿命，研究人员不断探索改进膜材料的耐污染性和耐化学性，增强膜的机械强度和耐温性能。

（五）市场应用与发展前景

随着全球对水资源的需求日益增长及水质要求的提升，纳滤（NF）和反渗透（RO）技术的市场应用正经历显著扩展，并展现出良好的发展前景，在海水淡化领域，反渗透技术的应用已经成为解决水资源短缺的核心方案之一。技术的不断进步和成本的逐步降低使得反渗透技术在全球范围内具有了更大的普及潜力。当前，反渗透技术在海水淡化的应用不仅限于沿海城市的水资源补充，更在内陆地区和干旱区域的水资源开发中展现出重要作用。饮用水和工业用水处理领域同样受益于纳滤和反渗透技术的持续发展，纳滤技术由于其高效去除水中多价离子和部分有机物的能力，广泛应用于饮用水处理、食品加工以及医药行业的水质提升。在工业用水处理中，反渗透技术则以其优异的除盐能力和高纯度水的生产特点，成为许多高科技行业必不可少的水处理方案。随着水质标准的不断提高，纳滤和反渗透技术将在确保水源安全和提高水质方面继续发挥关键作用。

展望未来，新材料的开发和制造工艺的改进将显著推动纳滤和反渗透膜性能的提升，如先进的膜材料如纳米复合材料和功能化膜材料将提高膜的耐污染性、抗结垢性以及长效稳定性。这些新型材料能够在更广泛的操作条件下保持优良的性能，从而提升整体系统的可靠性和效率，膜制造工艺的创新也将带来更高的膜生产效率和更低的制造成本，将进一步推动技术的普及和应用。在降低系统能耗方面，开发低能耗的反渗透膜和优化膜组件的设计可以有效降低水处理过程中的能量需求，智能化和自动化技术的应用将使得纳滤和反渗透系统的操作更加高效和便捷。先进的监测和控制系统能够实时跟踪膜的运行状态，自动调整操作参数，以实现最佳的水处理效果和最低的能耗，智能化操作将大幅提升系统的运行效率和维护便捷性，减少人工干预和操作成本。随着对资源回收和废水处理需求的增加，这些技术在废水处理和资源回收方面展现出新的应用机会，反渗透技术在处理工业废水中的应用可以实现水资源的循环利用，减少废水对环境的负担。纳滤技术则在废水中去除污染物和回收有价值物质方面发挥重要作用。技术的持续改进将有助于提高废水处理的效率，减少处理成本，并促进资源的有效回收。

第六节 原水预氧化技术浅探

(一) 预氧化技术目的与原理

原水预氧化,其目的是在原水进入主要处理阶段之前,通过加入适量的氧化剂对水质进行初步的氧化处理,此过程旨在去除或转化水中的多种污染物,包括有机物、还原性物质、铁和锰等,从而提高后续处理工艺的净化效果,降低消毒副产物的生成,并改善水的生物稳定性。

原水预氧化工艺中,常用的氧化剂有氯(包括液氯、稳定性二氧化氯溶液、次氯酸钠及二氧化氯气体等)、臭氧和高锰酸钾等。氧化剂通过不同的化学反应机制,破坏水中污染物的分子结构,降低其分子量,从而减少其对后续处理工艺的负面影响。

(二) 常用预氧化剂及其效果

在水处理过程中,氯、臭氧和高锰酸钾是三种常用的预氧化剂,各自具有独特的氧化特性和应用优势。

氯,作为应用最广泛的预氧化剂之一,其反应性较高且成本效益显著。氯能够迅速与水中的有机物发生氯化反应,破坏有机物的分子结构,生成氯代有机物,这些氯代有机物在后续的处理工艺中可以被进一步去除,降低其对后续处理工艺的负面影响。然而,尽管氯的成本低且操作简便,但其在反应过程中可能生成三卤甲烷等消毒副产物,对人体健康具有潜在风险。因此,当以氯作为预氧化剂时,需要精确控制其投加量和接触时间,以减少副产物的生成。氯的应用也需要与其他处理步骤协调,以保证水质达到预期标准。

臭氧作为一种强氧化剂,其氧化能力显著优于氯,能够高效地氧化水中的有机物和无机物,它能够通过破坏有机物的分子结构,去除水中的颜色、气味和一些难以处理的污染物。同时,臭氧的氧化过程不会生成有害的副产物,确保了处理后的水质安全。臭氧的制作成本较高,且其在水中的溶解度较低,需要特定的设备来保证其有效接触。因此,在使用臭氧时,需要合理配置设备并控制操作条件,以实现其最佳的氧化效果。

高锰酸钾作为一种强氧化剂,主要用于去除水中的还原性物质,如铁和锰。高锰酸钾能够有效地将铁和锰氧化成不溶于水的沉淀物,从而实现去除。此外,高锰酸钾也对部分有机物具有一定的氧化作用,能够改善水质。然而,高锰酸钾的成本相对较高,且其操作复杂,需要严格控制投加量和反应条件,以避免处理过程中产生不稳定性。因此，尽管高锰酸钾具有较好的去除效果，但其应用通常集中在特定的处理需求中。

表 4－9　　　　　　　　　　　　常用预氧化剂及其特性

氧化剂	反应性	适用条件	优点	缺点
氯	中等	广泛	成本低，易于操作	可能生成消毒副产物
臭氧	高	需控制 pH	强氧化性，不生成副产物	成本高，设备复杂
高锰酸钾	强	特定条件	易于控制，效果好	成本较高，操作复杂

预氧化技术的有效实施，能够显著改善水处理系统的整体性能，通过初步去除或转化水中的污染物，预氧化能够减少后续处理阶段的负担，提高处理效率。例如，在混凝和沉淀阶段，预氧化可以减少胶体和悬浮物的数量，从而提高混凝剂的效率，并减少沉淀池的负荷。在过滤阶段，预氧化能够降低滤料的堵塞程度，从而延长滤料的使用寿命并提高过滤的通量。预氧化技术还能减少消毒副产物的生成，消毒副产物的形成通常与水中的有机物质反应有关，通过预氧化去除这些有机物，可以降低消毒副产物的生成。预氧化还可以提高水的生物稳定性，降低水质变化对消毒过程的影响，从而增强水质的长期稳定性。

在实际应用中，选择合适的预氧化剂需要综合考虑水质特性、处理目标和经济性等因素，在处理含有较高铁和锰的水时，高锰酸钾可能是较为合适的选择，而在需要控制有机物含量和减少副产物时，臭氧则表现出更为优越的性能。氯则因其成本低和操作简便，适用于较广泛的水处理场景，但需要注意控制副产物的生成。

（三）预氧化技术的优势与局限

预氧化技术在现代水处理工艺中主要优势体现在对水质的优化和后续处理负荷的减轻，预氧化通过向水中引入适量的氧化剂，能够有效地去除或转化水中的有机物、还原性物质以及一些金属离子，不仅提高了水的处理效率，还改善了水质的稳定性。具体来说，预氧化能够破坏水中有机物的分子结构，降低其复杂性和分子量，从而减少了后续混凝、沉淀和过滤工艺中的处理负担。在混凝过程中，预氧化可以减少胶体和悬浮物的数量，提高混凝剂的反应效果，从而降低混凝剂的用量，并减少沉淀池的负荷。在过滤阶段，预氧化能够减缓滤料的堵塞，延长其使用寿命，保持滤水通量。此外，预氧化技术还在一定程度上减少了消毒副产物的生成。由于预氧化能够去除水中大部分有机物，减少了有机物在后续消毒过程中与消毒剂反应的机会，从而降低了消毒副产物的形成，对于提高水质安全性和减少对人体健康的潜在风险具有积极作用。但同时，使用预氧化剂需注意以下几个问题：

第一，不同预氧化剂的使用可能会引入新的问题。氯作为一种常用的预氧化剂，虽然其成本较低且操作简便，但在氯的反应过程中，会生成三卤甲烷等消毒副产物，副产物对人体健康存在潜在风险，因此需要对氯的投加量和接触时间进行精确控制，以避免副产物的过量生成。第二，预氧化剂的选择和使用需要根据水质特性和处理目标进行调整。臭氧的氧化能力较强，但其生成成本高且设备复杂，需要精确控制操作条件。高锰酸钾虽然在去除铁和锰方面效果显著，但其操作过程相对复杂且成本较高。因此，在实际应用中，需要根据具体情况进行合理选择，并确保操作条件的严格控制，以实现最佳的预氧化效果。第三，预氧化技术的应用也可能受到经济因素的制约。氧化剂的使用和设备的维护都涉及一定的成本，特别是在大规模水处理系统中，如何平衡预氧化效果与经济投入是一个重要的考虑因素。高成本的预氧化剂或设备会影响整体水处理系统的经济性，因此在选择预氧化技术时需要综合考虑成本和效益。

（四）技术实践中的问题与解决

在实际应用中，预氧化技术在氧化剂的投加量控制和水质波动的管理方面的问题会影响预氧化的效果及其在水处理系统中的整体表现，精确控制氧化剂的投加量是确保预氧化效果的关键，但在实际操作中，由于水质变化和氧化剂反应速率的复杂性，控制投加量往往难以做到准确无误。水质中的有机物浓度、pH 值、温度等因素均导致氧化剂的需求量发生变化，因此，传统的手动控制方法常常无法适应实际工况的动态变化。为应对问题，自动化控制系统通过集成在线水质监测仪器，可以实时获取水质参数，如有机物浓度、pH 值和浊度等信息。自动化控制系统利用实时数据动态调整氧化剂的投加量，从而提高预氧化过程的精确性。系统不仅能够及时响应水质的变化，还能减少人工操作的误差，提高处理效率和稳定性，自动化系统还可以记录操作数据，进行过程优化和性能评估，进一步提升整体水处理系统的运行效果。此外，预氧化技术在与其他水处理工艺的集成中，预氧化往往与混凝、沉淀和过滤等后续处理工艺配合使用，以达到更优的水质效果。预氧化能有效降低水中有机物的含量，提高混凝剂的效果，从而优化混凝和沉淀工艺的效率。在实际应用中，将预氧化与混凝工艺结合使用，可以显著提高悬浮物和胶体的去除率，减少后续过滤阶段的负担。然而，预氧化与混凝的组合使用需要合理配置操作条件，如氧化剂的投加量、混凝剂的用量以及混凝反应的时间等，以确保各工艺环节之间的协调和优化。在系统集成中，预氧化后水中的氧化剂残留会影响混凝剂的效果，需要在混凝前进行适当的氧化剂去除处理，不同的预氧化剂与混凝剂的兼容性也需要经过充分的实验验证，以避免化学反应产生的不良影响。通过系统的设计和优化，可以实现预氧化与其他处理工艺的有效整合，提升整个水处理系统的性能和稳定性。

（五）预氧化技术的未来趋势

随着全球对水质标准日益严格以及环境保护意识的提升，预氧化技术正在向更高效、更环保的方向发展，未来的预氧化技术将重点关注新型氧化剂的研发和应用，以提升处理效果并降低环境影响。过硫酸盐作为一种新型氧化剂，其具有较强的氧化能力，尤其对于难以降解的有机物方面表现出色。与传统氧化剂相比，过硫酸盐能够提供更高的氧化选择性，降低副产物生成的风险，从而提升整体处理效果。结合紫外线（UV）或催化剂的臭氧氧化技术，能够显著提高氧化反应的效率和选择性。紫外线催化的臭氧氧化（UV/O3）系统通过紫外线照射激发臭氧生成羟基自由基，自由基具有极强的氧化能力，可以迅速降解水中复杂的有机污染物。类似地，臭氧与催化剂的联用（如臭氧/催化剂）也能提高氧化反应的速率和选择性，使得处理过程更加高效和经济。

智能化和自动化技术的发展，将进一步推动预氧化技术的应用。未来的预氧化系统将越来越依赖于先进的在线监测和实时控制技术，这些技术能够实时获取水质数据，如有机物浓度、pH值、温度等，并根据数据动态调整氧化剂的投加量，实时调整不仅提高了氧化过程的精确性和适应性，还减少了人为操作的误差，提高了处理过程的稳定性和可靠性。数据分析和人工智能（AI）的应用也将为预氧化技术的发展提供新的机遇，通过对大量水质数据的分析，AI算法可以预测水质变化趋势，优化预氧化工艺的运行参数，从而提升整体系统的性能。智能化技术的应用还包括自动化设备的优化和维护，减少系统故障和停机时间，提高运行效率。未来，预氧化技术还将致力于降低环境影响和提高资源利用率，开发新型环保氧化剂和回收利用技术，将有助于减少氧化剂的用量和废弃物的产生。同时，结合绿色化学原理，设计更加环保的预氧化方案，将有助于进一步推动可持续水处理技术的发展。

第七节　消毒工艺发展现状

（一）消毒工艺的重要性

根据世界卫生组织（WHO）的指导原则，饮用水必须达到不可检测或仅有极低水平的病原体，以有效预防水传播疾病，此要求强调了消毒工艺在水质保障中的核心地位。消毒的主要目标是消除或灭活水中的细菌、病毒及原虫等病原体。细菌如大肠杆菌和沙门氏菌、病毒如诺如病毒以及原虫如贾第虫和隐孢子虫都可能通过水源传播，引发严重的公共健康问题。因此，消毒工艺需要实现广泛的病原体控制，确保水质达到安全标准。

在实际应用中，消毒剂的选择和使用必须经过严格的评估与控制，以保证消毒效果的同时减少对健康的潜在风险。氯、氯胺、臭氧和紫外线等是常用的消毒剂。氯是一种有效的消毒剂，能够在水中持久存在并持续抑制病原体的生长，但其副产物如三卤甲烷（THMs）和氯酸盐可能对人体健康构成风险。因此，在氯的使用中，需要精确控制其剂量，并进行适当的后处理以去除副产物。氯胺作为氯的替代品，其消毒效果较氯慢，但能减少副产物的生成，并在水中保持较长时间的消毒能力。臭氧作为强氧化剂，可以有效杀灭大多数病原体，包括难以处理的病毒和原虫，但其使用需注意臭氧本身对健康的影响以及其与水中有机物反应生成的副产物。紫外线消毒通过破坏病原体的核酸实现其灭活，对大多数微生物都有效，但需要保证足够的紫外线剂量，并确保水流均匀。除消毒剂选择外，消毒系统的设计需要考虑水质的变动，包括水中的悬浮物、有机物以及 pH 值等因素，都会影响消毒剂的有效性，水中的悬浮物可能会遮挡病原体，降低消毒剂的接触效率，从而影响消毒效果，在消毒前，通常需要对水进行预处理以去除悬浮物和有机物，优化消毒剂的使用效果。消毒过程中的监测也是确保水质安全的必要措施。通过实时监测消毒剂的浓度、接触时间和水质参数，可以及时调整消毒剂的投加量，以应对水质变化带来的挑战。过量使用消毒剂不仅会增加成本，还可能导致消毒副产物的生成，从而对人体健康造成潜在风险。反之，消毒剂使用不足则可能导致消毒效果不佳，不能有效控制水中的病原体。因此，消毒剂的投加量需要通过精确的计算和调节来确保既能达到消毒目的，又能避免副产物的过量生成。现代水处理设施通常配备自动化控制系统，通过实时监测水质和消毒剂的浓度，能够实现对消毒过程的动态调整，以保持水质安全。

（二）常用消毒方法及原理

在饮用水处理过程中，常见的消毒方法包括氯消毒、臭氧消毒、紫外线消毒和二氧化氯消毒，方法各具特点和适用条件，能够有效地消除水中的病原体。

氯消毒是一种被广泛应用的水处理技术，其基本原理是通过氯与水中的有机物质反应生成次氯酸（HOCl），次氯酸进一步氧化和灭活水中的病原体。氯消毒的过程可以用以下公式表示：

$$Cl_2 + H_2O \rightarrow HOCl + HCl$$

次氯酸是氯的有效消毒形式，能够杀灭细菌、病毒和部分原虫，氯消毒也可能生成副产物，如三卤甲烷（THMs）和氯酸盐，这些副产物对健康构成风险。因此，氯消毒需要精确控制氯的剂量，并结合后续处理工艺去除这些副产物。

臭氧消毒依赖于臭氧的强氧化性，能够破坏病原体的细胞结构，臭氧的消毒作用是通过氧化反应实现的，其反应式如下：

$$O_3 \rightarrow O_2 + 2$$

其中，臭氧释放的氧原子能够破坏病原体的细胞膜和内部结构，从而实现灭活。臭氧消毒的优点包括高效杀灭病原体和减少副产物的生成，但其应用需要注意臭氧的毒性和在水中形成的副产物，如乙酸、醋酸等。

紫外线消毒通过 UV 光的辐射来破坏病原体的 DNA 结构，从而达到灭活的效果。紫外线消毒的原理可以用以下公式表示：

$$UV + DNA \rightarrow DNA$$

UV 光的辐射会导致病原体的 DNA 链断裂，使其无法进行复制和繁殖，进而灭活病原体。紫外线消毒的优点在于其高效性和无副产物生成，但需要确保 UV 光的强度和水流的均匀性，否则可能影响消毒效果。

二氧化氯其消毒作用主要依赖于释放的氯原子及其氧化作用，二氧化氯在水中的反应如下：

$$ClO_2 \rightarrow ClO^- + Cl$$

其中，二氧化氯释放的氯原子能够与水中的有机物质和病原体反应，产生氯酸盐和次氯酸盐，从而实现消毒。二氧化氯消毒的优势在于其较强的氧化性和相对较少的副产物生成，但其成本较高，且需要专业设备进行控制。

为了比较消毒方法的效率和适用范围，如表 4－10 所示各方法的主要特点、优缺点及适用条件：

表 4－10　　　　　　　　常用水处理消毒方法比较

消毒方法	优点	缺点	适用条件
氯消毒	成本低、适用范围广、持久性好	可能生成副产物、对某些病原体效果有限	适用于常规水处理和大规模供水系统
臭氧消毒	强氧化性、高效杀灭病原体、减少副产物生成	成本较高、臭氧本身有毒	适用于高要求的水处理和工业用途

续表

消毒方法	优点	缺点	适用条件
紫外线消毒	高效无副产物、对大多数病原体有效	需要保证 UV 强度和水流均匀性	适用于水质较清的场合和终端处理
二氧化氯消毒	强氧化性、较少副产物生成	成本高、需要专业设备控制	适用于需要高效消毒的特殊场合

在选择消毒方法时，需要综合考虑水质条件、成本、处理效果及设备要求。不同消毒技术的组合应用也可以在一定程度上克服单一方法的局限性，从而提高水处理的整体效果。

（三）消毒效果评估与标准

消毒效果的评估是确保水质安全的核心环节，通常通过检测水中的残余消毒剂和微生物指标来进行，有效的消毒工艺不仅需要足够的消毒剂浓度，还需确保水中的微生物被有效去除。世界卫生组织（WHO）和美国环保署（EPA）等机构为消毒效果的评估提供了一系列标准和指南，以确保饮用水的安全性。

消毒剂的残余量需维持在特定范围内，以保证其有效性，同时避免对健康造成潜在风险，氯作为常用的消毒剂，其残余量通常保持在 0.2 到 4 毫克/升之间。这一范围内的氯浓度能够有效杀灭水中的病原体，同时避免氯副产物对健康的潜在危害。氯的残余量过低导致消毒效果不足，而过高则产生对人体有害的副产物。因此，监测氯残余量并维持在合适范围内对于水质安全至关重要。氯的浓度可以通过以下公式计算：

$$C_{Cl} = \frac{V_{Cl} - V_{Cl}^*}{V_W}$$

其中，C_{Cl} 为氯残余浓度，V_{Cl} 为氯的初始投加量，V_{Cl}^* 为氯的消耗量，V_W 为水的体积。

总大肠杆菌群（TTC）和粪便大肠杆菌（E. coli）是检测水质安全的重要指标，总大肠杆菌群的存在通常表明水中可能含有其他病原体，因此其浓度应为零或在检测限以下，粪便大肠杆菌则特指源自人类或动物粪便的细菌，其存在表明水源受到粪便污染，需严格控制其浓度。大肠杆菌的检测通常采用以下公式来计算其浓度：

$$C_{E.\ coli} = \frac{N_{E.\ coli}}{V_W}$$

其中，$C_{E.coli}$ 为大肠杆菌的浓度，$N_{E.coli}$ 为样品中检测到的大肠杆菌数量，V_w 为水的体积。

表 4-11 　　　　　　消毒剂残余量标准及其安全影响

消毒剂	标准残余量范围（毫克/升）	主要作用	健康风险
氯	0.2-4	杀灭细菌和病毒	可能生成副产物，如三卤甲烷（THMs）
氯胺	0.5-4	持续消毒，减少副产物	副产物较少，但消毒效率较低
臭氧	0.03-0.2	强氧化，杀灭多种病原体	臭氧本身有毒，副产物少
紫外线	无明显残余量	破坏病原体 DNA	不生成副产物，但需要 UV 光强度
二氧化氯	0.1-0.8	强氧化，减少副产物生成	成本较高，需专业设备

通过上述标准和公式，可以有效评估不同消毒方法的效果，并确保水质符合安全标准。通过持续监测水中的残余消毒剂和微生物指标，能够确保水处理过程的有效性，并保障公众健康。同时，评估措施也是水质管理和改进的重要依据，为进一步优化消毒工艺提供了科学依据。

(四) 新型消毒技术的研发

随着水处理技术的不断发展和人们对消毒副产物（DBPs）以及消毒抗性病原体的关注日益增加，正积极探索并开发一系列新型消毒技术，以期在提高消毒效率的同时降低对环境和健康的潜在风险。其中，过硫酸盐、光催化氧化和电化学消毒技术作为代表，展现了广阔的应用前景。过硫酸盐消毒技术利用过硫酸盐 $S_2O_8^{2-}$ 的强氧化性来灭活水中的病原体。过硫酸盐在激活剂的作用下能够生成高活性的硫酸根自由基 $SO_4^{\cdot-}$ 具有极强的氧化性，能够破坏病原体的细胞膜、核酸和蛋白质结构，最终实现灭活。该过程的基本反应式如下：

$$S_2O_8^{2-} + 激活 \rightarrow SO_4^{\cdot-}$$

硫酸根自由基不仅能够高效杀灭细菌、病毒和原虫，还能有效去除水中的有机污染物，使得过硫酸盐消毒不仅在水处理方面具有显著优势，而且其副产物较少，不易生成对人体有害的消毒副产物，该技术的一个挑战在于如何优化激活剂的选择和用量，以提高自由基的生成效率，同时避免过高的运行成本。尽管此技术的应用还在探索阶段，但其在控制消毒副产物和消毒抗性病原体方面展现了潜力。

光催化氧化技术利用光催化剂（如二氧化钛）在紫外线或可见光照射下激发，生成具有强氧化性的羟基自由基 OH·，自由基能够氧化和破坏病原体的细胞结构，并将其有机成分彻底矿化为无机物，该过程的核心反应如下：

$$TiO_2 + hv \rightarrow e^- + h^+ \quad H_2O + h^+ \rightarrow OH$$

其中，光催化剂吸收光能后生成的电子 e^- 和空穴 h^+ 共同作用，激发水分子生成羟基自由基，具有极强的氧化能力，能够迅速破坏病原体的细胞壁、核酸等结构，实现高效消毒。光催化氧化技术的优势在于其使用过程中不添加化学药剂，减少了副产物的生成。并且，光催化剂如二氧化钛具有良好的化学稳定性和可重复利用性，使得技术具有长久的应用潜力。然而，该技术的局限性在于光源的选择及能量消耗，需要进一步优化以实现更高的经济效益。

电化学消毒技术是通过施加电流使电极表面生成氧化性物质，如氯、臭氧和氢氧自由基，从而达到杀灭病原体的目的，电化学反应的核心机制包括直接电极氧化和间接氧化。直接电极氧化通过病原体与电极表面发生氧化反应而导致其灭活，而间接氧化则依靠在水体中电解生成的氧化性物质如次氯酸 HOCl、臭氧 O_3 和羟基自由基 OH· 进行病原体灭活。典型的电化学反应包括：

$$2Cl^- \rightarrow CL_2 + 2e - Cl_2 + H_2O \rightarrow HOCl + H^+ + Cl^-$$

电化学消毒的优势在于其高效、环保和可控性强，通过调整电流密度和电压，可以实现对不同类型病原体的精准控制，并且副产物生成较少，电化学技术无需添加外部化学药剂，避免了化学消毒剂对环境的负担。但其应用仍面临能耗较高和电极材料选择等问题的挑战，特别是电极的耐腐蚀性和使用寿命是需要克服的技术瓶颈。

为了更好地比较这些新型消毒技术的特点，表 4—12 总结了过硫酸盐、光催化氧化和电化学消毒技术的主要优缺点及适用条件：

表 4—12 新型消毒技术的比较

技术类型	优点	缺点	适用条件
过硫酸盐消毒	强氧化性、高效灭活病原体、较少副产物生成	需要激活剂、成本较高	适用于高要求水质和污水处理
光催化氧化	不添加化学药剂、可重复使用催化剂、无副产物生成	对光源要求高、能耗较大	适用于终端消毒及高效杀菌处理
电化学消毒	精准可控、无外加化学药剂、生成多种氧化性物质	电极材料要求高、能耗较高	适用于小型水处理系统和特殊水质处理

通过分析可以看出，新型消毒技术在减少消毒副产物、提高消毒效率以及应对抗性病原体方面展现了巨大的潜力。然而，在实际应用中还需进一步优化技术的成本、能耗以及工艺参数，以确保其在更广泛的水处理场景中获得应用。

（五）消毒工艺的未来发展方向

未来的消毒工艺将继续朝着高效、环保和智能化的方向发展，旨在提高消毒效率、减少副产品的生成，并增强对新兴病原体的控制能力，在全球范围内，水质安全标准日益严格，公众对饮用水安全的关注也不断提升，驱使研究者和工程师不断探索创新技术和工艺，以满足需求。集成多种消毒技术的方案逐渐成为一种趋势，通过协同作用最大化消毒效果，最小化副产物生成，同时增强对多种病原体的综合控制。紫外线消毒与臭氧消毒的结合可以显著提高病原体灭活效率，紫外线可以破坏病原体的 DNA 或 RNA，而臭氧则通过其强氧化性进一步破坏病原体的细胞结构，两者的结合能够在更短的接触时间内实现高效灭活，适用于处理大规模的水体。与此同时，臭氧分解后产生的氧气也有助于提高水体的溶解氧含量，改善水质。此外，这种组合技术还能够减少单一技术所可能产生的副产物，从而降低对环境和人体健康的潜在风险。高级氧化过程（AOPs）作为另一种前沿技术，正在被越来越多地应用于消毒工艺中。AOPs 通过产生高活性的羟基自由基 OH· 来攻击并分解水中的有机污染物和病原体，具有极高的氧化能力。该过程可以通过多种方式实现，如使用臭氧与过氧化氢的组合，或利用紫外线与过硫酸盐的协同作用，不仅能够有效去除顽固的有机污染物和抗性病原体，还能够降解消毒副产物，进一步提高水质的安全性。AOPs 的应用虽然技术复杂且成本较高，但其高效性和广谱性使其在处理高污染水体和应对新兴病原体方面具有明显的优势。随着物联网（IoT）、人工智能（AI）和大数据分析技术的成熟，智能化消毒系统能够实时监控水质参数、预测污染物浓度变化，并自动调节消毒剂投加量和工艺参数，以达到最佳消毒效果。这种系统能够根据实时数据动态调整消毒策略，既提高了系统的响应速度，又减少了人工操作中的误差和延迟。通过自动化控制，消毒过程能够更加精确和稳定，从而确保水质安全的同时降低运行成本。为进一步增强对新兴病原体的控制能力，研究者正在探索基于分子生物学和基因组学的新型技术，如核酸检测技术和生物传感器，能够快速、准确地检测出水中的新兴病原体，并为消毒工艺的调整提供依据，核酸检测技术可以识别出低浓度的特定病原体基因片段，而生物传感器则能够实时监测水体中的微生物活性，与智能消毒系统集成，从而实现对病原体的精准识别和靶向灭活，进一步提高水处理的安全性和可靠性。

随着技术的进步，未来的消毒工艺不仅会更加高效和环保，还将更加智能化和灵活化，以应对日益复杂的水质安全挑战。通过多种技术的集成和创新，结合智能化管理，未来的消毒工艺将能够提供更加稳定、可靠的水质保障，同时最大限度地减少对环境和人体健康的负面影响，多层次、多技术的集成消毒方案不仅能够适应不同规模的水处理需求，还能够为未来应对全球水质安全问题提供更为强大的技术支撑。

第五章　地表水处理技术

第一节　地表水的混凝处理

（一）混凝剂的选择与配制

在地表水处理的混凝过程中，混凝剂的选择和使用不仅影响了水中悬浮颗粒和胶体物质的去除效率，还对整个水处理过程的经济性、操作简便性以及后续工序的运行有直接关联。不同类型的混凝剂在具体的水质条件下表现出各自的优势与局限，因此合理选择混凝剂并确定其投加方式显得尤为重要。常见的无机混凝剂如硫酸铝、硫酸铁和氯化铁是最广泛应用的化学品，主要通过水解反应生成金属氢氧化物的胶体，从而与水中悬浮物及胶体颗粒结合，使其在重力作用下沉降。以硫酸铝为例，在水中的水解产物为氢氧化铝 [Al（OH）3]，可以有效吸附水中的悬浮颗粒，实现凝聚与沉降的效果。硫酸铁和氯化铁的混凝原理类似，生成的氢氧化铁 [Fe（OH）3] 胶体也能起到良好的吸附与沉淀作用，无机混凝剂通常对水中的 pH 值较为敏感，最佳使用效果通常出现在 pH 值 6 到 8 之间。因此，在实际应用中，需根据原水的 pH 情况进行预处理，确保混凝剂在最佳条件下发挥其最大效能。有机高分子絮凝剂如聚丙烯酰胺（PAM）具有较长的分子链和多种类型的功能基团，因此能够与水中不同类型的污染物发生物理和化学相互作用，根据其电荷性质，PAM 可分为阳离子、阴离子和非离子型，其中阳离子型 PAM 由于带有正电荷，能够更好地吸附水中带负电的胶体颗粒，因此在处理含有机污染物较多的污水时表现出色。PAM 的分子量和电荷密度对其絮凝效果有直接影响，因此在实际应用中，根据水质特点合理选择 PAM 的类型和投加量显得尤为重要。

混凝剂的选择还涉及到不同的水质条件，对于低浊度、含有大量有机物的水体，有机高分子絮凝剂的效果优于无机混凝剂，因为前者的絮凝能力更强且不易受到 pH 值的波动影响。在高浊度水体中，无机混凝剂往往能够在较低投加量下实现较好的混凝效果，并且对悬浮颗粒的去除效果显著。无机混凝剂和有机高分子絮凝剂的联合使用也是一种常见的混凝处理策略，通过两者的协同作用，可以进一步提高混凝效率，降低单一混凝剂的用量，同时减少混凝过程中产生的污泥量。以固体硫酸铝为例，溶解过程需要控制溶解温度和时间，硫酸铝在常温下的溶解速度较慢，因此需将溶液加热至 60℃ 至 70℃ 以加速溶解，过快的搅拌可能会导致溶液中出现结块现象，而搅拌不足则会导致混凝剂溶解不充分，影响投加后的效果。通常，硫酸铝的溶液浓度控制在 5% 至 10%，既便于投加，也有利于后续的混合操作。有机高分子絮凝剂如 PAM 的溶解和投加则需要更加谨慎，PAM 的溶解速度较慢，且容易在溶液中产生团聚现象，因此在溶解时通常需要采用低速搅拌，溶解时间也需要适当延长，通常为 30分钟至 1 小时。此外，PAM 的配制浓度较低，一般控制在 0.1% 至 0.5% 之间，以避免高浓度溶液在使用过程中造成絮凝剂分布不均。

在混凝剂的投加过程中，过量投加混凝剂可能导致水体中的化学残留超标，影响后续水处理步骤或造成二次污染；而投加量不足则会导致混凝效果不佳，影响出水水质，混凝剂的投加量通常需通过实验室小试确定最佳投加量，再通过现场中试进一步优化。在确定投加量时，需综合考虑水体的浊度、悬浮物含量、pH 值、水温等因素。同时，投加装置的选择和运行参数的设定也需经过仔细计算与调试，以确保混凝剂的投加均匀且与原水充分混合。混凝效果的评价通常通过出水浊度、悬浮物去除率、混凝剂用量等指标来进行，现代水处理系统中，在线监测技术被广泛应用，通过实时监测水质变化，及时调整混凝剂的投加量和投加方式，无机混凝剂往往会产生较多的污泥，而有机高分子絮凝剂则能够有效减少污泥产生量，因此在污泥处理成本较高的情况下，适当增加有机混凝剂的使用比例能够有效降低运行成本。

（二）混凝试验的目的与方法

混凝试验在水处理过程中通过精细的实验设计，混凝试验能够精确评估混凝剂的效果，并优化各项操作参数，如投加量、pH 值、搅拌速度等。混凝试验通常包括实验室规模的小型试验和现场中试，以便更好地模拟实际的处理条件，确保实验室数据在现场具有可操作性与重复性。

在实验室阶段，常见的试验方法为烧杯搅拌试验，该试验能够有效模拟真实环境中的水处理过程，并以较小的实验规模实现对各项参数的精确控制。在烧杯搅拌试验中，通常包含快速搅拌、慢速搅拌以及沉降三个阶段，每个阶段都具有特定的目标和操作要求。快速搅拌的作用是使混凝剂迅速而均匀地分散到水体中，以保证混凝剂的分子充分接触水中的悬浮物和胶体颗粒。搅拌强度（表示为搅拌速率或剪切率 G 值）通常设置较高，典型的剪切率范围在 200—

400 s^{-1}之间。快速搅拌时间通常为 1 至 2 分钟，时间过长可能导致絮体被破坏，过短则无法保证混凝剂的均匀分散。随后的慢速搅拌阶段旨在促进絮体的形成和增长。慢速搅拌的剪切率通常较低，一般在 20－80 s^{-1}范围内，搅拌时间为 15 至 30 分钟。在这一阶段，水中的颗粒逐渐凝聚形成较大的絮体，搅拌的目的是通过较低的剪切力使絮体逐渐增大，同时避免其受到破坏。在慢速搅拌结束后，进入沉降阶段，此时水体中的絮体通过自身重力逐渐沉降。沉降性能是评价混凝效果的关键之一，沉降速率快、絮体稳定性好的条件被视为混凝成功的重要标志之一。

在烧杯试验中，为了更好地评估不同条件下的混凝效果，通常会进行多组试验。每一组试验条件不同，涉及混凝剂投加量、搅拌速度、pH 值的变化。实验中常用的参数包括浊度去除率、絮体大小和沉降性能等。如表 5－1 所示不同搅拌条件下混凝效果的评估指标：

表 5－1　　　　　　　　　　　不同搅拌条件下混凝效果对比

搅拌阶段	搅拌速度（s^{-1}）	搅拌时间（分钟）	浊度去除率（%）
快速搅拌	200－400	1－2	70－90
慢速搅拌	20－80	15－30	80－95
沉降	—	30	85－98

在此基础上，可以通过进一步调整投加量和 pH 值，确定最佳混凝条件。混凝剂投加量的确定通常依据质量浓度来计算，采用如下公式：

$$投加量 = \frac{C_目 - C_{初始}}{V}$$

其中，$C_目$ 和 $C_{初始}$ 分别为混凝前后水样的浊度或其他污染物浓度，单位为 mg/L；V 为水样体积，单位为 L。通过调整投加量，实验室可以获得不同条件下的最佳浊度去除率与投加量之间的关系，从而为后续的大规模应用提供参考依据。

实验室试验的优势在于其灵活性和经济性，能够通过较少的试验量模拟实际处理过程中的各种可能情形，然而，实验室条件往往与实际水处理系统存在差异，因而需要在实际操作系统中进行现场中试验证。在中试阶段，通常选择较小规模的实际处理系统来进行混凝剂的投加和搅拌测试，测试内容包括混凝剂投加量、搅拌速率、pH 值以及出水水质等多项指标。中试的主要目的在于确保实验室条件下确定的最佳参数能够在实际条件中保持稳定的处理效果，同时还需考虑到水处理系统中可能存在的非理想因素，如流速不均匀、水质变化等问题。

在现场中试过程中，还需结合水处理系统的具体条件，如水流速度、进水水质波动等进行进一步的调整与优化，混凝剂的投加方式、投加点的选择以及搅拌器的功率设置等都需要根据具体的系统参数进行重新评估，以保证混凝剂能够在整个水体中均匀分布，且不产生局部投加过量或不足的问题。

表 5—2　　　　　　　　　实验室与中试条件对比表

条件	实验室试验	现场中试
投加量	通过烧杯试验确定，逐渐优化	根据现场条件微调
搅拌速度	快速搅拌：$200-400\ s^{-1}$	根据设备参数调整
pH 值	实验室条件下调节	通过在线监控控制
水质波动	较小	可能存在波动
操作规模	小型试验设备	现场处理设备

(三) 混凝过程的原理与机制

混凝过程是一个涉及物理和化学变化的复杂过程，其核心在于混凝剂的水解、絮体的形成与增长、以及絮体的沉降。在水处理中，混凝过程通过一系列动态反应实现水质的净化，涉及多个步骤和关键参数的优化。混凝剂的水解反应是混凝过程的起始阶段。当混凝剂如硫酸铝（$Al_2(SO_4)_3$）或硫酸铁（$FeSO_4$）在水中溶解时，形成的金属离子如 Al^{3+} 或 Fe^{2+} 会与水中的氢氧根离子反应，生成氢氧化物胶体。这些氢氧化物胶体，如 $Al(OH)_3$ 或 $Fe(OH)_3$，具有较强的亲水性和电荷特性，可以有效吸附水中的悬浮物和胶体颗粒。具体反应过程如下：

$$Al_2(SO_4)_3 + 6H_2O \rightarrow 2Al(OH)_3 + 3H_2SO_4$$

在此反应中，铝离子 Al^{3+} 与水反应生成氢氧化铝 $Al(OH)_3$，并释放硫酸 H_2SO_4。氢氧化铝是混凝过程中的主要絮凝剂，通过与水中的悬浮物结合形成较大的絮体。

絮体的形成和增长过程包括絮体的碰撞、粘附以及重组，絮体的形成主要依赖于混凝剂的投加量、搅拌速度和水体的 pH 值。在快速搅拌阶段，混凝剂迅速分散到水体中，并与悬浮颗粒发生碰撞。碰撞频率高的条件下，絮体能够更快地形成。在慢速搅拌阶段，絮体通过粘附和重组不断增大，增加了沉降的可能性。以下是絮体形成和增长的一个简化公式，用于估算絮体的碰撞频率.

$$f = \frac{6\pi\eta r}{k_B T}$$

其中，f 为碰撞频率，η 为水的粘度，r 为颗粒半径，k_B 为玻尔兹曼常数，T

为绝对温度。此公式帮助理解不同条件下絮体碰撞频率的变化，并指导优化搅拌速度和混凝剂投加量。

在絮体的沉降阶段，沉降速度取决于絮体的大小、密度及水体的粘度。沉降速率通常通过斯多克斯定律来计算：

$$v = \frac{2}{9} \frac{r^2}{\eta} \frac{\rho_p - \rho_f}{\eta} g$$

其中，v 为沉降速度，r 为絮体半径，ρ_p 为絮体密度，ρ_f 为水体密度，g 为重力加速度，η 为水的粘度，该公式表明，絮体的沉降速度与其半径的平方成正比，与水的粘度成反比，较大的絮体和较高的密度能够使沉降速度加快。

表 5—3   不同絮体特性对沉降速度的影响

絮体大小 （mm）	絮体密度 （g/cm³）	水体粘度 （mPa·s）	沉降速度 （mm/s）
0.1	2	1	0.1
0.5	2	1	0.8
1	2	1	3.2
1	2	1.5	2.1

通过上述数据，能够观察到絮体的大小对沉降速度的显著影响，较大的絮体具有更快的沉降速度，而水体的粘度增加则会减缓沉降速度。

（四）影响混凝效果的因素

混凝效果的优化是一个多因素综合考虑的过程，其中水质特性、混凝剂的特性、pH 值、水温和搅拌条件等因素对混凝效果有着显著影响，每个因素在混凝过程中都扮演着重要的角色，影响着混凝剂的作用效率以及最终的水处理效果。

水质特性是影响混凝效果的基本因素，水体的浊度、有机物含量、悬浮物种类和浓度等特性会直接影响混凝剂的性能。高浊度的水体含有大量悬浮颗粒，需要更高的混凝剂投加量来有效地实现絮体的形成和去除。这是因为高浊度意味着水体中存在大量的颗粒物，混凝剂必须充分地与这些颗粒物接触，以形成足够的絮体。而在有机物含量较高的水体中，有机物会与混凝剂竞争，降低混凝剂与悬浮颗粒的结合能力，从而影响混凝效果，水中有机物的增加可能会导致混凝剂的需求量增加，从而增加处理成本。混凝剂的特性包括其类型、分子量、电荷密度等，直接决定了其在混凝过程中的表现。常用的混凝剂如硫酸铝、硫酸铁等无机混凝剂，其作用机制主要依赖于其水解产物的电荷状态。

这些水解产物能够有效地中和水中的负电荷颗粒,从而促进絮体的形成。与之相比,有机高分子絮凝剂如聚丙烯酰胺(PAM)具有不同的特性。PAM 根据其离子性质分为阳离子型、阴离子型和非离子型,其中阳离子型 PAM 对带负电的悬浮颗粒具有更强的吸附能力,而高分子量的 PAM 则能更有效地促进絮体的增长和沉降。高分子量的 PAM 能形成更大的絮体,因为其长链结构能够增强颗粒之间的交联作用,从而提高絮体的沉降速度和处理效果。混凝剂的水解产物在不同 pH 值下的电荷状态发生变化,影响其与水中悬浮物的相互作用,一般而言,混凝剂在酸性条件下(低 pH 值)通常带正电,这种情况下更容易与带负电的悬浮物结合,从而提高混凝效果。相反,在碱性条件下(高 pH 值),混凝剂的水解产物可能带负电或呈中性,降低了对负电悬浮物的吸附能力。因此,pH 值的调节对混凝剂的选择和使用有着直接的影响。在实际操作中,通过适当的 pH 调节,可以优化混凝剂的效果,从而提高处理效率。水温的变化会影响水的粘度,从而影响絮体的沉降速度。低水温条件下,水的粘度较高,导致絮体的沉降速度较慢,混凝效果可能会降低。这是因为较高的粘度增加了絮体在沉降过程中遇到的阻力,使得絮体更难以沉降。相反,水温较高时,水的粘度降低,絮体的沉降速度加快,有利于提高混凝效果。因此,在水处理过程中,调整和控制水温可以帮助优化混凝效果。搅拌条件,包括搅拌速度和时间,是混凝过程中的一个重要操作参数。快速搅拌有助于混凝剂的均匀分散和初步的絮体形成,而慢速搅拌则有利于絮体的进一步增长和稳定。搅拌速度过快可能会导致絮体的破碎,而搅拌速度过慢则导致混凝剂与悬浮颗粒的接触不充分,影响絮体的形成和沉降效果,通过优化搅拌条件,可以提高絮体的质量和沉降效率,从而提升整体的混凝效果。

(五)混凝工艺的优化与调控

混凝工艺的优化与调控其主要目标是提高混凝效果的同时降低处理成本,涉及多个方面的调整,包括混凝剂的选择、投加量的优化、pH 值的调节、搅拌条件的调整以及助凝剂的应用。每个方面的优化都需要结合实际水质特性进行详细的分析和调整。混凝剂的选择应基于具体的水质特性和处理目标,对于水体中悬浮物浓度较高且含有大量有机物的情况,阳离子型聚丙烯酰胺(PAM)通常是更好的选择,因为阳离子型 PAM 具有较强的吸附能力,能够有效地中和带负电的悬浮颗粒,从而形成较大的絮体。相比之下,对于低浊度和低有机物含量的水体,使用无机盐类如硫酸铝或氯化铁作为混凝剂往往能够提供足够的处理效果。无机盐在水中溶解后形成的胶体颗粒能够有效地聚集悬浮物,并促使其沉降。选择合适的混凝剂能够显著提高混凝效率,并且对水处理过程的整体表现产生积极影响。

投加量的优化通常通过实验室的小试和现场的中试来实现，在实验室小试阶段，通过调整不同混凝剂的投加量并观察其对水质的影响，可以确定在特定条件下的最佳投加量。中试阶段则是在更接近实际生产规模的条件下进行试验，以验证实验室结果的适用性。为了应对水质的变化，现代水处理设施还可以采用在线监测系统实时调整混凝剂的投加量。这种动态调节能力使得水处理过程能够更好地适应水质波动，从而保持稳定的处理效果。pH值的调节是混凝工艺中一个关键的控制因素，在水体pH值较低时，混凝剂的水解产物通常带有正电荷，这有利于与带负电的悬浮颗粒结合，从而提高混凝效果。当pH值偏高时，混凝剂的水解产物可能带有负电荷或呈中性，此时可能需要通过添加酸性物质来降低pH值，以改善混凝剂的性能。在实际操作中，精确控制pH值不仅可以优化混凝剂的效果，还能减少对后续处理步骤的负担，从而提高整体的水处理效率。搅拌条件的优化涉及搅拌速度和搅拌时间的调整。快速搅拌阶段有助于混凝剂的均匀分布，使其能够充分与水中的悬浮物接触，促进絮体的初步形成。而慢速搅拌则有助于已形成的絮体的进一步增长和稳定。在搅拌过程中，速度过快可能会导致絮体破碎，而速度过慢则导致混凝剂和悬浮物的接触不充分，优化搅拌条件是提高混凝效果的一个重要环节。合理的搅拌策略能够有效地促进絮体的形成与稳定，减少絮体的破碎风险，从而提高处理效果，添加助凝剂如聚氯化铝（PAC）和聚氯化铁（PFC）也可以提高混凝效果，助凝剂能够与主混凝剂协同作用，增强絮体的稳定性，改善其沉降性能，通过改善混凝剂的作用机制，进一步提高了水体的处理效果。在进行混凝工艺优化与调控时，还需要综合考虑处理成本和环境影响。选择具有较高性价比的混凝剂以及合理调整投加量能够有效降低处理成本，通过控制pH值和搅拌条件，能够减少化学污泥的产生，降低对环境的负担。全面优化混凝工艺不仅能够提升水处理效果，还能够在保障环境保护的前提下，实现经济和可持续的水处理目标。

第二节 地表水的沉淀、澄清处理

（一）沉淀池的类型与工作原理

沉淀池其设计和运行直接影响水体的净化效果。不同类型的沉淀池依据其结构和工作原理被广泛应用于各种水处理设施中，具体而言，沉淀池的主要类型包括平流式、竖流式、辐流式和斜板（管）沉淀池，每种类型都有其特定的应用场景和优势。平流式沉淀池是沉淀池中应用最广泛的一种形式，其设计使水流在池内沿水平方向流动，有助于均匀分布进水流量，减少短流现象，提升沉淀效率。平流式沉淀池通常由进水区、沉淀区、污泥区和出水区构成。在沉淀区，水流在重力作用下缓慢下沉，沉淀出悬浮固体。沉淀区的深度和长度对沉淀效果有着重要影响，通常深度在 3 到 5 米之间。长度则依据实际处理水量和沉淀效率要求来确定，以确保沉淀池能够有效处理进入的水量。竖流式沉淀池设计为水流垂直于水平面，适合于较小规模的水处理设施。这种设计方式使得水流通过沉淀池的垂直方向上升，从而提高沉淀效率。然而，竖流式沉淀池的占地面积较大，对水流的均匀分布要求较高，因此在实际应用中需要精确的设计和控制，以确保沉淀效果的稳定性。辐流式沉淀池（也称为中心进水沉淀池）通过将进水从中心引入，形成向外径向扩散的流动模式。辐流式沉淀池的设计有助于提升沉淀效率，因为径向流动可以减少污泥的再悬浮现象。这种沉淀池通常用于较大规模的水处理厂，在设计过程中，需要重点考虑水流的均匀分布和沉淀区的合理划分，以保证水流的稳定性和沉淀效果的提高。斜板（管）沉淀池则通过在沉淀区内设置斜板或斜管来增加沉淀面积，设计能显著提高沉淀效率，因为斜板或斜管能够加速悬浮物的沉降。斜板（管）沉淀池常用于需要高效沉淀的场合，其建设和维护成本较高，但由于其较高的沉淀效率，在许多现代水处理设施中得到广泛应用。在沉淀池的设计和运行中，需优化多个关键参数，包括沉淀时间、表面负荷、沉淀深度和污泥浓度等。沉淀时间，即水流在沉淀池中的停留时间，通常控制在 1 到 4 小时之间。这一时间段应根据水质特性和处理要求进行调整，以确保悬浮物能够有效沉降。表面负荷率是指单位沉淀池面积上的水量流速，通常在 20 到 50 立方米每平方米每小时范围内，直接影响沉淀池的处理能力和沉淀效果，需结合实际情况进行设计。沉淀深度则影响沉淀池的容积和沉淀效率，而污泥浓度则关系到污泥的处理和处置成本。

（二）悬浮颗粒在静水中的沉淀过程

悬浮颗粒在静水中的沉淀过程是一个复杂的物理现象，受到颗粒的物理属性、水体的流态以及环境条件的影响。颗粒的沉降速度在理论上可以通过斯托克斯定律进行计算，描述了球形颗粒在静水中沉降的基本规律，实际应用中，颗粒的形状和行为常常与理论模型存在差异，因此需要考虑更多的因素来准确预测和优化沉降过程。斯托克斯定律给出的沉降速度公式为：

$$v = \frac{2}{9} \frac{\rho_p - \rho_w}{\mu} g d^2$$

其中，v是沉降速度，ρ_p和ρ_w分别为颗粒和水的密度，μ是水的动力粘度，g是重力加速度，d是颗粒的直径，适用于球形颗粒，并假设水体是完全静止的。实际中，由于颗粒的形状不规则、颗粒间的相互作用以及水体的流动特性，沉降过程往往更加复杂。颗粒的非球形特性对沉降速度的影响较大，非球形颗粒通常具有较大的表面积和较复杂的沉降路径，使得实际沉降速度通常低于斯托克斯定律所预测的速度，片状或纤维状颗粒在沉降过程中会受到更多的水动力阻力，从而减缓其沉降速度，在实际应用中，需要对颗粒的形状和尺寸分布进行详细的分析，以调整沉降预测模型。水体中的湍流对颗粒的沉降过程有显著影响，湍流的存在使得水体内颗粒运动变得不规则，增加了颗粒的再悬浮几率，在沉淀池或沉降槽等水处理设施中尤为明显，通常需要对水体流态进行控制，如通过设置挡板、调整流速等方式来减小湍流对沉降过程的干扰。颗粒间的相互作用也是影响沉降速度的重要因素，颗粒在沉降过程中可能会发生聚集，形成较大的团块，这些团块的沉降速度通常高于单个颗粒，通过使用絮凝剂来加速。絮凝剂能有效地促进颗粒的聚集，形成更大的沉降团块，从而提高沉淀效率，在水处理过程中，常常通过化学絮凝剂的添加来改善沉降性能，并达到更好的水质净化效果。

为了进一步提高沉淀效率，常采用工程措施来优化沉降过程，增加沉淀池的深度可以提供更多的沉淀面积，允许颗粒在更长的时间内沉降。斜板沉淀池是一种常见的设计优化手段，通过设置斜板来增大沉淀面积，从而提高沉淀效率。

表 5—4　　　　　　　　　斜板沉淀池设计参数

参数	说明
沉淀池深度	增加沉淀时间
斜板角度	提高沉淀面积
斜板间距	优化沉淀流动
进水流速	控制沉淀效率

在进行沉淀池设计时，需要综合考虑参数，以实现最佳的沉淀效果，通过优化措施，可以显著提高沉淀效率，减少水处理过程中所需的设备体积和运行成本。

（三）澄清池的工作原理与类型

澄清池是水处理过程中重要的设施，用于去除水中悬浮颗粒和胶体物质，其工作原理依赖于颗粒的沉降和分离，通过不同的池型和设计参数来优化处理效果。根据不同的水质和处理需求，澄清池可以分为多种类型，如机械搅拌澄清池、水力循环澄清池和脉冲澄清池。机械搅拌澄清池主要依靠机械搅拌器在池中产生湍流，促使水中的悬浮颗粒与絮凝剂充分混合，从而形成较大的絮体，搅拌器的工作原理是通过旋转的叶轮产生的剪切力和流动作用，使颗粒与絮凝剂的接触更为充分，提高絮体的生成率。生成的絮体会在沉淀区域通过重力作用沉降到底部，清水则从上部排出。机械搅拌澄清池适合处理高浊度水体，但由于搅拌器的运转需要消耗较高的能量，导致运行成本相对较高，机械搅拌的设计需要考虑搅拌器的功率、搅拌速度以及搅拌区域的大小等因素。水力循环澄清池利用水力循环系统产生的上升流和下降流来实现水体的混合和分离，减少了对机械搅拌器的依赖，从而降低了能耗。水力循环澄清池通过在池底或侧面设置进水口，使水流沿着特定的流线运动，形成稳定的上升流和下降流。上升流帮助将颗粒悬浮在水中，而下降流则促使颗粒向下沉降。水力循环澄清池适用于中等浊度水体，其设计需要考虑水流的分布、流速以及池体的形状等因素，以确保良好的混合效果和沉降性能。脉冲澄清池通过周期性地向池中注入脉冲水流来产生湍流和涡旋，从而促进颗粒的絮凝和沉降，脉冲流动的设计能够有效地打破水体中的层流状态，使颗粒之间的接触更加充分，增强絮凝效果。脉冲澄清池适用于处理低浊度水体，具有结构简单、运行稳定的特点。其设计需要控制脉冲注入的频率和强度，以实现最佳的沉淀效果和节能效果。

表 5—5 澄清池设计参数

参数	说明
水力负荷	单位时间内每单位沉淀面积的水量，通常范围为 $3-6\ \mathrm{m^3/(m^2 \cdot h)}$
固体负荷	单位沉淀面积上处理的固体量，根据水质特性和处理要求确定
絮凝剂投加量	为促进颗粒聚集所需的絮凝剂量，需根据水体特性调节
搅拌强度	对于机械搅拌澄清池，需要设定适当的搅拌强度以优化混合效果

澄清池的设计还需要考虑其沉淀区的面积和深度，以确保有效的沉降和分离，沉淀区的设计涉及到沉淀池的几何形状和尺寸，包括池体的长度、宽度和深度，以及沉淀区域的分布情况。沉淀区的大小直接影响到澄清池的处理能力和沉降效率，因此需要进行详细的计算和优化。沉淀区面积的计算公式为：

$$A = \frac{Q}{H}$$

其中，A 为沉淀区面积，Q 为进水流量，H 为水力负荷。

沉淀池深度的设计应根据沉降速度和颗粒特性来确定，通过计算颗粒在沉淀池中的沉降时间，确定所需的沉淀池深度，以实现有效的颗粒去除。

（四）沉淀、澄清效果的评估方法

沉淀和澄清效果的评估通常依赖于多种指标来全面衡量水质改善的情况，以下是对评估指标及其测定方法的详细说明。浊度是衡量水体透明度的重要指标，反映了水中悬浮颗粒对光的散射程度。浑浊的水体含有较多的悬浮颗粒，浊度的测量通常使用浊度计进行，通过测量水样中的光散射程度来确定浊度值，单位一般为 NTU（Nephelometric Turbidity Units）。在水处理过程中，浊度的降低是评估沉淀和澄清效果的直接标志，通常期望达到浊度在处理后显著低于入水的水平。浊度的降低表明悬浮颗粒的去除效果良好，水体的清洁度得到提升。悬浮固体浓度（TSS，Total Suspended Solids）则提供了水体中固体颗粒总量的测定。悬浮固体浓度通常通过过滤和称重的方法来测量，将水样通过已知孔径的过滤器过滤后，干燥过滤后的固体残渣并称重，以计算其在水中的浓度。悬浮固体浓度的降低反映了颗粒物质的去除程度，对沉淀和澄清过程的评价尤为重要。颗粒大小分布可以通过激光粒度分析仪进行测定，该设备通过激光束穿透水样并分析散射光的强度来确定颗粒的大小分布。颗粒大小分布的分析帮助了解颗粒在水中的沉降特性，并评估混凝剂或絮凝剂的效果。较大的颗粒通常沉降更快，反映出絮凝过程的效果。显微镜观察进一步提供了对颗粒形态和聚集情况的详细了解，使用光学显微镜或扫描电子显微镜可以观察颗粒的形状、大小以及其在水中的聚集情况，有助于评估絮凝剂的效果，识别是否存在不良的颗粒聚集现象，或者是否有未完全絮凝的颗粒。微生物学分析通过培养和计数水中的微生物来评估水体的生物污染程度。通常使用培养基和显微镜计数法来确定细菌、藻类和其他微生物的浓度，对于评估水处理系统是否有效去除了微生物污染至关重要，有机物分析涉及对水中有机物含量的测定，常用的方法包括化学需氧量（COD）和生物需氧量（BOD）的测量。COD 测量水中所有可被氧化的有机物量，而 BOD 测量在一定时间内微生物对有机物的降解能力，有助于评估处理系统对有机物去除的效果。重金属含量测定则通过化学分析技术，如原子吸收光谱（AAS）或电感耦合等离子体质谱（ICP－MS），来测量水中重金属的浓度。重金属的去除效率是评估水处理系统是否有效去除有害污染物的重要指标。

（五）沉淀、澄清工艺的优化策略

沉淀和澄清工艺的优化需要综合考虑水质特性、处理目标、设备性能和运行成本等因素，有效的优化策略可以显著提高处理效果，降低运营费用，提升系统的整体性能，针对沉淀和澄清工艺的优化策略，涵盖了从絮凝剂选择到污泥处理的各个方面。絮凝剂的选择与投加量优化是提高沉淀和澄清效率的核心因素。絮凝剂的类型和投加量直接影响颗粒的絮凝效果。选择适合的絮凝剂需要考虑水体的化学特性和悬浮颗粒的性质。通过实验室的筛选试验（小试）和现场的中试，可以确定最佳的絮凝剂类型和投加量，优化的公式为：

$$D = \frac{V_{total}}{V_{sample}}$$

其中，D 为絮凝剂的投加量，V_{total} 为总的絮凝剂量，V_{sample} 为样品体积，适当的絮凝剂投加量可以有效促进颗粒的聚集形成较大的絮体，提高沉降效率。

搅拌条件包括搅拌速度和搅拌时间，对絮体的形成和颗粒的沉降有直接影响，搅拌速度过高或过低都可能导致絮体形成不理想，从而影响沉降效果。搅拌时间也需要根据水质特性和絮凝剂类型进行调整。优化的搅拌条件可以通过以下公式确定：

$$E = \frac{S}{T}$$

其中，E 为搅拌效果，S 为搅拌速度，T 为搅拌时间。合理的搅拌条件能够提高絮体的稳定性和沉降速度。

沉淀时间和沉淀深度的调整是提高颗粒去除率的有效方法，增加沉淀时间和沉淀深度可以提供更多的时间和空间供颗粒沉降，会导致设施占地面积的增加和运行成本的上升。沉淀时间和深度的计算需要考虑沉降速度和悬浮颗粒的浓度。沉淀池的深度　H　可以通过以下公式确定：

$$H = \frac{V}{A}$$

其中，V 为沉淀池的总体积，A 为沉淀池的底面积，增加沉淀池的深度和体积可以有效提升处理能力。

在实际应用中，通常先使用沉淀池去除较大的颗粒，利用澄清池进一步去除细小颗粒，组合使用的设计可以通过以下步骤优化：

1. 初级沉淀：使用沉淀池去除大部分较大颗粒，减少后续澄清池的负荷。

2. 精细澄清：利用澄清池进一步去除细小颗粒，提高水质。

在线监测与自动控制技术可以实时调整处理参数，提高系统的适应能力，通过在线监测水体的浊度、悬浮固体浓度等关键指标，结合自动控制系统，可以动态调整絮凝剂的投加量和搅拌条件。这种方法能够及时响应水质的变化，优化处理效果，通过以下公式来控制絮凝剂的投加量：

$$F = k \cdot C$$

其中，F 为絮凝剂的投加量，C 为在线监测得到的水质参数，k 为控制系数。

实时调整可以提高水质管理的灵活性和稳定性。

污泥处理与处置是优化沉淀和澄清工艺不可忽视的环节，优化污泥处理方法可以减少污泥体积和环境影响，同时回收其中的有用物质。污泥处理方法包括污泥浓缩、脱水和稳定化等。优化的污泥处理方法应考虑以下方面：

1. 污泥浓缩：通过重力沉淀或机械浓缩设备去除水分，减少污泥体积。
2. 污泥脱水：使用脱水设备进一步减少污泥的水分，提高处理效率。
3. 污泥稳定化：通过化学或生物处理方法稳定化污泥，减少其环境影响。

表 5—6   污泥处理参数

参数	说明
污泥浓缩率	浓缩后污泥的固体含量
脱水率	脱水后污泥的固体含量
稳定化处理时间	稳定化过程所需的时间

第三节　地表水的过滤处理

（一）过滤处理的目的与意义

过滤处理在地表水净化过程中通过去除水中的悬浮固体、微生物、藻类以及各种有机物质，显著提升水质，从而使水达到饮用或工业用水的标准，此过程不仅仅是为了提升水的感官特性，如降低色度和浊度，还具有重要的健康和环境保护功能。通过过滤，水中的悬浮颗粒物、细菌、病毒和其他潜在的有害物质被有效去除，从而减少了对人体健康的潜在威胁，现代过滤技术能够去除水中可能存在的病原体如大肠杆菌、溶藻蓝藻以及其他微生物，防止其对饮用水安全构成风险。除了提升水质和确保安全，过滤处理在降低消毒处理成本方面也发挥了积极作用，经过有效的过滤处理，水中的大部分悬浮物和颗粒物质已被去除，在后续的消毒处理中，所需的消毒剂量不仅降低了消毒剂的使用成本，还减少了消毒副产物的生成，从而降低了水处理过程中可能出现的环境和健康风险，过量的消毒副产物如三卤甲烷（THMs）和氯酸盐不仅会对环境造成负担，还可能对人体健康产生不利影响。因此，过滤的有效性在提高处理效率和降低相关风险方面显得尤为重要。

在过滤过程中，水中的色度和异味也得到显著改善，色度和异味的降低不仅使水质更加清澈透明，还能提升水的感官体验。这对于水源保护以及提升公共用水的接受度具有积极作用。特别是在处理高色度水源或存在明显异味的水体时，过滤技术的应用能够显著提升最终水质的感官特性，从而更好地满足消费者对饮用水的要求。另外，过滤技术在去除水中各种有机污染物方面也显示了其重要性，水中含有的农药、除草剂和其他有机污染物，在使用传统处理方法时难以完全去除，但通过高效的过滤技术，如活性炭过滤或膜过滤，有机物质可以被有效去除，从而提高水体的整体安全性和质量，过滤处理方式在处理受到农药、化肥污染的地表水时尤为有效，能够显著减少水中的有机污染物浓度，确保水体的安全和可用性。

（二）滤池的类型与构造

滤池的类型多样，各种滤池根据其过滤介质和结构特点具有独特的功能和应用场景，快滤池、慢滤池、砂滤池、活性炭滤池及膜滤池是其中的几种常见类型，每种滤池在不同的水处理需求下展现出其优势和适用性。

快滤池是一种高效的滤水装置，其主要特点是具有较高的过滤速度，通常在 $10-30$ m/h 的范围内运行，快滤池的设计包括进水配水系统、过滤介质层、承托层、排水系统和反冲洗设施。其过滤介质层通常由多层不同粒径的砂、砾石或其他材料构成，以确保水流的均匀分布和高效过滤。快滤池因其高流速和高处理能力，广泛应用于城市供水和大规模水处理场合，尤其适合水质变化较大的情况下，能够有效提高水处理的整体效率。慢滤池则以较低的过滤速度著称，通常运行在 $1-5$ m/h 的范围内，其设计适用于水质较好、不需要快速过滤的场景。慢滤池的过滤介质层较厚，不仅可以提供更高的过滤稳定性，还能够在较长时间内保持较好的过滤效果。慢滤池通常用于水质相对稳定的源水处理，其较慢的过滤速度使得其能够较好地处理水中的悬浮物和细小颗粒，同时保证了较高的水质稳定性。砂滤池作为过滤系统中的一种传统类型，其过滤介质主要由不同粒径的砂子组成。砂滤池的优点在于其过滤能力强，对大部分悬浮物和颗粒物有较好的去除效果。其设计通常包括一个砂层，下面有承托层来支撑砂层，并有进水、排水及反冲洗设施。砂滤池广泛应用于水质较为清澈的地表水处理和中水回用等场景。活性炭滤池利用活性炭的优良吸附性能，对水中的有机物、氯胺、异味等污染物进行去除。活性炭的微孔结构可以有效吸附水中的污染物质，从而改善水的味道和气味。活性炭滤池的构造与快滤池类似，但其过滤介质为活性炭颗粒，这使得其在去除有机污染物方面表现优异。活性炭滤池在处理水中有机污染物或难闻气味时尤其有效，常用于饮用水处理和工业废水处理的前期处理阶段。膜滤池是近年来发展较快的一种高效过滤装置，采用微滤、超滤或纳滤膜作为过滤介质，能够有效去除水中的微生物、病毒及部分有机物。膜滤池的构造包括膜组件、支撑层、进水和出水系统等，其膜组件通过膜的微小孔隙对水进行精细过滤。膜滤池能够提供高质量的出水，广泛应用于饮用水处理、高要求的工业用水以及再生水的深度处理。由于其高效的过滤性能，膜滤池可以在水处理过程中有效减少后续处理环节的负担，尤其在处理水中微细颗粒物和微生物时表现尤为突出。各类滤池在水处理中的应用和效果各有侧重，选择适当的滤池类型可以根据水质特征、处理需求以及成本效益等因素来决定，综合考虑不同滤池的特点和应用场景，有助于优化水处理过程，提高水质达标率，从而更好地满足各种用水需求。

（三）过滤过程的原理与机制

过滤过程涉及到水流的渗透、颗粒的拦截、沉积以及吸附等机制，在此过程中，水流经过过滤介质时，颗粒物质根据其尺寸、形状和密度被不同程度地拦截和去除。为了全面理解过滤过程的机制，必须深入探讨各个相关的物理和化学作用，当水流通过过滤介质时，颗粒的尺寸通常大于介质孔隙的直径，较大的颗粒会被截留在介质的表面或浅层区域，主要依赖于颗粒和孔隙的尺寸差异，过滤介质的孔隙结构和粒径分布对于颗粒的拦截效果有直接影响。深层过滤涉及颗粒在过滤介质内部的孔隙中沉积，在深层过滤中，颗粒不仅仅是被截留在表面，而是进入介质的内部孔隙进行沉积，机制与颗粒的粒径、形状及介质的孔隙结构密切相关。较小的颗粒能够进入介质的内部孔隙，经过多次的碰撞和沉积，最终被保留在介质内，提高了过滤介质的使用寿命，因为颗粒不仅在表面被捕捉，也在介质内部积累。吸附作用涉及到颗粒与过滤介质表面的物理或化学相互作用，颗粒与介质表面的相互作用可以通过静电引力、范德华力或化学结合等方式实现，活性炭滤池中，活性炭表面具有大量的微孔，不仅能拦截颗粒物，还能通过吸附作用去除水中的有机物和污染物。颗粒的大小、形状和密度都会影响过滤效果。一般而言，较大的颗粒较容易被拦截和去除，过滤效率较高。而较小的颗粒则可能需要更复杂的机制，如深层过滤或吸附，才能有效去除。过滤介质的特性也同样重要。介质的孔隙率、粒径分布和厚度对过滤效果有显著影响。孔隙率较高的介质能够容纳更多的颗粒，提供更大的过滤表面积。介质的粒径分布则决定了过滤层的多级过滤能力，厚度则影响过滤的深度和整体效率。

表 5－7　　　　　　　　　　　颗粒尺寸对过滤效率的影响

颗粒尺寸（μm）	过滤效率（%）
1－5	80－90
5－10	90－95
10－50	95－98
＞50	＞98

表 5－8　　　　　　　　　　过滤介质参数及其对过滤效果的影响

介质参数	影响
孔隙率	提高整体过滤表面积，增加深层过滤效果
粒径分布	决定多级过滤能力，提高细小颗粒去除率
厚度	增加过滤深度，提升整体处理能力

（四）影响过滤效果的因素

过滤效果的优化涉及多方面的因素，包括进水水质、过滤介质特性、过滤速度、水力条件和反冲洗策略，每个因素在过滤过程中其综合影响决定了过滤系统的整体性能和效率。进水的浊度、悬浮物浓度、颗粒大小分布和化学成分都会直接影响过滤过程，浊度高的进水意味着水中悬浮物浓度较高，要求过滤系统具备更强的处理能力，以应对较高的污染负荷。颗粒大小分布的变化则会影响过滤的难度和效率，较小的颗粒需要更细的介质或更高的过滤精度才能有效去除，进水中的化学成分，如有机物和化学污染物，也影响过滤介质的吸附能力和整体处理效果。介质的粒径、孔隙率、均匀性和厚度是决定过滤效果的重要参数，较小的介质粒径通常能提供更高的过滤精度，但同时也导致较大的水头损失。介质的孔隙率越高，可以提供更大的过滤表面积，增强过滤能力，但也会引起水流的分布不均匀。介质的均匀性和厚度对过滤性能的稳定性也有显著影响，厚度较大的介质层可以提高过滤深度，延长介质的使用寿命，从而提升整体过滤效率。较高的过滤速度可以提高生产效率，缩短处理时间，但过快的速度可能会导致过滤介质表面颗粒的压实，从而降低过滤效率，过滤介质表面的颗粒累积导致过滤通道的堵塞，减少水流量并影响过滤效果，过滤速度的选择需在效率和过滤效果之间找到平衡点，以确保系统的稳定运行。水力条件，包括水流的分布均匀性和流态，对过滤效果也有重要影响。不均匀的水流分布导致短流现象，即部分区域的过滤介质未能充分利用，从而降低整体过滤效率。流态的变化，如紊流和层流状态，也会影响颗粒的沉积和介质的负荷情况，合理设计进水配水系统和优化流态对提升过滤效果至关重要。有效的反冲洗可以去除过滤介质表面的污物，恢复其过滤性能，反冲洗过程通常包括反向流动的水流将附着在介质表面的颗粒物和沉积物冲洗掉，从而保持介质的清洁和过滤效率。合理的反冲洗频率和强度需要根据过滤介质的类型和进水水质的变化进行调整，以确保滤池在长期运行中的稳定性和可靠性。

表 5-9 过滤效果影响因素及调整建议

影响因素	影响描述	调整建议
进水水质	高浊度、悬浮物浓度及颗粒大小分布影响过滤难度	提高过滤介质的精度和处理能力，增加预处理阶段
过滤介质特性	粒径、孔隙率、均匀性和厚度影响过滤效率	选择适当的介质粒径和厚度，优化介质的孔隙结构
过滤速度	高速度提升效率但可能降低过滤质量	在效率与效果之间找到平衡，避免过快的过滤速度
水力条件	水流分布不均和流态影响过滤均匀性	设计合理的进水配水系统，优化流态设计
反冲洗策略	影响介质表面清洁和过滤性能	定期调整反冲洗频率和强度，确保介质的有效清洁

（五）过滤工艺的优化与维护

过滤工艺其优化与维护直接影响到水质的稳定性和处理效率，为了提高过滤系统的运行效能，必须对过滤工艺进行精细化管理，确保其在处理过程中达到最佳状态。优化过滤工艺的关键在于正确选择滤料及其层次结构，滤料的选择需考虑其对颗粒物的捕集能力、耐磨性以及流体动力学性能。常用滤料包括砂滤料、活性炭、陶瓷膜等。每种滤料都有其特定的适用范围，砂滤料广泛应用于去除较大颗粒的悬浮物，而活性炭则有效去除有机物和氯。根据地表水的水质特征，优化滤料组合可以显著提高过滤效率。在实际应用中，滤料的层次结构也需进行合理设计，多层滤料床通常能提供更好的过滤效果，典型的多层滤床由粗砂、细砂和活性炭三层组成，能够有效去除不同粒径的悬浮物和溶解性有机物。

表 5－10   多层滤床中滤料的应用情况及其参数

滤料类型	层厚（cm）	颗粒直径范围（mm）	过滤效率（%）
粗砂	30	1.0－2.0	85
细砂	20	0.5－1.0	90
活性炭	15	0.2－0.5	95

过滤器的流量需根据滤料的类型和设计参数进行调整，以避免过流造成的过滤效果下降，通过精确控制进水流量和过滤速度，可以避免滤料的过度磨损和堵塞现象。计算过滤速度的公式为：

$$v = \frac{Q}{A}$$

其中，v 为过滤速度（m/s），Q 为进水流量（m^3/s），A 为滤床面积（m^2）。对于砂滤池，常见的过滤速度范围为 0.1－0.3 m/s。

为了确保过滤工艺的高效运行，定期的维护和清洗也是不可或缺的，滤料的更换周期和清洗频率应根据水质条件和过滤效果来确定。一般来说，滤床的清洗应在滤料出现明显的堵塞迹象或运行压力显著升高时进行。清洗方法包括反冲洗、化学清洗等。反冲洗过程中，应保持足够的反冲洗水流量，以彻底清除滤料上的杂质。化学清洗则针对难以去除的污染物，使用合适的化学药剂，如氢氧化钠或酸溶液进行处理。

表 5－11   滤床清洗的具体操作步骤和参数

清洗方法	过程参数	说明
反冲洗	水流量：20－30 L/min/m^2	清除滤料表面沉积物
化学清洗	药剂浓度：1－2%	处理难以去除的污染物
	清洗时间：30－60 min	确保药剂充分反应

优化与维护过滤工艺通过实时监测过滤系统的流量、压力、浑浊度等参数，可以及时发现系统运行中的异常情况，并采取相应的调整措施。数据记录和分析有助于发现潜在问题，如滤料的老化、流量不均等，进而指导滤料的更换和系统调整。在优化过滤工艺的同时，还需关注过滤系统的能耗问题，通过优化过滤速度和清洗周期，可以有效降低能源消耗。此外，采用节能设备和技术，如高效泵和低能耗反冲洗系统，也有助于减少运行成本。

第四节　地表水的消毒处理

(一) 消毒的目的与意义

消毒是确保供水安全的核心环节，其主要目标是有效地杀灭或灭活水中的病原微生物，包括细菌、病毒、原生动物和孢子等，以防止水源性疾病的传播，水中的微生物种类繁多，其中某些细菌如大肠杆菌、霍乱弧菌、结核分枝杆菌等，在水体中生存并引发严重的健康问题。病毒如诺如病毒、肝炎病毒也能通过水传播，导致胃肠炎、肝炎等疾病。此外，原生动物如贾第虫、隐孢子虫和锥虫等也是水传播疾病的重要病原体。孢子类微生物，如炭疽芽胞杆菌的孢子，则能够在恶劣环境下长期存活，增加了水源性疾病的传播风险，实施有效的消毒措施对于保障饮用水安全至关重要。

消毒不仅能消除水中的微生物，还能显著提高水在输送和储存过程中的生物稳定性，经过消毒的水在管网输送过程中，能够抑制微生物的再生长，防止管道内微生物的繁殖，对于长距离输水系统尤为重要。储水过程中，适当的消毒处理能够减缓水质的变质，延长水的保质期。水处理过程中采用不同的消毒方法，如氯化、臭氧化、紫外线照射等，每种方法都有其独特的优势和局限性。氯化是最常用的消毒方法，其高效杀菌能力和较低的成本使其成为水处理的标准选择。然而，氯化也存在一些潜在问题，如氯化副产物的生成可能对健康产生不利影响。因此，现代水处理技术常常结合使用不同的消毒方法，以优化消毒效果并降低副产物的生成。紫外线消毒是一种无化学添加的消毒方式，其通过紫外线照射破坏微生物的 DNA，达到灭活目的。其优点在于消毒过程不产生副产物，但对于水质的浑浊度有一定要求，且不能去除水中的化学污染物。臭氧化则是一种强氧化性的消毒方法，通过产生臭氧对水中的有机物和病原微生物进行氧化处理。臭氧的半衰期较短，因此需要现场产生和处理，且臭氧本身在水中不能持续存在。为了综合利用各种消毒方法的优点，许多现代水处理系统采用多级消毒工艺，例如在初步处理阶段使用氯化以去除大部分微生物，然后通过紫外线或臭氧化进一步消毒，以确保最终水质的高安全性。在实际应用中，消毒效果的评估不仅依赖于消毒剂的种类和剂量，还受到水质参数如 pH 值、温度和浑浊度等因素的影响。水质的变化可能导致消毒剂的效率降低，因此需要根据实时监测数据动态调整消毒策略。对于氯化消毒，常通过测定余氯浓度来监控消毒效果，并根据需求调整氯的投加量。对于紫外线消毒，则需要监测紫外线的强度和照射时间，确保达到预期的消毒效果。臭氧化过程中，臭氧的浓度和接触时间是关键参数，需通过精确控制设备来保证消毒效果。消毒不仅仅是一个技术问题，更涉及公共健康的管理和保障。在许多国家和地区，水质标准和法规明确了消毒的要求，以保护公众免受水传播疾病的威胁，法规通常包括消毒剂的使用标准、消毒效果的监测要求以及对消毒副产物的限制，有助于规范消毒实践，提升水处理系统的整体效能。

（二）消毒剂的种类与选择

在选择消毒剂时，需要综合考虑水源特性、期望的微生物去除效果、经济成本以及对环境的影响，各种因素相互关联，并且在实际应用中，各种消毒剂在不同条件下的表现差异明显。氯是最为常用的消毒剂之一，得益于其价格低、供应广泛、易于储存和运输，并能在水中形成持续的消毒效果。其消毒机制是通过与微生物的细胞壁反应，破坏其细胞功能。然而，氯也会与水中的天然有机物反应，生成潜在的有害副产物，如三卤甲烷（THMs），对健康和环境构成威胁。因此，在含有大量有机物的水源中，需控制氯的使用量和接触时间，以减少副产物的形成。臭氧表现出极高的氧化能力，其分子结构使其能够迅速破坏复杂的有机污染物，同时能有效消除味道和颜色问题，高效的氧化能力使其成为处理高污染水源的理想选择，臭氧的成本较高，且由于其不稳定性，必须在使用点生成，并迅速使用，增加了操作复杂性，臭氧不能形成持续的消毒残余，因此在某些应用中，需要与其他消毒剂联合使用，以确保输送管网中的水质安全。二氧化氯具有比氯更强的氧化能力，能有效灭活微生物并分解有机污染物，且与水中有机物反应生成的副产物相对较少，二氧化氯在水中稳定性较高，因此能够保持较长时间的消毒效果。特别是在处理含有藻类或产生异味的水体时，二氧化氯展现出明显的优势。然而，其生成过程较为复杂，需要在现场进行，因此对设备和操作要求较高，同时其使用成本也较高。紫外线（UV）消毒则是一种物理消毒方法，通过破坏微生物的 DNA 结构，抑制其繁殖能力。紫外线的优势在于其无化学添加物，消毒过程不会产生任何化学残留，因而不会形成有害副产物，适用于处理要求较高的饮用水或需要避免化学污染的水源。然而，紫外线消毒的效果依赖于水的透光性，水中悬浮物和浑浊度会削弱其消毒效果，紫外线设备需要定期清洁和维护，以确保灯管输出的紫外线强度足够维持有效消毒。设备维护不当或灯管老化会显著降低消毒效果。

表 5－12　　　　　　　　　常用消毒剂的特性比较

消毒剂	优势	劣势	应用条件	副产物生成
氯	成本低廉、易于储存和运输	产生有害副产物如三卤甲烷	适用于大多数水源	需控制用量和接触时间
臭氧	氧化能力强，能有效去除有机物	成本较高，现场生成，无法储存	适用于高污染水源	无持续消毒效果
二氧化氯	强氧化能力，较少副产物生成	成本较高，需现场生成	适用于去除异味及藻类的水源	稳定性高，能提供持续消毒
紫外线	无化学残留，物理消毒	设备维护成本高，浑浊水效果差	适用于高质量饮用水处理	无副产物生成

在确定具体消毒剂使用量时，可采用以下公式估算所需剂量：

$$C_t = \frac{C_0}{k} \times t$$

其中，C_t 表示在接触时间 t 后的剩余消毒剂浓度，C_0 为初始消毒剂浓度，k 为消毒剂的衰减系数，t 为消毒剂与水接触的时间。通过调整消毒剂的投加量和接触时间，可以在保证水质安全的前提下，优化消毒过程，降低成本并减少副产物的生成。

（三）消毒工艺的流程与操作

消毒工艺通常包括预处理、消毒剂的投加、混合、接触时间和后期处理等步骤，每个步骤的设计和操作直接影响水质的安全性和消毒效果。在实际应用中，预处理通常是消毒工艺的起点，目的是通过去除水中的悬浮物、胶体和部分有机物，提高后续消毒剂的作用效率。常见的预处理工艺包括絮凝、沉淀和过滤，不仅能够显著降低水的浊度，还能减少有机物含量，从而减少消毒剂的投加量，避免过多的消毒副产物形成。絮凝过程中，常添加的絮凝剂如聚合氯化铝或硫酸铝，通过电荷中和和桥架作用，使水中的细小悬浮颗粒凝聚成较大的絮体，便于后续的沉淀和过滤处理。过滤则通过多孔介质截留水中的颗粒物，进一步降低水的浑浊度。消毒剂的投加量应根据水质特性、处理目标和法规要求进行精确计算，不同的水质对消毒剂的需求不同，污染物浓度较高的水源通常需要更多的消毒剂，而较为清洁的水则可以使用较低剂量的消毒剂，投加量的计算可以通过以下公式进行：

$$D = \frac{C_t - C_0}{V}$$

　　其中，D 为所需的消毒剂投加量，C_t 为目标消毒剂浓度，C_0 为初始水中的消毒剂浓度，V 为水的体积。投加量避免过量消毒剂导致的水质问题，如异味、味道异常或副产物生成。投加后，混合过程是确保消毒剂与水充分接触的关键步骤。常见的混合方法包括机械搅拌和水流湍流，两者都可以有效地提高消毒剂的分散效率。机械搅拌设备可以通过桨叶高速旋转，使消毒剂迅速均匀地分布于水中，而水流湍流则是利用管道中的压力和水流速度变化，形成自然的混合效果。在设计混合设备时，必须考虑水量、流速以及消毒剂的物理化学性质，以确保混合过程的充分性和有效性。接触时间通常由水质、消毒剂类型以及处理要求来确定，如氯在水中的接触时间需要达到一定阈值，才能确保水中的病原微生物被有效灭活。接触时间与消毒效果之间的关系可以通过 CT 值来衡量，CT 值表示消毒剂的浓度（C）与接触时间（T）的乘积。

$$CT = C \times T$$

　　在此公式中，C 表示消毒剂的浓度，T 表示接触时间，为了达到理想的消毒效果，必须保证 CT 值在一定范围内，通常根据水中污染物的种类和数量来决定最佳的 CT 值。接触时间的设计取决于水处理厂的布局、消毒池的大小和水的流速等因素。较长的接触时间可以提高消毒效果，但可能会增加处理成本和占地面积，因此需要合理平衡。后期处理步骤通常包括 pH 调节和余氯的去除，在某些情况下，消毒剂的投加可能导致水的 pH 值发生变化，这可能影响水质的感官特性或导致管道腐蚀，因此需要通过添加碱性或酸性物质来调节水的 pH 值。通常使用石灰或二氧化碳来调节 pH 值，以确保水质符合标准。余氯的去除也是后期处理中的一个重要步骤，特别是在水中氯含量过高时，可能对人体健康产生不利影响。因此，在消毒过程结束后，可以通过添加还原剂如硫代硫酸钠或活性炭来去除过量的余氯，以确保水质安全和用户体验。

表 5－13　　　　　　　　　各个消毒工艺环节的特性和要求

工艺环节	目的	主要方法	影响因素
预处理	去除悬浮物、降低浊度、减少有机物	絮凝、沉淀、过滤	水中悬浮物和有机物的含量
消毒剂投加	确保微生物灭活	精确计算投加量，自动控制系统	水质、处理目标、法规要求
混合	保证消毒剂与水充分接触	机械搅拌、水流湍流	水量、流速、消毒剂性质

续表

工艺环节	目的	主要方法	影响因素
接触时间	确保消毒剂与水作用时间足够长	CT 值控制，消毒池设计	水质、消毒剂类型、设备设计
后期处理	调节 pH 值，去除余氯	pH 调节、还原剂处理、活性炭过滤	投加量、消毒剂副产物生成

通过对消毒工艺中每个环节的精细化设计和控制，可以确保水质的安全性和稳定性，同时最大限度地减少副产物的生成和成本的增加。在实际操作中，精确的消毒剂投加、合理的混合和接触时间的控制，以及后期处理的有效执行，都是保障消毒效果的关键因素。

（四）消毒效果的评估方法

消毒效果的评估通常通过微生物指标来监测水中病原体的去除效果，常用的微生物指标包括总大肠杆菌群、粪大肠杆菌群、隐孢子虫等，这些微生物被广泛认为是水质污染和公共健康风险的主要指标。在水处理过程中，通过对微生物群体的数量变化进行监测，可以有效评估消毒工艺的效果。大肠杆菌群作为指示性微生物，广泛用于评估饮用水中病原体的存在与否，其数量变化与消毒工艺的效果呈现直接相关性。隐孢子虫等微生物则因其较高的抗氯能力，成为高级水处理系统中特别关注的对象。在实验室条件下，评估水中的微生物指标通常采用多种测试方法，膜过滤法特别适用于检测水中总大肠杆菌群等较大微生物的存在，该方法通过将一定体积的水样通过滤膜，随后将滤膜置于培养基上进行培养，培养后的微生物菌落数可直接反映水样中的污染物含量。方法的灵敏度高，特别适合低浓度微生物的检测，但其缺点是操作相对复杂，培养过程耗时长。对于一些难以培养的微生物，如隐孢子虫，常采用免疫荧光显微镜法进行检测。此法通过荧光标记的抗体与隐孢子虫表面抗原特异性结合，借助荧光显微镜观察显色反应，从而确定微生物的存在与数量。多管发酵法，主要用于检测水中的大肠杆菌群。该方法通过在多管培养体系中添加一定体积的水样，经过一段时间的培养，根据气体产量或酸生成情况，来评估水样中的微生物污染程度，在操作上相对简单，成本较低，但检测周期较长，通常需要数天的培养时间，且对某些特定微生物的灵敏度不高。酶联免疫吸附测定（ELISA）用于检测水中微生物或其抗原的技术，ELISA 的原理是通过抗体和抗原的特异性结合反应，借助酶催化的显色反应来定量检测微生物含量，该方法的优势在于可以快速、准确地检测微生物的存在，特别适用于检测隐孢子虫等较难检测的微生物。然而，ELISA 设备和试剂的成本相对较高，在实际操作中，往往被用于水处理系统的关键监测点，而非日常常规检测。除了实验室的复杂测试方法，现场快速测试技术的应用也越来越广泛，尤其是在应急处理或日常监测中。便携式仪器是常用的现场检测工具之一，能够快速提供水中微生物污染的初步评估。便携式 ATP（腺苷三磷酸）生物发光仪是常见的一种设备，利用水中生物体代谢活动产生的 ATP，借助生物发光反应，快速评估微生物活性。ATP 生物发光法不仅能够检测微生物的总活性，还可以结合其他参数，如余氯浓度和 pH 值，提供更加全面的消毒效果评估结果。试纸条检测适用于水处理过程中对消毒剂残留的监控。对于大肠杆菌等细菌污染的检测，试纸条通常涂有特定的化学指示剂，能够在短时间内显示水样中是否存在微生物污染，方法操作简便、成本较低，特别适用于现场操作人员快速评估水处理效果。然而，其缺点是灵敏度相对较低，检测结果只能提供初步的污染判断，不能精确量化水中的微生物含量。此外，在评估消毒效果的过程中，还需要考虑消毒副产物的生成，氯化消毒过程中可能生成三卤甲烷（THMs）等消毒副产物，对人体健康有不良影响，除了确保微生物指标达标外，消毒工艺还需通过合理控制投氯量、接触时间和水质参数，减少副产物的生成。

表 5-14　　　　　　常见的消毒效果评估方法及其优缺点

评估方法	适用微生物	优点	缺点
膜过滤法	总大肠杆菌、粪大肠杆菌	灵敏度高，适合低浓度检测	操作复杂，培养时间长
多管发酵法	大肠杆菌	操作简便，成本较低	检测周期较长，灵敏度不高
ELISA	隐孢子虫、贾第鞭毛虫	准确快速，适用于难培养微生物	成本较高，操作需专业设备
ATP 生物发光法	所有活性微生物	快速检测微生物活性	结果为总活性，不能区分具体微生物
试纸条检测	大肠杆菌	操作简单，成本低	灵敏度低，仅能提供初步评估

（五）消毒工艺的安全与管理

消毒工艺的有效性在于其严格的安全管理体系，不仅体现在工艺流程中的各个环节，还涉及到消毒剂的储存、处理、使用以及设备的运行维护等多个方面。消毒剂的储存是确保其化学性质稳定和安全使用的基础。不同的消毒剂对储存环境的要求存在较大差异，如氯气通常以液态储存在加压容器中，必须在通风良好、干燥且远离火源的地方储存，以防止发生泄漏或爆炸事故。臭氧作为一种不稳定的强氧化剂，需在现场制备，且不能长时间储存，要求配备专门的制备设备并实施即时应用。二氧化氯虽然相对稳定，但也需在避光、干燥的环境下存放。紫外线消毒设备则需要定期检查灯管的辐射强度，并确保设备工作时环境的洁净度。除了储存条件的严格要求，消毒剂的处理和使用同样需要特别注意，操作人员在使用消毒剂时，必须穿戴合适的个人防护装备，如手套、护目镜、防护服等，以避免直接接触消毒剂引发的皮肤灼伤或呼吸系统伤害。为了防止误操作引发事故，消毒剂的使用必须遵循标准化操作规程，并确保每次投加剂量的精确控制。采用自动化控制系统可以进一步减少人为操作失误，提高消毒剂的投加精度。自动化系统通过在线监测水质参数（如 pH 值、浊度和微生物含量）自动调节消毒剂投加量，确保水质持续稳定。同时，系统能够在发生异常情况时自动报警，为操作人员提供及时的干预机会。所有操作人员必须经过严格的岗前培训，熟悉各类消毒剂的性质、使用方法以及应急处理程序，不仅可以确保他们在日常操作中正确、安全地使用消毒剂，还能够在出现紧急情况时，采取正确的应对措施，最大限度地降低事故风险，在处理氯气泄漏事故时，操作人员必须迅速撤离泄漏区域，穿戴防毒面具，并立即启动应急通风系统以稀释空气中的氯气浓度。消毒设备的运行状况直接影响消毒剂的投加效果，从而决定了整个消毒工艺的有效性，设备维护包括对投加装置、管道、阀门的定期检查，确保无泄漏和堵塞现象，对于臭氧或紫外线等需要定期更换零部件的设备，操作人员应严格按照设备维护手册的要求，定期更换关键部件，防止因设备故障导致消毒失效。消毒后的水质必须符合相关的国家或地方标准，通常包括微生物指标、余氯浓度、浊度、pH 值等参数。水质监测的频率和方法应根据水源的特性和消毒工艺的要求进行设定。一般来说，大型供水系统会配备多点在线监测设备，实时监控水质变化并自动记录数据。当水质参数超出预设的安全范围时，系统会自动报警，提示操作人员进行必要的调整。此外，定期的水样检测也是评估消毒工艺长期效果的有效手段。

在消毒工艺中，二次污染通常发生在消毒后的水在管道系统中的输送过程中，由管道老化、腐蚀或细菌滋生引发，为了防止二次污染，供水系统的管道应定期进行清洗和消毒处理。此外，供水设施（如水箱、储水罐）也需定期检查与清洗，以确保其内部无泥沙沉积或细菌滋生。对于高风险区域，特别是老旧管网或供水末端，还应定期进行管道冲洗，以减少水质下降的风险。为应对突发事件，制定和实施应急预案是供水系统安全管理的必要措施，应急预案通常包括应对消毒剂泄漏、设备故障、供水中断等情况的详细操作流程，在氯气泄漏事件中，应急预案应包括立即关闭泄漏源、启动排风系统、疏散人员、紧急救援等措施。应急预案的有效性依赖于定期的应急演练，通过模拟突发事件提高操作人员的应急处置能力。应急预案不仅要考虑消毒工艺中的安全风险，还需涵盖供水系统整体的安全保障措施。

表 5－14　　　　　　　　　常见消毒剂的储存和操作要求

消毒剂	储存条件	处理方式	操作人员防护
氯气	加压容器，远离火源，通风	自动投加系统，防止泄漏	防毒面具，手套，护目镜
臭氧	现场制备，避光，远离易燃物	即时制备和使用，需定期检查	佩戴防护装备，避免吸入
二氧化氯	避光储存，干燥环境	按需投加，严防过量	手套，防护服，护目镜
紫外线设备	定期检查灯管辐射强度	保持环境洁净，定期更换灯管	无需化学防护，防止光辐射

第六章　地下水及特殊用水处理技术

第一节　地下水除铁、除锰与除氟

（一）地下水除铁、除锰技术概述

铁和锰的去除过程通常涉及氧化和沉淀两个主要步骤，在氧化过程中，二价铁（Fe2）和二价锰（Mn2）通过氧化剂的作用转化为三价铁（Fe3）和四价锰（MnO），这两种形式的金属离子在水溶液中不溶解，易于沉淀和过滤去除。氧化剂的选择和使用量是影响氧化效率的关键因素，常见的氧化剂包括氯、臭氧和高锰酸钾等。在设计除铁、除锰工艺时，需要综合考虑地下水的原始化学成分和物理特性，如地下水中的有机物含量可能影响氧化剂的消耗量和氧化效率，而水中的碳酸盐硬度则可能影响沉淀物的形成和稳定性。为了提高处理效率，通常需要通过调节 pH 值来优化沉淀条件。pH 值的调整可以通过添加酸或碱来实现，其目标是形成稳定的沉淀物，同时避免对水生生物和管道材料产生不利影响。

表 6—1　　　　　地下水中铁、锰浓度与处理工艺选择的关系

铁浓度（mg/L）	锰浓度（mg/L）	推荐处理工艺
<0.3	<0.1	无需特殊处理
0.3—1	0.1—0.5	曝气—沉淀
1—5	0.5—2	化学氧化—沉淀
>5	>2	高级氧化—深度过滤

在处理工艺中，曝气是提高溶解氧（DO）浓度的有效方法，有助于促进铁和锰的氧化。根据亨利定律，气体在液体中的溶解度与其分压成正比，因此，通过增加空气或氧气的流量，可以提高水中的 DO 浓度。DO 的浓度通常需要维持在 2mg/L 以上，以确保氧化反应的进行。

$$DO = k \times P_{O_2}$$

其中，DO 表示溶解氧浓度，P_{O_2} 表示氧气的分压，k 是亨利定律常数。

在氧化过程中，氧化还原电位（Eh）反映了水体中氧化剂和还原剂的相对浓度，Eh 的值通常需要维持在 $300-500mV$ 以上，以确保铁和锰的有效氧化。Eh 的测量可以通过氧化还原电位计进行，能够实时监测水体的氧化还原状态。

$$Eh = E_0 + \frac{2.303 \times RT}{nF} \times \log_{10} \frac{O_X}{Red}$$

其中，E_0 表示标准电极电位，RT 是气体常数乘以温度，n 是电子转移数，F 是法拉第常数，O_X 和 Red 分别表示氧化剂和还原剂的浓度。

在实际应用中，除了上述化学参数外，还需要考虑水体的物理特性，如温度和流速，温度的升高可以加快化学反应的速率，但同时影响沉淀物的稳定性。流速的控制则有助于确保足够的反应时间和沉淀物的沉降。通过在线监测设备，可以实时监测 Fe2/Mn2 浓度、DO、Eh 和 pH 值等关键参数，数据的实时反馈可以帮助操作人员及时调整处理工艺，以应对水质的波动和变化。在实际工程中，除铁、除锰工艺的设计和优化需要综合考虑多种因素，包括成本、效率、环境影响和操作便利性。通过选择合适的氧化剂、调节 pH 值、控制 DO 浓度和 Eh 值，以及实施有效的水质监测和过程控制，可以有效地去除地下水中的铁和锰，确保供水的安全性和稳定性。

（二）除铁、除锰的常用方法与工艺

地下水除铁、除锰技术有多种，选择合适的工艺主要取决于水质特性、处理规模和经济成本，常见的除铁、除锰方法包括曝气氧化法、接触氧化法、化学氧化法、离子交换法等，以下是常用工艺的详细介绍：

1. 曝气氧化法

曝气氧化法作为一种有效的水处理技术，其核心在于通过曝气过程增加水中的溶解氧，以促进铁和锰离子的氧化沉淀，该技术在地下水处理领域中尤为常见，特别是在铁、锰含量较高的地区。在实际应用中，曝气氧化法的效率和效果受到多种因素的影响，包括 pH 值、溶解氧浓度以及曝气方式等。

在低温条件下，水的溶解氧能力降低，需要通过增加曝气量或延长曝气时间来补偿溶解氧的不足，如当水温低于 10 摄氏度时，曝气量需要增加 20% 至 30% 以保持相同的氧化效率。在 pH 值较低的情况下，铁和锰的氧化速率会加快，但过低的 pH 值可能会对水处理设施造成腐蚀，因此需要通过调节 pH 值来平衡氧化效率和设备安全。在曝气过程中，溶解氧的浓度直接影响到铁和锰离子的氧化速率。根据亨利定律，气体在液体中的溶解度与其分压成正比，通

过增加氧气的分压，可以提高溶解氧的浓度，从而加速氧化反应。在实际设计中，通常采用的气水比为 3：1，意味着每 1 体积的水需要 3 体积的空气来保证足够的溶解氧供应。鼓风曝气和喷淋曝气是两种常见的曝气方式，鼓风曝气通过空气压缩机将空气送入水中，具有较高的氧气传递效率，适合于大规模的水处理系统。而喷淋曝气则通过喷头将水喷成细小的水滴，增加水与空气的接触面积，适用于小型或中型的水处理系统。在设计曝气池时，需要综合考虑气水比、接触时间以及水流方式，一个典型的曝气池设计会考虑到这些因素，以确保氧化反应的充分进行，如表 6－2 所示不同气水比下的氧化效率对比，通过数据可以优化曝气池的设计，以达到最佳的处理效果。

表 6－2   不同气水比下的氧化效率对比

气水比	氧化效率（%）
2：01	60
3：01	80
4：01	85

一般来说，曝气时间设置在 10 到 20 分钟之间，以确保铁和锰离子有足够的时间与溶解氧反应。然而，曝气时间过长会导致氧气的浪费，因此需要根据实际情况进行调整。在实际的水处理过程中，通过监测水中的溶解氧浓度、铁和锰的浓度以及 pH 值等参数，来评估曝气氧化法的效果。通过数据可以及时调整曝气量、曝气时间和 pH 值，以确保水处理过程的稳定性和效率。

2. 接触氧化法

接触氧化法其核心在于利用催化剂表面促进铁和锰离子的氧化过程，与曝气氧化法相比，接触氧化法通过在过滤介质表面附着催化剂，如氧化铁和氧化锰，来加速 Fe^2 和 Mn^2 的氧化反应，技术的优势在于其较小的占地面积、快速的反应速度以及对水质变化的强适应性。在接触氧化池的设计中，填料通常选用石英砂或锰砂，不仅具有较大的比表面积，而且化学性质稳定，有利于提高氧化效率。装填高度一般控制在 1.5 至 2 米之间，以保证水流与填料充分接触，从而提高氧化反应的效率。在反应池中，溶解氧浓度应维持在 3－4mg/L，浓度范围能够确保有足够的氧气供应，以支持铁和锰的氧化反应。pH 值通常将其控制在 7.0 至 8.0 之间，在 pH 范围内，氧化反应的速率较快，同时可以避免对水处理设施造成腐蚀。在接触氧化过程中，当接触时间达到 15 分钟时，铁和锰的去除率可以分别达到 99% 和 90% 以上，接触氧化法在去除地下水中的铁、锰方面具有很高的效率。

为了进一步优化接触氧化法的效果，可以采用数学模型来描述铁和锰的氧化动力学，如根据一级反应动力学，铁和锰的氧化速率可以表示为：

$$-\frac{d\,Fe^{2+}}{dt}=k\,Fe^{2+}$$

$$-\frac{d\,Mn^{2+}}{dt}=k'\,Mn^{2+}$$

其中，k 和 k' 分别代表铁和锰的氧化速率常数，Fe^{2+} 和 Mn^{2+} 分别代表铁和锰的浓度，t 代表时间。

根据速率方程，可以推导出铁和锰浓度随时间变化的关系，对于一级反应，如果初始浓度为 Fe^{2+} ?$_0$ 和 Mn^{2+} ?$_0$ 经过时间 t 后，浓度 Fe^{2+} 和 Mn^{2+} 可以表示为：

$$Fe^{2+}=Fe^{2+}\,?_0 e^{-kt}$$

$$Mn^{2+}=Mn^{2+}\,?_0 e^{k't}$$

方程表明，铁和锰的浓度随时间指数衰减，在实际的水处理应用中，方程可以帮助预测在特定条件下铁和锰的去除效率，并据此优化接触氧化池的设计参数。为了更直观地展示接触氧化法的效果，如表6－3所示不同接触时间下的铁、锰去除率。

表6－3　　　　　　　　　　不同接触时间下的铁、锰去除率

接触时间（分钟）	铁去除率（%）	锰去除率（%）
5	85	70
10	95	80
15	99	90

通过数据，可以优化接触氧化池的设计，以达到最佳的处理效果，同时，数据也可以帮助操作者根据实际水质情况调整接触时间，以确保水处理过程的稳定性和效率。在实际的水处理过程中，通过监测水中的铁、锰浓度、溶解氧浓度和 pH 值等参数，来评估接触氧化法的效果。

（三）地下水除氟技术及方法

地下水中氟化物含量超标对人体健康产生重大影响，尤其是在高氟区，长期饮用含氟量过高的水会导致氟斑牙、骨骼损害等疾病。因此，地下水除氟技术在高氟地区是供水处理的核心环节之一。根据《生活饮用水卫生标准》（GB5749－2006），饮用水中氟含量应控制在 1.0mg/L 以下。然而，在我国部分地区，地下水中氟化物浓度可高达 3－10mg/L，必须通过特定处理工艺降低其浓度。常见的除氟方法包括混凝沉淀法、吸附过滤法等。

1. 混凝沉淀法

混凝沉淀法适用于氟化物的去除，该方法基于向水中加入混凝剂，如氯化铝（AlCl）或硫酸铝（Al（SO）），混凝剂能够与水中的氟离子反应，形成不溶性的氟化铝复合物沉淀，从而实现氟化物的分离和去除。在混凝沉淀法中，通常铝盐的投加量控制在 10－20mg/L 的范围内，可以根据水中氟含量的具体水平进行适当调整，如果水中氟含量较高，可能需要增加混凝剂的投加量以确保足够的反应。pH 值的控制通常在 6.0－7.0 的范围内，在这个 pH 值下，铝盐的水解反应可以生成更多的 Al（OH）胶体，有助于吸附和聚集氟化物，从而提高沉淀的效率。如果 pH 值过低，可能会导致 Al^3 的水解不充分，而过高的 pH 值则可能使 Al（OH）溶解，降低混凝效果。混凝沉淀法的操作过程通常包括混凝剂的投加、混合、絮凝和沉淀几个步骤，在混合阶段，混凝剂与水充分混合，以确保氟离子与混凝剂充分接触，在絮凝阶段，通过调整水流速度或添加絮凝剂，促进形成的胶体颗粒聚集成较大的絮体，在沉淀阶段，絮体因重力作用沉降至池底，从而实现氟化物的分离。

为了更深入地理解混凝沉淀法的效率，通过建立数学模型来描述氟化物的去除过程，根据质量平衡原理，可以推导出氟化物去除率的计算公式：

$$R = 1 - \frac{F^-_{final}}{F^-_{initial}} \times 100\%$$

其中，R 代表氟化物的去除率，$F^-_{initial}$ 和 R F^-_{final} 分别代表处理前后水中的氟离子浓度。

混凝沉淀法的效果可以通过监测处理前后水中的氟离子浓度来评估，可以计算出实际的去除率，并与理论模型进行比较，以优化混凝剂的投加量和 pH 值的控制。

表 6－4   不同混凝剂投加量和 pH 值条件下氟化物的去除率

混凝剂投加量（mg/L）	pH 值	氟化物去除率（%）
10	6	70
10	7	75
20	6	85
20	7	90

混凝沉淀法的优势是成本较低，操作简单，适合中等规模的水处理项目，需要注意的是，过量的混凝剂会导致水体中铝离子的残留，因此在设计和操作过程中，应严格控制混凝剂的投加量，以避免对水质和环境造成不利影响。

2. 吸附过滤法

吸附过滤法是一种通过物理吸附作用去除水中氟化物离子的技术，该方法利用特定的吸附材料，如活性氧化铝、羟基磷灰石、改性炭等，材料具有高比表面积和多孔结构，能够有效地吸附水中的氟离子。由于其操作简单、设备紧凑，吸附过滤法特别适用于小规模的水处理系统。在吸附过滤法中，活性氧化铝因其高吸附容量和化学稳定性而广泛使用，其对氟离子的吸附量通常在 5—10mg/L 的范围内。羟基磷灰石和改性炭也是有效的吸附剂，通过化学吸附作用与氟离子形成稳定的络合物，从而实现氟化物的去除。吸附柱的设计需要综合考虑多个因素，包括进水流速、吸附材料的装填高度以及水质情况。流速的控制对于保证吸附效率和延长吸附材料的使用寿命至关重要。一般而言，流速应控制在 5—10m/h 的范围内，以确保水流与吸附材料之间有足够的接触时间，同时避免过高的流速导致吸附材料的过早饱和。吸附过滤法的效率可以通过吸附动力学模型来描述，根据朗格缪尔吸附等温线模型，吸附量 q 与溶液中氟离子浓度 C 的关系可以表示为：

$$\frac{1}{q} = \frac{1}{q_m} + \frac{1}{K_L q_m}$$

其中，q_m 是最大吸附量，K_L 是朗格缪尔吸附常数，q 和 C 分别是在平衡状态下的吸附量和溶液中的氟离子浓度。

表 6—5　　　　　　　　　不同流速和吸附材料下的氟化物去除率

吸附材料	流速（m/h）	氟化物去除率（%）
活性氧化铝	5	90
活性氧化铝	10	80
羟基磷灰石	5	85
羟基磷灰石	10	75
改性炭	5	95
改性炭	10	90

吸附过滤法虽然具有操作简单、设备紧凑的优势，但也存在局限性，如材料成本较高，且需定期更换或再生吸附材料，在实际应用中，需要综合考虑吸附材料的选择、操作成本和维护要求。

（四）地下水除铁、除锰与除氟的挑战

1. 硅酸盐影响

硅酸盐在地下水中的存在可能以多种形态出现，如硅酸钠（NaSiO）和硅酸镁（MgSiO），在一定条件下与铁、锰和氟化物形成沉淀，影响水质处理效果。特别是在水处理过程中，硅酸盐与铁和锰的氧化物颗粒反应，形成不溶性

化合物，可能形成一层覆盖在颗粒表面的保护膜，从而抑制氧化反应的完成。硅酸盐含量对除铁和除锰过程的影响已被多项研究所证实，当硅酸盐浓度超过 20 mg/L 时，对铁和锰的去除效率具有明显抑制作用，高浓度的硅酸盐占据了铁和锰氧化物颗粒的活性位点，减少了与溶解氧的接触面积，进而降低了氧化速率。

为了克服硅酸盐的负面影响，可采取预处理措施，如在水处理初期阶段，通过投加絮凝剂如氯化铝（$AlCl$），能够有效地捕捉硅酸盐颗粒，减少其对后续步骤的干扰。氯化铝通过水解生成 $Al(OH)$ 胶体，可以吸附硅酸盐颗粒，形成较大的絮凝体，从而在沉淀过程中被去除。在实际的水处理厂中，通过实验可以评估硅酸盐浓度对除铁、除锰效果的具体影响，在硅酸盐浓度为 25 mg/L 时，通过不同的处理条件对比，可以得到如表 6－6 所示的实验数据：

表 6－6　　　　　　　不同硅酸盐浓度条件下的除铁除锰效果

处理条件	硅酸盐浓度 (mg/L)	出水铁含量 (mg/L)	出水锰含量 (mg/L)	除铁率 (%)	除锰率 (%)
常规处理	20	0.12	0.03	94.6	91.2
常规处理	25	0.3	0.1	76.8	68.4
投加氯化铝	25	0.15	0.05	87.5	84.2

从数据可以看出，硅酸盐浓度的增加导致除铁、除锰效率下降，在硅酸盐浓度为 20 mg/L 的常规处理条件下，除铁率和除锰率分别达到 94.6% 和 91.2%，而当硅酸盐浓度增加到 25 mg/L 时，比率分别下降到 76.8% 和 68.4%。然而，通过投加氯化铝，可以观察到除铁率和除锰率的显著提高，分别达到 87.5% 和 84.2%。通过适当的预处理措施，如絮凝剂的投加，可以有效地减轻硅酸盐的负面影响，提高处理效率。因此，在设计和操作水处理系统时，需要对硅酸盐浓度进行监测，并根据其含量调整预处理策略，以确保达到预期的水质标准。

2. pH 值调整

pH 值在铁、锰和氟化物的去除过程中，铁和锰的氧化反应对 pH 值非常敏感，pH 值过低时，铁和锰的氧化速度会减缓，而 pH 值过高时，则容易形成氢氧化物沉淀。氟化物的去除通常通过化学沉淀法实现，而过程的最佳 pH 值范围通常在 6.0 至 8.0 之间。在处理地下水时，pH 值的调整需要根据具体的水质条件进行，如对于高铁含量且 pH 值较低的水源，可以通过投加石灰（CaO）或苛性钠（$NaOH$）来提高 pH 值，从而促进铁的氧化反应。石灰和苛性钠在水溶液中分别反应生成氢氧化钙（$Ca(OH)$）和氢氧化钠（$NaOH$），氢氧化物可以中和水中的酸性物质，提高 pH 值。对于除氟过程，如果 pH 值过高，可能会导致氟化钙（CaF）的沉淀效率下降，氟化物在 pH 值较低时主要以氟离子（F）的形式存在，而在 pH 值较高时则容易形成不溶性的氟化钙沉淀。因此，pH 值的调节需要在保证铁、锰氧化的同时，确保氟化物的沉淀效率最大化。假设水源的初始 pH 值为 6.5，氟含量为 3.2 mg/L。通过逐步调整 pH 值，研究了不同 pH 条件下的处理效果，结果表明，随着 pH 值的提高，除铁和除锰的效率显著提升，而除氟效率在 pH 值达到一定水平后开始下降，具体数据如表 6－7 所示：

表 6－7　　　　　　　　　不同 pH 条件下的处理效果

pH 值	出水铁含量（mg/L）	出水锰含量（mg/L）	出水氟含量（mg/L）	除铁率（%）	除锰率（%）	除氟率（%）
6.5	0.4	0.15	2.8	68.7	57.3	12.5
7	0.25	0.1	1.5	82.4	73.5	53.1
7.5	0.12	0.05	0.8	94.2	89.3	75
8	0.08	0.03	0.5	97.5	94.6	84.3

从表中数据可以看出，当 pH 值从 6.5 逐步调整到 8.0 时，除铁和除锰的去除率显著提高，而除氟的去除率在 pH 值为 7.5 时达到最高，随后随着 pH 值的进一步提高而略有下降，表明在 pH 值为 7.5 时，铁、锰和氟化物的去除效率达到了一个较好的平衡点。在实际的水处理工程中，pH 值的调节需要综合考虑铁、锰和氟化物的去除要求。通过实时监测和调整 pH 值，可以优化处理过程，提高水质，pH 值的调节还可以通过投加酸或碱来实现，但需要精确控制投加量，以避免对水处理系统造成不利影响。

（五）地下水除铁、除锰与除氟的效果评估

1. 出水水质标准

出水水质标准是评价水处理系统性能的基准，确保处理后的水质满足安全饮用的要求，各国根据公共健康和环境保护的需求，制定了相应的饮用水标准。国家标准《生活饮用水卫生标准》（GB 5749－2006）规定了铁、锰和氟化物的最高允许浓度，分别为 0.3 mg/L、0.1 mg/L 和 1.0 mg/L，限值为水处理工艺的设计和运行提供了明确的目标。在实际的水处理项目中，水源的初始铁、锰和氟化物含量会超过国家标准，因此需要通过有效的水处理技术来降低这些物质的浓度，例如地下水处理项目中，初始铁含量为 2.0 mg/L，锰含量为 0.5 mg/L，氟含量为 3.5 mg/L。通过采用适当的处理工艺，出水铁含量

降至 0.08 mg/L，锰含量降至 0.03 mg/L，氟含量降至 0.6 mg/L，均符合国家标准，表明该处理系统达到了预期的处理效果。为了持续评估水处理系统的性能，定期监测出水水质是必要的，通过设置长期监测点，可以收集不同时间段的水质数据，与国家标准进行比较，以确保水质的稳定性和一致性。

表 6—8　　　　　　　　　　不同阶段的出水水质监测结果

时间段	出水铁含量（mg/L）	出水锰含量（mg/L）	出水氟含量（mg/L）
第 1 个月	0.08	0.03	0.6
第 2 个月	0.1	0.04	0.7
第 3 个月	0.09	0.03	0.5
第 4 个月	0.11	0.05	0.8
第 5 个月	0.08	0.02	0.6

从表 6—8 的数据可以看出，出水铁、锰和氟化物的浓度在监测期间均保持在国家标准规定的限值以下，显示出水处理系统具有良好的长期稳定性和高效的去除能力。此外，数据的波动也提示了水质监测的重要性，因为即使是高效的水处理系统也可能受到进水水质波动、季节变化、设备维护等因素的影响。为了进一步提高水处理系统的性能，可以采用先进的监测和控制系统，实时调整水处理工艺参数，以适应水质的变化。同时，定期的设备检查和维护也是确保系统长期稳定运行的关键。在设计水处理系统时，除了考虑出水水质标准外，还需要考虑成本效益、操作便利性和环境影响等因素。通过综合考虑因素，可以设计出既经济又高效的水处理工艺，满足当前和未来的水质要求。

2. 处理效果监测

处理效果监测通过定期监测，可以评估系统对铁、锰和氟化物的去除效果，同时收集系统运行参数，如 pH 值、氧化剂投加量和反冲洗频率，以确保工艺条件的适宜性。监测工作应覆盖进水和出水的水质参数，包括铁、锰和氟的浓度。这些参数的变化趋势能够反映处理系统的性能和效率，进水铁含量的升高可能指示水源中铁含量的增加，而出水铁含量的升高则可能指示处理系统效率的下降。

表 6－9　　　　　　　　　不同处理阶段的监测数据与系统运行参数

时间段	进水铁含量 (mg/L)	进水锰含量 (mg/L)	进水氟含量 (mg/L)	出水铁含量 (mg/L)	出水锰含量 (mg/L)	出水氟含量 (mg/L)	pH值	氧化剂投加量 (mg/L)	反冲洗频率 (次/天)
第1个月	2	0.5	3.5	0.08	0.03	0.6	7	2.5	1
第2个月	2.05	0.52	3.55	0.1	0.04	0.7	7.1	2.7	1
第3个月	2.1	0.53	3.6	0.09	0.03	0.5	7.2	2.6	2
第4个月	2.08	0.51	3.62	0.11	0.03	0.8	7	2.8	2
第5个月	2.07	0.5	3.58	0.08	0.02	0.6	7.1	2.7	1

表 6－9 中的数据展示了连续五个月的监测结果，从数据可以看出，尽管进水中铁、锰和氟化物的浓度有所波动，但出水水质始终维持在国家标准以下，显示出处理系统具有良好的适应性和稳定性。pH 值的轻微波动在 7.0 至 7.2 之间，这在一定程度上反映了水的缓冲能力，同时说明系统对 pH 值的控制是有效的。氧化剂投加量的调整与进水水质的变化相匹配，以保持高效的去除率。反冲洗频率的适当增加有助于维持滤料的性能，避免污染物的过度积累。

为了进一步提升监测的准确性和及时性，可以采用自动化的在线监测设备，能够实时提供水质参数，为操作者提供即时反馈，从而实现更精确的工艺控制，如果出水铁含量突然升高，在线监测系统可以迅速检测到这一变化，并触发警报，促使操作者及时检查和调整系统。除了定期的水质监测外，还应定期对设备进行检查和维护。这包括检查混凝剂和絮凝剂的投加系统、过滤设备的完整性以及反冲洗系统的有效性，可以预防设备故障，延长设备的使用寿命，并确保处理效果的一致性。在评估处理效果时，还可以考虑使用统计方法，如计算平均值、标准差和变异系数，以量化水质参数的分布特性，有助于识别水质参数的变化趋势，评估处理系统的性能波动。

第二节　水的软化与除盐

（一）水的软化技术概述

水的软化技术主要针对硬水中的钙、镁离子进行处理，以降低水的硬度，硬水的存在常常在工业和日常生活中引发一系列问题，如管道结垢、洗涤效果差、锅炉腐蚀等，不仅会导致设备的损坏和维护成本增加，还会影响水的使用效率和生活质量。软化水的过程有多种技术方法，其中离子交换、化学沉淀和膜分离技术是常见的处理方式。

离子交换技术通过使用专门的离子交换树脂来去除水中的钙、镁离子，树脂具有特定的功能基团，能够与水中的钙、镁离子发生交换反应，将硬度离子替换为钠离子，从而降低水的硬度。树脂在经历一段时间的使用后，会逐渐失去交换能力，因此需要通过再生过程来恢复其功能。在再生过程中，树脂被用含有高浓度钠离子的溶液冲洗，钙、镁离子被替换出来，树脂的交换能力得以恢复，在工业应用中非常广泛，尤其是在需要高质量软化水的场合，如制药、食品加工和发电等行业。化学沉淀技术则通过添加药剂，使水中的钙、镁离子与其他化学物质反应生成难溶的沉淀物，进而从水中分离出来。常用的药剂包括石灰和碳酸钠等，这些药剂可以与水中的硬度离子反应形成沉淀，如碳酸钙或氢氧化钙，沉淀物会被分离出来并从水中去除。这种方法在处理大规模水体时尤其有效，如城市供水系统和工业废水处理厂等场合。膜分离技术中的反渗透（RO）是一种先进的软化方法，通过使用半透膜将水中的溶解物质有效地分离出去。反渗透膜的孔径极小，仅允许水分子通过，而阻挡钙、镁等硬度离子以及其他溶解的杂质，技术可以在不需要化学药剂的情况下高效去除水中的硬度离子，因而在许多需要高纯度水的应用中得到广泛使用，如电子制造、实验室分析和饮用水净化等。

（二）除盐技术及其应用场景

除盐技术旨在去除水中的溶解性盐类，广泛应用于海水淡化、工业纯水制备以及饮用水净化等领域，海水和其他高盐度水体中的盐类含量通常超出自然水体的处理能力，需要通过专门的技术手段将盐分去除，以获得符合使用要求的水质。除盐技术包括反渗透、电渗析、纳滤和多级闪蒸等几种主要方法，每种技术都有其独特的原理和适用范围。

反渗透技术是一种利用半透膜在压力作用下进行盐分分离的方法，半透膜的孔径极小，仅允许水分子通过，而阻挡盐分和其他溶解物质。反渗透过程中，高压水流推动水分子通过膜，而盐分则被截留在膜的一侧，能够有效去除水中的大部分溶解盐分、细菌、病毒等杂质，因此被广泛应用于海水淡化和高纯度水的制备。反渗透技术的优势在于其处理效果高效且稳定，但需要耗费较大的能量，且膜的污染和老化问题也需加以管理。电渗析技术通过在电场的作用下将水中的离子迁移至电极上，从而去除水中的盐分，电渗析的工作原理基于离子选择性膜的使用，可以选择性地允许阳离子或阴离子通过。通过在电场作用下，离子被引导至不同的电极，从而实现盐分的去除。电渗析适用于处理低浓度盐分的水体，能够在较低能耗的情况下有效去除溶解盐类。此技术在处理较低盐度的废水和工业用水时表现出色，具有较高的操作灵活性和能效。纳滤技术位于反渗透和超滤之间，具有较大的膜孔径，能够去除部分有机物和多价离子。纳滤膜可以截留较大的溶解物质，同时允许较小的水分子通过。该技术在处理水中含有较多有机物或胶体物质时效果较好，能够在提高水质的同时，保留对水体有益的矿物质。纳滤广泛应用于饮用水处理和一些工业过程的水处理，例如在食品和饮料行业中，能够有效去除水中的杂质，同时保持水的风味和营养成分。多级闪蒸技术则利用温度和压力的变化实现水的蒸发和冷凝，从而将盐分与水分分离。该技术将含盐水加热至多个不同的压力阶段，在每个阶段下水分蒸发并通过冷凝器冷却，形成淡水。通过逐步降低压力并加热水体，多级闪蒸能够高效地分离盐分，并使得淡水的回收率得到提高。此技术适合于大规模的海水淡化和高盐废水处理，在工业应用中常见于大规模的海水淡化厂和石油炼制过程中的废水处理。

不同的除盐技术具有各自的特点和应用范围，选择适合的技术通常依据水质、处理规模、能耗和成本等因素。在实际应用中，综合运用技术，以满足不同的水质需求和处理目标，如在一些海水淡化项目中，结合反渗透和多级闪蒸技术，以提高整体的处理效率和水质。

（三）软化与除盐的工艺流程

水处理工艺包括软化和除盐两个主要目标，其工艺流程通常分为预处理、主体处理和后处理三个阶段，每个阶段都在保证最终水质达到要求方面发挥着重要作用。

预处理阶段旨在去除水中的悬浮物、微生物和部分有机物，以保护后续的处理设备并提高处理效率，在此阶段，常用的处理方法包括多介质过滤、活性炭吸附和精密过滤。多介质过滤通过层叠的不同介质（如粗砂、细砂和砾石）有效去除较大的悬浮颗粒和沉淀物。活性炭吸附则针对水中的有机物、异味和颜色，通过活性炭的表面吸附作用去除污染物。精密过滤进一步去除水中较小的颗粒物，以确保后续处理阶段的设备不受污染，保证处理系统的稳定性和效率。主体处理阶段根据处理目标的不同，选择适当的技术进行水质的主要改进。对于硬水的软化处理，离子交换法是常见的选择。此过程通过离子交换树脂与水中钙、镁离子进行交换，将硬度离子置换为钠离子，从而降低水的硬度。在除盐处理方面，反渗透技术是一种有效的解决方案。反渗透系统通过半透膜在高压作用下实现盐分和其他溶解物的分离。反渗透膜的孔径极小，仅允许水分子通过，从而去除水中的溶解盐类和其他杂质。后处理阶段主要是为了进一步优化水质，确保其符合最终使用标准。在此阶段，需要进行 pH 调节、消毒等操作。pH 调节通过加入酸或碱来调整水的酸碱度，以满足特定的使用要求。消毒过程则通常采用紫外线（UV）消毒或臭氧消毒等方法，以去除水中可能存在的微生物和病原体。紫外线消毒利用高强度的紫外光破坏微生物的 DNA，使其失去繁殖能力，从而达到消毒效果。

表 6－10   **水处理工艺流程与设备配置表**

处理阶段	主要工艺	设备
预处理阶段	多介质过滤、活性炭吸附、精密过滤	多介质过滤器、活性炭过滤器、精密过滤器
主体处理阶段	离子交换、反渗透	离子交换设备、反渗透膜和高压泵
后处理阶段	pH 调节、消毒	pH 调节装置、紫外线消毒器、臭氧发生器

公式计算水的反渗透过程中的压力需求，可以使用以下公式：

$$P = \frac{C \cdot R}{V}$$

其中，P 是所需的压力，C 是溶液的浓度，R 是反渗透膜的渗透率，V 是流量。

通过合理设计和操作各个阶段的处理工艺，可以高效地实现水的软化和除盐，确保最终水质达到所需标准，每个阶段的选择和优化均直接影响到整体水处理效果，因此在设计和运行水处理系统时，需要综合考虑各个因素，以实现最佳的水处理性能。

（四）软化与除盐的挑战与解决方案

软化与除盐技术在实际应用中面临的挑战包括膜污染、能耗问题、化学药剂的使用以及废水处理等，膜污染会降低反渗透或纳滤膜的透水性能，使得处理效率下降，增加了维护和运营成本。膜污染通常由水中的悬浮物、微生物、油脂和有机物等引起。为了应对膜污染，需要定期进行清洗，以去除膜表面的污染物，清洗过程包括物理清洗和化学清洗两种方式，物理清洗可以使用高压水流去除膜表面的沉积物，而化学清洗则通过使用专门的化学药剂溶解膜上的污染物，采用预处理措施，如多介质过滤和活性炭吸附，也能有效减少膜污染的程度。

在大规模的水处理系统中，能耗通常占据了运营成本的很大一部分，高能耗不仅增加了处理成本，还对环境造成负担，为了优化能效，通过改进工艺设计来减少能耗，如反渗透系统中的能量回收装置可以回收高压水流中的部分能量，将其再利用于系统的能量需求，降低整体能耗，还包括优化反渗透膜的选择，调整操作条件，以及采用节能型设备等，这些都能有效降低能耗。化学药剂的使用在水处理过程中是不可避免的，但也带来了环境问题，传统的化学药剂如石灰、碳酸钠等在处理过程中对环境造成负担。为减少对环境的影响，环保型药剂不仅能有效去除水中的杂质，而且在使用后能够被降解或对环境造成的影响较小。绿色化学品和生物降解剂的应用是目前的一项研究方向，旨在提高水处理过程的环境友好性。在软化与除盐过程中产生的废水（如反渗透系统中的浓水）需要得到妥善处理，以减少对环境的影响，废水处理的策略包括废水回用和零排放技术。废水回用技术可以将处理过程中产生的废水经过适当处理后再次利用，通过多级闪蒸技术将浓水转化为淡水，从而实现资源的循环利用。零排放技术则旨在完全消除废水排放，通过综合利用废水中的资源，实现全程的闭环管理，不仅能够减少环境负担，还能提高水资源的利用效率。

（五）软化与除盐的效果评估与监测

评估软化与除盐技术的效果主要依赖于出水水质的检测，并结合处理过程中的运行参数监控，以确保工艺的有效性和稳定性，对于出水水质的评估，关键指标包括硬度、电导率、pH值和盐分含量。硬度测定通常采用EDTA滴定法，该方法通过与EDTA络合剂反应来测量水中钙和镁离子的浓度。电导率的测量则使用电导率仪，仪器能够提供水中溶解离子的总浓度。pH值的监测通过pH计进行，以确保水的酸碱度处于所需范围。盐分含量的测定可以通过重量法或折光仪进行，其中重量法基于蒸发或干燥后盐分的质量计算，折光仪则通过测量光的折射率来推算盐分浓度。为了确保处理工艺的稳定运行，对处理过程中的各项参数进行实时监控也十分重要，包括压力、流量和温度，在反渗透系统中，压力的实时监测能够揭示膜是否受到污染或出现堵塞，从而帮助调整操作条件或进行维护。流量监测则可以反映系统的产水能力和效率，帮助判断系统是否正常运行或需要调整。温度监控同样重要，因为温度变化会影响膜的性能和水的处理效果。如表6-11所示不同软化与除盐技术的主要参数和数据，帮助了解各技术的适用范围和性能特点：

表 6—11 不同水处理技术的主要参数和应用场景

技术类型	去除物质	操作压力 （MPa）	产水率 （%）	能耗 （kWh/m³）	适用场景
离子交换	钙、镁离子	—	无损耗	低	工业锅炉补给水
反渗透	溶解盐类	5—10	30—60	中	海水淡化
电渗析	离子	0.5—1	50—70	低	苦咸水处理
纳滤	多价离子	1—3	70—90	低	饮用水净化

注：表中数据为一般参考值，具体参数需根据实际工艺条件确定。

在实际操作中，还需要对水处理系统进行综合评估，以确保处理效果达到预期目标，如反渗透系统的操作压力应保持在设计范围内，以避免膜的过度污染或损坏。流量测量应与设计产水能力对比，以确保系统能够稳定提供所需的水量。对于化学处理技术，如离子交换，定期检查树脂的交换能力和更新状态，可以有效维持系统的处理效率，通过综合性的评估和监控，可以确保水处理系统的长期稳定运行，并优化其性能。

第三节 循环冷却水处理

（一）循环冷却水概述

循环冷却水系统主要通过水在系统内的连续流动来实现对设备产生的热量的吸收与转移，确保生产过程的温度控制和设备的正常运行，在电力、化工、钢铁等重工业领域应用广泛，其基本结构通常包括冷却塔、冷却水泵、换热器以及补充水系统等核心组件。

冷却塔的功能是通过蒸发散热的方式，将水中吸收的热量释放到大气中，系统内的冷却水在冷却塔内与空气接触后，部分水分蒸发，从而带走热量。冷却水泵则负责推动冷却水在系统内循环流动，确保热量能够从设备输送到冷却塔。换热器则是系统中关键的热交换设备，通过它可以将设备内产生的热量传递到冷却水中，从而降低设备的温度，保证生产过程的稳定性。补充水系统用于在水循环过程中补充因蒸发和泄漏而损失的水量，维持系统的水量平衡。在循环过程中，水逐渐积累溶解的固体、微生物及腐蚀产物，随着时间的推移会对系统的性能造成显著影响。水中的溶解固体主要来源于补充水的矿物质和化学物质，物质在水的蒸发过程中会浓缩，形成沉积物。沉积物的积累不仅会降低换热器的热交换效率，导致系统内部管道的堵塞，从而影响冷却效果和整体系统的运行效率。微生物在温暖潮湿的环境中容易繁殖，尤其是在冷却塔和换热器的水面区域，生物膜的形成可能会进一步阻碍热交换过程，并引发腐蚀现象。腐蚀产物则是由于水中溶解的氧气和其它腐蚀性物质与设备金属部分反应而产生的，腐蚀产物会加速设备的磨损，降低其使用寿命。为了防止上述问题的发生，循环冷却水系统通常需要定期进行清洗和维护，清洗工作可以去除系统内部的沉积物和生物膜，从而恢复设备的正常功能。而定期的化学处理则能有效控制水中的沉积物和微生物的增长。化学药剂如缓蚀剂和杀菌剂的使用，有助于保护设备免受腐蚀和微生物的侵害。此外，监测和调整水质参数也是保持系统高效运行的重要措施，通过实时监控水的 pH 值、电导率以及溶解氧含量等指标，可以及时发现并解决潜在问题。

(二) 循环冷却水的处理技术与方法

循环冷却水的处理技术可以通过化学、物理和生物三方面进行优化和控制，以确保系统的高效运行与长期稳定性。化学处理、物理处理和生物处理各有其独特的作用和应用方法，综合运用技术可以有效防止系统出现结垢、腐蚀及微生物污染等问题。

1. 化学处理

化学处理涉主要包括阻垢剂、缓蚀剂、杀菌剂和藻类抑制剂，阻垢剂用于防止无机盐在系统内部沉积形成结垢。结垢物质会降低换热效率，甚至导致管道堵塞，常见的阻垢剂包括磷酸盐和聚磷酸盐。磷酸盐通过与水中的钙、镁离子结合，形成可溶性化合物，从而防止离子沉积。而聚磷酸盐则具有分散结垢物质的能力，减少其在系统中的沉积。缓蚀剂的使用可以减缓金属的腐蚀过程。腐蚀不仅会损坏设备，还会引发系统泄漏。铬酸盐和钼酸盐是常用的缓蚀剂。铬酸盐通过形成保护膜来防止金属与腐蚀介质直接接触，而钼酸盐则具有良好的抗腐蚀性能，能够在各种水质条件下有效保护金属表面。杀菌剂的主要功能是抑制和杀灭系统中的微生物，如细菌和真菌，微生物的繁殖会导致生物膜的形成，影响系统的热交换效率。氯、溴和臭氧是常见的杀菌剂。氯和溴通过氧化反应破坏微生物的细胞壁，而臭氧则通过其强氧化性直接杀灭微生物。藻类抑制剂用于防止藻类的生长，藻类的繁殖会形成生物膜，进一步影响热交换效果。硫酸铜和氢氧化铜常被用作藻类抑制剂，通过释放铜离子抑制藻类的生长，并促使其死亡。

表 6-12　　　　　　　　　循环冷却水处理常用化学药剂及其作用

药剂类型	作用	常用品种
阻垢剂	防止无机盐结垢	磷酸盐、聚磷酸盐等
缓蚀剂	减缓金属腐蚀	铬酸盐、钼酸盐等
杀菌剂	抑制微生物生长	氯、溴、臭氧等
藻类抑制剂	抑制藻类繁殖	硫酸铜、氢氧化铜等

2. 物理处理

物理处理技术主要包括过滤和反冲洗，用于去除循环水中的悬浮固体和沉积物，过滤是通过物理屏障去除水中较大颗粒的常见方法。过滤器根据其工作原理可以分为粗过滤器和精过滤器，粗过滤器用于去除较大颗粒，而精过滤器则处理较小的悬浮物。反冲洗则是清洗过滤器内部的沉积物，通过反向流动的水流将积聚在过滤器中的杂质冲出，确保过滤器的持续有效运行。过滤的效率与滤网的孔径、流速以及水质的特性密切相关，通过定期检查和维护过滤器，可以有效减少悬浮固体对系统的影响，提高水的清洁度和系统的运行效率。反冲洗通过反向冲洗的方式去除过滤器内部积累的污垢，反冲洗的频率需要根据系统的使用情况和过滤器的污垢程度来决定。良好的反冲洗程序能够延长过滤器的使用寿命，降低系统维护成本。

3. 生物处理

生物处理技术通过利用微生物的降解作用去除水中的有机物和营养盐，微生物在水中自然降解有机物的过程中，可以显著减少水中的污染物质，从而改善水质，生物处理一般分为好氧生物处理和厌氧生物处理两种方式。好氧生物处理依赖于氧气的供应，通过好氧微生物对水中的有机物进行分解，适用于有机物浓度较高的水体，能够有效去除水中的污染物。厌氧生物处理则不依赖氧气，适合处理有机物浓度较低的水体，优点在于能够减少污泥的产生，并且可以处理一些难降解的有机物。

表 6-13　　　　　　　　常见的生物处理方法及其应用

处理类型	适用水质类型	优点
好氧生物处理	有机物浓度较高的水体	高效去除有机物
厌氧生物处理	有机物浓度较低的水体	减少污泥产生，处理难降解物

（三）循环冷却水处理的挑战

循环冷却水系统中出现的腐蚀、结垢、微生物污染、水质稳定性问题以及对环境的潜在影响，都对系统的效率和可靠性提出了严格要求。

1. 腐蚀问题

腐蚀过程主要由于水中的氧气、溶解盐分和酸性物质与金属材料的反应引起，金属表面的腐蚀会导致材料的结构强度降低，进而引发泄漏和设备故障。腐蚀损害不仅会影响系统的正常运行，还会增加维修和更换设备的成本。腐蚀速率的计算通常依据以下公式进行：

$$R = \frac{K \cdot W}{A \cdot T \cdot D}$$

其中，R 表示腐蚀速率（mm/year），K 为常数，W 为金属损失（g），A 为金属表面积（cm^2），T 为时间（小时），D 为金属密度（g/cm^3），控制腐蚀的策略包括使用防腐蚀材料、应用缓蚀剂以及优化水质参数。

2. 结垢问题

结垢是指循环水中无机盐类沉淀物在设备内部积累的现象，沉淀物通常由钙、镁等离子组成，当水温升高时，会形成难溶性化合物，从而在管道、换热器等部位沉积。结垢会显著降低换热效率，增加能耗，并导致设备堵塞。结垢的严重程度可以通过水的饱和度指数（SI）来评估，SI 的计算公式为：

$$SI = \log \frac{IAP}{Ksp}$$

其中，IAP 为离子积，Ksp 为溶解度积常数。如果 SI 大于 0，则表示结垢发生，常用的防结垢措施包括使用阻垢剂、控制水质中的钙镁离子浓度以及定期清洗系统。

3. 微生物污染

水体中的微生物，如细菌、真菌和藻类，在适宜的环境条件下能够迅速繁殖，形成厚厚的生物膜，通常会附着在冷却系统的设备表面，包括换热器、管道及冷却塔等部位。生物膜的存在会显著降低设备的热交换效率，因为生物膜能够隔绝热量传递，增加设备的热阻，生物膜的积累还会导致管道堵塞，从而限制水流，进一步降低系统的运行效率。除了物理上的阻碍，生物膜的形成引发恶臭问题，产生难闻的气味，对工作环境产生负面影响，微生物在生物膜中会释放出有害物质，不仅对设备本身产生腐蚀性影响，对周围环境和人员健康造成潜在风险。为了有效控制微生物的生长和防止生物膜的形成，通常需要结合物理、化学和生物处理方法。物理处理包括定期的机械清洗和冲刷，能够去除附着在设备表面的生物膜。化学处理方面，使用杀菌剂如氯、溴或臭氧可以有效抑制和消灭水中的微生物，减少生物膜的形成。化学药剂的使用需要根据实际情况进行调整，以避免对设备和环境造成不必要的负担。同时，生物处理方法也有助于利用特定微生物的降解作用，去除水中的有机物和营养盐，从而减少有害微生物的滋生。

4. 水质稳定性

系统中的水质参数，如 pH 值、电导率和总硬度等，必须保持在特定的范围内，以防止腐蚀和结垢等问题的发生，pH 值直接影响水的酸碱度，偏酸或偏碱的水质加速设备材料的腐蚀，损害系统的金属部件。电导率是水中离子浓度的指标，高电导率通常表示水中溶解了大量的盐分，导致结垢现象的发生，进而影响热交换效率。总硬度则反映了水中钙镁离子的含量，硬水容易形成结垢，进一步阻碍水流和热交换过程。水质参数的任何波动引发系统性能的变化，导致生产过程的不稳定。因此，定期监测和调节水质参数是确保系统稳定运行的基本措施。为了实现目标，现代化的自动化监测系统被广泛应用，系统能够实时跟踪水质参数的变化，并将数据反馈给操作人员。通过实时数据，操作人员可以及时调整水处理药剂的添加量，以保持水质在适宜的范围内，当监测到 pH 值偏离设定范围时，系统会自动增加或减少酸碱调节剂的用量，以调整水质。电导率和总硬度的监测则帮助操作人员调整缓蚀剂和阻垢剂的添加量，防止结垢和腐蚀问题的发生。

5. 环境影响

循环冷却水系统在工业应用中主要影响体现在两个方面：水资源的消耗和化学处理副作用，循环冷却水的使用过程中，需要大量的水资源，不仅消耗了宝贵的水资源，还对当地的水体生态造成影响。水在冷却过程中会逐渐被污染，尤其是在经过多个循环后，其污染物浓度会显著增加。污染物在水排放阶段会对周围环境造成负面影响，如导致水体富营养化，从而破坏水生态系统的平衡。冷却水系统中的化学药剂和沉淀物在排放过程中也会对环境产生不利影响，使用的药剂如阻垢剂、缓蚀剂和杀菌剂，虽然能够提高系统的运行效率，但其在排放时引发土壤和水体的化学污染，影响生物的生存环境，水中的沉淀物可能含有重金属和有害物质，对环境造成长期的负担，为了降低循环冷却水系统对环境的影响，需要采取有效的水处理和循环利用策略。实施先进的水处理技术，如膜分离技术、反渗透技术和零排放技术，可以显著减少废水的排放量和处理成本。膜分离技术能够有效去除水中的溶解性物质，减少污染物的浓度，而零排放技术则通过回收和再利用水资源，实现废水的闭环管理，最大限度地减少对环境的影响，加强水质监测和管理，采用绿色环保的化学药剂，也是降低环境负担的有效措施。

(四)循环冷却水处理的优化策略

优化循环冷却水处理的策略旨在提高系统的运行效率,降低环境影响,同时减少运营成本,提升水的再利用率是实现目标的核心策略。通过回收和再利用循环水中的部分排放水,能够显著减少对新鲜水源的需求,从而降低水资源的消耗。具体实施时,通过采用膜分离技术和蒸发浓缩技术对排放水进行处理,使其达到可以再次使用的标准,可以有效去除水中的溶解性杂质和污染物,确保再利用水的质量符合系统运行要求。通过减少新鲜水的补充量,不仅节省了水资源,还降低了系统的运行成本。

传统的化学处理剂如磷酸盐和铬酸盐虽然有效,但对环境的负面影响较大,近年来,基于生物降解材料的环保型化学处理剂逐渐成为新的选择,环保型药剂能够在处理过程中有效减少有害副产品的生成,降低对水体和土壤的污染,如某些缓蚀剂和阻垢剂采用了自然来源的成分,能够在环境中快速降解,减少持久性污染。现代物理处理技术如高效过滤器和反冲洗系统能够更有效地去除水中的悬浮物和沉积物,从而提高水质和系统的运行效率。高效过滤器使用更细的滤网孔径,可以捕获更小的颗粒,确保水体的清洁度。反冲洗系统则通过定期反向冲刷来清除积聚在过滤器内的污垢,维持过滤效果的稳定性,不仅提升了处理能力,还减少了维护频率和成本。微生物控制技术通过引入专门的微生物降解剂或优化系统中的微生物生态,可以有效控制水体中的有害微生物和生物膜的形成,如某些微生物降解剂可以针对特定的有机物进行分解,减少生物膜的积累,同时控制微生物的数量,从而降低对化学药剂的依赖。实施智能化监控系统则能够实时监测水质参数,并根据实际情况自动调整处理方案,通常包括在线传感器和数据分析平台,能够实时跟踪 pH 值、电导率、总硬度等关键指标,并将数据反馈给中央控制系统。通过智能化监控,可以及时发现水质变化并调整药剂的添加量,以维持水质稳定。此外,智能化系统还能够预测潜在的问题,优化维护计划,从而提高系统的整体效率和稳定性。

表 6—14 优化循环冷却水处理的主要策略

策略	描述	主要技术
提高水的再利用率	回收和再利用部分排放水,减少新鲜水的补充量	膜分离技术、蒸发浓缩技术
采用环保型化学处理剂	使用生物降解材料制成的环保型化学处理剂,减少环境影响	生物降解缓蚀剂、阻垢剂

策略	描述	主要技术
开发高效的物理处理技术	使用高效过滤器和反冲洗系统，提高水质和处理效果	高效过滤器、反冲洗技术
利用微生物控制技术	引入微生物降解剂或优化微生物生态，控制有害微生物和生物膜	微生物降解剂、微生物优化技术
实施智能化监控系统	实时监测水质参数并自动调整处理方案，确保系统稳定运行	在线传感器、数据分析平台

（五）循环冷却水处理的效果评估

循环冷却水处理效果的评估是确保系统高效、环保运行的关键环节，涉及多个维度的综合考量，评估通常从水质参数、系统性能和环境影响三个方面进行，以全面了解处理效果和系统运行状态。

水质参数的监测是评估的基础部分，常见的水质参数包括 pH 值、溶解氧、硬度、电导率、浊度、总溶解固体（TDS）、腐蚀速率以及微生物数量，参数的正常范围需要根据具体系统设计和运行条件来确定。pH 值的正常范围通常设定在 6.5 至 8.5 之间，因为过酸或过碱的水质都可能导致金属腐蚀或结垢。溶解氧含量是评价水体自净能力的指标，通常要求在饱和状态，以保证水体的氧化还原环境适合微生物的活动。水的硬度（以 mg/L 计）需要根据水源和系统要求来设定，因为过高的硬度可能导致结垢。电导率（以 $\mu S/cm$ 计）反映了水中离子浓度，正常范围需根据水源特性设定。浊度的正常值通常要求不超过 10 NTU，以防止颗粒物对系统的影响。总溶解固体（TDS）的含量则需根据系统设计确定，通常设定在 2000 mg/L 以下，以避免水质恶化。腐蚀速率的监测有助于评估金属材料的耐用性，常通过金属损失量来计算，并以特定的公式进行评估。微生物数量的控制则需要维持在一定范围内，以防止生物膜的形成和系统污染。系统性能的评估包括换热效率、冷却水流量和压力等指标。换热效率通常要求达到 90% 以上，以确保系统能高效地进行热交换。冷却水流量（以 m^3/h 计）和压力（以 MPa 计）需根据系统的设计参数进行评估，确保系统运行稳定，避免流量不足或压力过高导致的系统故障。系统性能的评估通常依赖于实际运行数据的监测，并通过设定的性能指标进行比较分析，确保系统的整体运行效率和可靠性。环境影响的评估主要集中在处理过程中产生的废水和化学污泥的处理与处置上。化学污泥的产生量通常与处理剂的使用量有关，需根据实际使用情况进行监测和评估。废水处理方案需符合环保标准，避免对环境造成负面影响。评估方法包括对废水中污染物的浓度进行分析，确保其符合排放标准。化学污泥的处置则涉及到合理的处理和资源化利用，过脱水、固化或焚烧等方式处理，以减少对环境的影响。废水和污泥处理的有效性直接影响到系统的环保水平和可持续发展能力。

表 6-15　　　　　　　　　　循环冷却水处理效果评估参数

参数类型	参数名称	单位	正常范围
水质参数	pH 值	—	6.5—8.5
	溶解氧	mg/L	饱和状态
	硬度	mg/L	根据水源而定
	电导率	μS/cm	根据水源而定
	浊度	NTU	≤10
	TDS	mg/L	≤2000（根据系统设计而定）
系统性能	换热效率	%	≥90%
	冷却水流量	m^3/h	根据系统设计而定
	压力	MPa	根据系统设计而定
环境影响	化学污泥量	kg	根据处理剂使用量而定

通过分析，可以全面评估循环冷却水处理的效果，确保系统在运行过程中不仅能够保持良好的性能，还能够最大限度地减少对环境的影响，实现经济效益与环保要求的双重目标。

第七章　城镇污水处理技术

第一节　污水物理处理方法

（一）筛选与过滤

污水处理过程中，筛选与过滤技术是实现固液分离的基础手段，筛选作为物理方法，主要用于去除污水中较大的固体颗粒，通常配备有格栅和筛网等设备，以应对不同尺寸的污染物。格栅多安装在污水处理厂的入口位置，其主要作用是阻挡诸如树枝、石块和塑料制品等较大的异物，以保护后续处理设备免受损坏，并提高处理效率。格栅的开孔尺寸可以根据具体需求进行定制，通常在污水进入处理系统的最初阶段应用，承担初步固液分离的任务。与此同时，筛网则用于进一步去除较细小的悬浮固体。筛网的孔径通常在 1 至 10 毫米之间，常用于去除污水中较细小的颗粒和悬浮物，在提升出水水质的同时，有助于后续处理工艺的稳定运行。相比筛选技术，过滤则能够更加有效地去除污水中的微小颗粒和悬浮物，其应用场景较为广泛，尤其是在更高精度的污水处理环节中占据重要地位。过滤设备的类型多样，常见的过滤介质包括砂、活性炭以及各类合成材料。砂过滤池是其中最为常用的设备之一，其通过细小的砂粒作为过滤介质，能够有效捕捉水流中的颗粒污染物。砂滤池根据过滤速度和介质特性可分为快滤池和慢滤池。快滤池以较高的过滤速度处理大流量的污水，适用于处理规模较大的污水处理厂，其孔径一般在 0.1 至 1 毫米之间，能够去除污水中较细小的悬浮物，并通过层层过滤介质的配合，进一步提高过滤效果。慢滤池的孔径则较大，通常在 1 至 5 毫米之间，其过滤速度相对较慢，主要应用于处理规模较小或要求较高的精细过滤工艺中。慢滤池虽然处理能力较低，但由于其更为稳定和均匀的过滤过程，常用于特定水质要求较高的场景。

在实际应用中，不同的过滤介质根据其物理特性在过滤过程中发挥不同作用，砂滤池依赖砂粒的颗粒直径和孔隙率，调节水流中的微小颗粒物的去除效率。砂的粒径越小，过滤效果越好，但相应的，水流阻力也会增大，导致水流速度降低。而活性炭过滤则主要通过吸附作用去除水中的有机物和部分有害物质，特别适用于去除异味和有机污染物。合成材料过滤介质则根据设计需求具有不同的孔径和表面特性，广泛用于精细过滤工艺中，能够应对不同水质需求。

表 7—1　　　　　　　　筛选与过滤设备的主要参数

设备类型	孔径大小（mm）	处理能力（m³/h）	应用场景
格栅	根据需求定制	根据需求定制	初步固液分离
筛网	1—10	根据需求定制	去除细小悬浮物
快滤池	0.1—1	高	大规模污水处理
慢滤池	1—5	低	小规模或精细过滤需求

对于快滤池的设计，其工作原理主要是通过水流从上而下经过一层或多层砂滤介质，颗粒污染物被捕获在砂粒之间的空隙中，在实际运行中，为了保持砂滤池的过滤效率，定期的反冲洗是必不可少的。反冲洗是通过向砂滤池内注入水流，反方向冲洗过滤介质，以去除附着在砂粒上的污染物颗粒，并恢复过滤层的通透性。反冲洗水的处理则需要根据污水处理厂的设计标准加以安排，通常通过回收或进一步处理，避免污染物的再次排放。相较于快滤池，慢滤池由于水流速度较慢，颗粒污染物在水流中有更多的时间被捕捉和沉积，因此其过滤效果更为稳定。慢滤池的设计通常更为简单，但其运行效率相对较低，需要较大的占地面积。慢滤池广泛应用于小型污水处理厂或精细处理工艺中，尤其适用于水质要求较高的场合。

在污水处理过程中，筛选和过滤技术的应用不仅能够有效去除水中的颗粒污染物，还能够提高后续处理工艺的效率和稳定性。通过合理选择筛选设备和过滤介质，污水处理厂能够根据不同的处理需求实现高效的固液分离，确保最终排放水质符合环境标准。在实际设计与运行中，需要根据污水的特点和处理要求，综合考虑处理规模、设备成本以及运行维护等因素，选择合适的筛选与过滤设备，以达到最佳处理效果。在污水处理系统中，筛选与过滤技术的相辅相成，使得固液分离成为一个高效且可靠的过程。格栅与筛网的前端应用主要针对较大的固体颗粒，而快滤池与慢滤池的精细过滤则能够确保水中微小悬浮物的去除，从而为后续的生物或化学处理环节创造有利条件。

（二）沉淀与气浮

在污水处理工艺中，沉淀和气浮是两种主要的固液分离手段，沉淀利用悬浮固体的重力作用，通过在流动介质中自然沉降，最终使颗粒沉积于池底，过程的实现通常通过设计合理的沉淀池来完成。沉淀池可以根据不同的工作原理和几何构造进行分类，其中较为常见的有平流沉淀池和辐射沉淀池。平流沉淀池结构相对简单，水流以水平方式通过池体，悬浮颗粒在池体的流动路径上逐渐沉降，最终沉积于池底。其表面负荷通常在 50 至 150 立方米每天每平方米范围内，且水在池内的停留时间为 1 至 3 分钟，适用于常规污水处理。平流沉淀池的设计能够高效处理较大流量的污水，且运行维护相对简单，因此广泛应用于城市生活污水处理厂及其他污水处理设施。辐射沉淀池则是通过中心进水、周边出水的方式进行处理，水流从池中央向外扩散，使悬浮颗粒在池体内均匀沉降。由于池型设计的特点，辐射沉淀池常被用于高负荷的污水处理场景，其表面负荷相对较低，一般在 20 至 60 立方米每天每平方米，池内停留时间为 1 至 2 分钟。尽管辐射沉淀池的表面负荷较低，但由于其水流扩散较为均匀，池体较大，处理负荷较高的污水时能有效提高固液分离效率，特别是在处理含有较高浓度悬浮物的工业废水和大型污水处理厂中得到了广泛应用。气浮技术则是通过物理化学手段实现悬浮物的上浮与去除。气浮的基本原理是将空气通过机械装置引入水中，生成大量微小气泡，这些气泡附着在悬浮物颗粒表面，使颗粒的总体密度降低，从而上浮至水面形成浮渣，最终通过刮除或其他方式将浮渣去除。常见的气浮工艺包括溶气气浮和散气气浮。溶气气浮主要通过向水中溶解高压空气，再通过减压使空气释放，从而生成大量微小气泡，悬浮物在气泡的附着作用下上浮，最终与水体分离。溶气气浮的表面负荷通常在 5 至 20 立方米每天每平方米，水体的停留时间为 5 至 15 分钟，适用于去除污水中含有油脂、纤维等细小悬浮物的场景。由于溶气气浮的气泡粒径较小，浮力作用强，因而其对于去除难以通过沉淀或其他方式分离的细小颗粒具有显著效果，广泛用于工业废水处理中的油脂去除、造纸废水处理中的纤维回收等领域。散气气浮通过机械搅拌或鼓风曝气的方式将空气引入水体，产生气泡附着于悬浮物颗粒上，促使其上浮。散气气浮的表面负荷较低，通常为 2 至 10 立方米每天每平方米，水体的停留时间较长，一般为 10 至 30 分钟。由于其气泡产生方式较为简单，且适应性较强，散气气浮常用于处理水质较为复杂的工业废水，尤其是在含有大量油脂、悬浮物或胶体颗粒的废水中具有广泛应用。尽管散气气浮的处理效率不及溶气气浮，但其设备投资和运行成本相对较低，在特定的工业废水处理中具有独特的优势。沉淀与气浮技术在污水处理中的应用不仅依赖于水中悬浮物的特性，还与污水处理的具体工艺流程密切相关。

表 7—2		沉淀与气浮设备的主要参数		
设备类型	池型	表面负荷（m³/（m²·d））	停留时间（min）	应用场景
沉淀池	平流	50—150	1—3	常规污水处理
沉淀池	辐射	20—60	1—2	高负荷污水处理
气浮池	溶气气浮	5—20	5—15	油脂和细小悬浮物去除
气浮池	散气气浮	2—10	10—30	工业废水处理

在选择沉淀池和气浮池时，需要根据具体的水质特性、处理规模以及工艺要求综合考量，沉淀池适用于处理较大颗粒的悬浮物和流量较大的污水，而气浮技术则在去除较为细小的悬浮物和油脂时效果显著。通过对设备表面负荷和停留时间等参数的优化调整，可以有效提升固液分离效率，从而为后续的污水处理工艺提供良好的预处理效果。对于污水处理厂的设计与运行，沉淀与气浮设备的选型及参数优化是确保处理工艺稳定性和出水水质达标的关键环节。合理的设备选型和运行参数设置不仅能够提升污水处理的效率，还可以减少后续处理负荷，提高整体系统的能效比。

（三）离心与旋流分离

离心分离技术广泛应用于工业和市政污水处理系统中，其基本原理是通过旋转产生的离心力，使污水中的悬浮固体在离心场中受到强大的离心力作用，从而分离出固体颗粒。由于固体颗粒与液体在密度上的差异，固体在离心力的作用下被加速向离心设备的外围运动，而密度较低的液体则保留在中心区域，最终实现固液的有效分离。离心分离设备根据离心力的大小和作用方式，可以分为离心分离器和旋流分离器。离心分离器依赖于高速旋转产生的强大离心力，通常适用于固液密度差异较大的工况，如在处理含有高密度固体颗粒的工业废水时，离心分离器能够以较高的效率将固体从废水中分离出来。离心分离器的离心力通常非常高，能够达到几千到上万 G，处理能力也较高，能够应对大流量的污水。在高浓度工业废水处理工艺中，如采矿废水、油田废水处理等，离心分离器已成为关键设备。由于其对高密度固体颗粒的处理能力强，离心分离器不仅能够提高固体的分离效率，还能够降低后续处理单元的负荷，减少能耗。旋流分离器则是通过液体的旋转运动来实现分离，其工作原理与离心分离器有所不同。旋流分离器依靠流体在锥形或圆柱形腔体内的旋转运动，利用流体的离心力将固体颗粒分离出来。相对于离心分离器，旋流分离器的离心力较小，通常在几百到几千 G 的范围内，但其处理能力同样可以达到中到高水平。旋流分离器尤其适用于市政污水处理中的沙粒、碎屑等大颗粒物的分离。旋流分离器的优势在于其结构简单、占地面积小、维护方便，广泛用于市政污水处理厂的预处理工艺中。在市政污水处理中，由于污水中含有大量的泥沙、碎屑等大颗粒物，旋流分离器通过旋转流场能够迅速将大颗粒从污水中分离，防止后续处理设备的堵塞或磨损，提高整体处理系统的稳定性。

离心分离器与旋流分离器在结构设计和工艺操作上各有优势，离心分离器通过高速旋转，生成高强度的离心力，可以高效处理高浓度和高密度固体废水。其主要组成部分包括高速旋转的转鼓、进水装置、排水系统以及固体排放通道。通过调节设备的转速、进水量和出水压力，离心分离器可以根据不同的处理需求实现分离效率的优化。在含有高密度颗粒的污水处理中，如冶金、矿物加工等，离心分离器能够有效去除金属颗粒、矿石残渣等固体物质，并且其高效的固液分离能力有助于污水回收再利用或废水排放处理。旋流分离器则主要由一个圆柱形或锥形的旋流腔体构成。污水从侧面切向进入旋流腔体，水流在腔体内形成旋转运动，固体颗粒在离心力的作用下向腔体壁聚集，并最终通过底部排渣口排出，而处理后的液体则从顶部流出。由于旋流分离器不需要高速旋转部件，其设备运行成本较低，操作简便，且可以应对较大流量的污水。在市政污水处理的预处理阶段扮演着重要角色，尤其适用于去除污水中的沙粒、碎屑等大颗粒物，在工业废水处理工艺中，旋流分离器也常用于初步固液分离或用于保护后续处理设备。对于污水处理系统中的应用，离心分离器和旋流分离器都具备独特的技术优势，离心分离器适用于处理含有大量高密度固体颗粒的废水，而旋流分离器则更适合处理相对较大颗粒的悬浮物。通过对污水中的固体成分进行分析和评估，可以选择适合的分离设备，并对设备的运行参数进行优化，以达到最佳的处理效果。在设备的运行过程中，调节离心力大小、流量以及进出水压力等参数，可以有效提升分离效率，减少固体颗粒的残留。

表7—3　　　　　　　　离心分离器和旋流分离器的主要参数

设备类型	处理能力（m^3/h）	离心力（G）	应用场景
离心分离器	高	高	工业废水中的高密度固体分离
旋流分离器	中到高	中	市政污水中的沙粒和其他大颗粒分离

在实际操作中，不同污水处理工艺中的固液分离需求可能会有所不同，离心分离器和旋流分离器的选型应依据污水中固体颗粒的性质、处理量以及系统的工艺要求来决定。离心分离器由于其对高密度固体的高效分离能力，广泛应用于工业废水的处理。而旋流分离器则由于其结构简单、运行成本低，成为市政污水处理系统中的理想选择。两者相辅相成，在污水处理的不同阶段发挥着

各自的作用，确保污水中的固体颗粒得以高效分离，为后续处理工艺提供良好的前提条件。在污水处理技术不断发展的背景下，离心分离和旋流分离设备的性能也在不断提升，通过对分离效率、设备能耗以及维护要求的持续优化，未来的污水处理工艺将更具灵活性和可操作性。同时，结合其他先进的污水处理技术，两类设备将在更广泛的应用场景中发挥重要作用，提高污水处理的整体效率和经济性。

（四）物理处理方法的原理

污水的物理处理方法利用基本的物理原理，如筛选、沉淀、气浮和离心分离，来去除污水中的固体颗粒和悬浮物质，每种物理处理技术都有其特定的工作机制和应用场景，通常用于污水处理的初期阶段，以减少后续处理负担，提高整体处理效率。

筛选主要功能是去除较大的固体颗粒和漂浮物，通过设置不同孔径的筛网来实现，筛网的孔径设计需根据处理目标来确定。筛网可以分为粗筛和细筛。粗筛用于去除大颗粒杂质，如树枝、塑料袋和其他较大的固体物质，会对后续处理设备造成损害或干扰。细筛则用来去除较小的固体颗粒，如毛发、纤维和其他较小的杂质。筛选过程的有效性直接影响到后续处理阶段的效率，因为未能及时去除的大颗粒杂质可能会增加沉淀、气浮和其他处理单元的负担。沉淀核心原理是利用重力使悬浮在污水中的颗粒物沉降到沉淀池的底部。沉淀过程分为初沉和二次沉淀。初沉池通常用于去除污水中的较大颗粒物质，由于重力作用，在池内缓慢沉降。沉淀池的设计需考虑流速、池深以及流体动力学等因素，以确保沉淀效率。二次沉淀池则用于去除生物处理后产生的污泥和细小颗粒物。二次沉淀的效率对整个污水处理系统的性能具有重要影响，沉淀池的维护和管理需严格控制沉淀效果，以避免污泥的二次污染。气浮技术通过将气泡引入污水中，使悬浮物质附着在气泡表面，形成气泡－颗粒复合体，在气泡的作用下会浮出水面，形成浮渣层，进而被去除。气浮方法包括气泡气浮和溶气气浮两种形式。气泡气浮技术通常采用气体通过分布器释放到污水中，气泡在水中上升，带动悬浮物质上升。溶气气浮则通过将气体溶解在水中，然后释放气泡，可以产生更细小的气泡，从而提高气浮效率。气浮技术特别适用于处理细小颗粒和油脂类物质，能够有效去除难以通过沉淀去除的污染物。离心分离技术利用离心力将污水中的悬浮物质从水中分离出来。离心机通过高速旋转产生的离心力，将密度较大的颗粒物质从水相中分离。离心分离器根据处理规模可以分为实验室型、工业型和连续型等。离心分离技术在处理悬浮物质、细小颗粒以及污水中的油脂等方面表现出色。由于其高效分离性能，离心分离器在许多工业应用中得到广泛应用。

物理处理方法在污水处理过程中具有高效、直观的优点，但其局限性在于无法有效去除水中的溶解性污染物。为了提高处理效果，物理处理方法通常与其他处理技术，如化学处理和生物处理相结合使用。物理处理常作为污水处理的预处理阶段，去除较大的固体颗粒和悬浮物质，以减轻后续处理阶段的负担，提升整体处理系统的性能。物理处理方法的效率和效果也受到多种因素的影响，如筛选过程中筛网的维护和清洁直接影响其筛选效果；沉淀池的设计和操作条件对沉淀效果有直接影响；气浮技术的气泡大小和分布均会影响处理效率；离心分离技术中的旋转速度和分离器的设计同样决定了处理效果。因此，在实际应用中，需要根据具体的污水特性和处理目标，合理选择和配置物理处理设备，并进行适当的操作和维护，以确保污水处理的高效性和稳定性。

（五）物理处理的应用与效果

物理处理的核心原理在于通过机械和自然力的作用，减少水中的颗粒物和部分有机污染物的浓度，使水质参数得以显著改善，不仅提高了污水的透明度，降低了浊度，还为后续的生物处理和深度处理提供了更为理想的进水条件。由于污水中的有机物和悬浮物较多会对生物处理单元产生负荷，物理处理作为前置步骤能有效减少后续处理的能耗和处理难度。物理处理的效果通常通过多个关键指标进行量化和评估，包括悬浮物浓度、浊度、化学需氧量（COD）等。

悬浮物浓度代表水中悬浮颗粒的含量，污水处理的首要目标之一是减少悬浮物的浓度，以确保后续处理单元的稳定运行。常规污水处理中，通过物理处理方法，如筛选、过滤、沉淀等，悬浮物的浓度可以有效控制在≤30 mg/L。工业废水由于行业特性的不同，其悬浮物浓度标准通常依照特定行业的排放标准进行设定。物理处理不仅能够通过较大尺寸颗粒物的去除使悬浮物浓度下降，还可以通过沉淀、气浮等方法处理细小颗粒，尤其在较高浓度的工业废水处理中，物理方法在去除悬浮物方面的作用尤为明显。浊度通常用于表征水体中悬浮颗粒物对光的散射程度，物理处理通过对悬浮固体的有效去除，能够大幅降低污水的浊度，从而提高水体的透明度。对于常规污水处理，物理处理的目标通常是将浊度控制在≤5 NTU（浊度单位），而工业废水的浊度目标则根据特定行业标准，通常控制在≤10 NTU。浊度的降低不仅能够提高水质的视觉效果，还对后续处理工艺的效果有直接影响，在后续的过滤、膜处理等深度处理单元中，较低的浊度能够延长设备的使用寿命，减少膜污染现象，提高处理效率。通过筛选、过滤和沉淀等物理方法，可以有效减少水中的颗粒物，降低水体的光散射能力，使水的透光度显著提高。化学需氧量（COD）是衡量水体中有机物含量的重要参数，反映了水中有机物的浓度。物理处理虽然主要用于去除悬浮物，但通过分离颗粒物及部分附着有机物，COD含量也会随之下降。通常，物理处理能够使污水中的COD浓度降低20－30％，这对常规污水处理来说是一个显著的改善。而在工业废水处理中，物理处理的COD去除率可达到50－70％，特别是在含有大量可分离颗粒物的废水中，如食品加工、造纸或纺织行业的废水。通过物理分离技术去除大颗粒有机物或高浓度有机污染物，可以显著减少水体中的有机负荷，缓解后续生物处理的压力。物理处理方法的效果不仅仅局限于去除悬浮物和降低浊度及COD浓度。不同的物理处理方法根据水中悬浮物的性质、密度、颗粒大小等选择合适的技术组合，可以实现更为精准的污染物去除，筛选和过滤方法对大颗粒悬浮物有较好的处理效果，但对于微小颗粒或胶体物质则需要结合沉淀或气浮等技术，通过重力沉降或微气泡浮选实现更高效的分离。而离心分离与旋流分离技术则在高浓度悬浮物的工业废水处理中表现出色，能够处理大流量、高负荷的污水。

在实际应用中，物理处理不仅通过设备选择和工艺设计达到理想的分离效果，还通过不断优化设备运行参数来提升处理效率。调节水流量、设备负荷以及悬浮物浓度等变量可以精确控制处理效果，确保处理后的水质达到预期目标。通过对污水特性的深入分析，选择适当的物理处理工艺组合，能够为后续生物处理提供良好的进水条件，从而提高整体污水处理系统的经济性和运行效率。

表7－4　　　　　　　　　物理处理效果评估的主要参数

参数类型	单位	常规污水处理目标	工业废水处理目标
悬浮物浓度	mg/L	≤30	根据特定行业标准
浊度	NTU	≤5	≤10
COD	mg/L	减少20－30％	减少50－70％

在污水处理系统中，物理处理作为基础性步骤，其效果直接关系到整个处理工艺的成效和稳定性，通过合理设计和调控物理处理单元，可以有效降低水体中的悬浮物、浊度和部分有机物含量，提升污水处理的整体效率。在未来，随着污水处理技术的不断进步，物理处理方法将会与其他处理技术更加紧密结合，为实现更高效、低能耗的水处理提供技术支撑。在处理各种复杂的工业废水和市政污水时，物理处理仍将是不可或缺的组成部分，推动污水处理行业向更加环保、高效的方向发展。

第二节　污水的生物处理方法

（一）活性污泥法

活性污泥法主要通过微生物代谢活动去除污水中的有机物和营养物质，该工艺的核心在于活性污泥的形成与维持，活性污泥由大量种类繁多的微生物群落构成，包括细菌、原生动物和后生动物等。细菌在该系统中起主导作用，负责降解污水中的可溶性有机物质，通过将复杂的有机分子分解为简单的小分子并最终转化为二氧化碳、水和新的生物量。活性污泥系统的稳定运行依赖于微生物群落的健康和平衡，特别是在不同的运行条件下，微生物的代谢活性和增殖速度直接影响污水处理的效率。活性污泥法的多样化形式使其能够适应不同规模和复杂程度的污水处理需求，其中包括传统活性污泥法、序批式活性污泥法（SBR）以及氧化沟等多种衍生工艺。传统活性污泥系统采用连续流动的方式处理污水，污水通过曝气池与活性污泥充分混合，微生物在曝气条件下降解污水中的有机物，形成沉淀性良好的污泥絮体，最后通过二沉池进行固液分离。序批式活性污泥法（SBR）则是一种间歇运行的活性污泥系统，在同一池内完成进水、反应、沉淀和排水等多个阶段，适用于处理负荷波动较大的污水。氧化沟系统利用较长的水力停留时间和循环流动的水流模式，适合大规模污水处理项目，能够通过延长曝气时间实现深度有机物和氮磷去除。活性污泥法的运行和管理需要精确的参数控制，以确保微生物能够在适宜的环境条件下高效地进行代谢活动。其中，混合液悬浮固体（MLSS）是表征污泥浓度的关键参数，通常在 $2000-4000$ mg/L 之间波动。MLSS 是系统中污泥质量的直接指标，反映了污泥在曝气池中的浓度，而混合液挥发性悬浮固体（MLVSS）则是 MLSS 的有机部分，通常占 MLSS 的 $70-80\%$。MLVSS 反映了污泥中活性生物质的含量，是微生物活动水平的代表。较高的 MLVSS 意味着系统中存在较多活性微生物，处理能力较强。然而，如果 MLSS 和 MLVSS 过高，可能会导致污泥沉降性变差，影响固液分离效果，因此需要通过合理控制曝气量和污泥回流量来保持平衡。污泥负荷（F/M）表示每单位活性污泥承受的有机物负荷量，通常以 kg BOD_5/kg MLVSS·d 为单位。F/M 值通常保持在 $0.2-0.5$ 范围内，以确保微生物能够充分代谢进水中的有机物。如果 F/M 值过高，表明污水中有机物过多，微生物负担过重，处理效率会降低；而如果 F/M 值过低，可能导致微生物增殖速度变慢，系统处理能力下降。因此，F/M 值的合理控制是系统稳定运行的关键。曝气量通常以 m^3 空气/m^3 混合液·h

表示。曝气量直接影响微生物的呼吸作用，氧气是微生物代谢有机物的必需条件。在曝气过程中，空气通过鼓风机或曝气器被引入混合液中，氧气溶解在水中供微生物使用。通常，曝气量控制在 $1-3\ m^3$ 空气/m^3 混合液·h 范围内，根据实际水质和处理需求进行调整。较高的曝气量有助于维持高氧环境，促进微生物快速降解有机物，但过高的曝气量可能增加能耗且影响污泥的沉降性能，因此需要根据进水负荷和处理目标进行精细调节。污泥龄是指污泥在系统内停留的时间，通常为 $5-20$ 天。较长的污泥龄有利于培养慢生长的微生物，如硝化菌和反硝化菌，有助于氮磷的去除。但过长的污泥龄也可能导致污泥过老，处理效率下降。因此，在活性污泥系统的运行中，污泥龄的合理设定需要根据污水中有机物负荷、处理要求以及微生物代谢特性进行优化。对于有脱氮除磷需求的污水处理厂，通常采用较长的污泥龄，以确保硝化和反硝化过程的顺利进行。

表 7—5　　　　　　　　　　活性污泥法的主要参数表

参数名称	单位	典型范围	说明
混合液悬浮固体（MLSS）	mg/L	$2000-4000$	污泥浓度
混合液挥发性悬浮固体（MLVSS）	mg/L	MLSS 的 $0.7-0.8$ 倍	挥发性有机物含量
污泥负荷（F/M）	kg BOD5/kg MLVSS·d	$0.2-0.5$	表示污泥的有机负荷
曝气量	m^3 空气/m^3 混合液·h	$1-3$	曝气系统供氧能力
污泥龄	d	$5-20$	污泥在系统内的停留时间

通过对关键参数的有效监控和调节，活性污泥系统能够在复杂多变的污水条件下保持稳定的处理效果，合理的污泥浓度、曝气量以及污泥龄能够最大限度地发挥微生物的代谢潜力，从而确保污水中的有机物、氮磷等污染物得到有效去除。在未来，随着污水处理工艺的不断优化和技术的进步，活性污泥法将继续发挥其核心作用，尤其是在应对日益复杂的水质问题和更高的处理要求时，活性污泥技术的发展空间仍然十分广阔。

（二）生物膜法

生物膜法核心机制是通过微生物群体的附着生长来实现对污水中有机污染物的去除，与活性污泥法中悬浮生长的微生物不同，生物膜法的微生物附着在载体表面，形成一种高度稳定的生物膜。载体材料可以是多孔或非多孔的固体材料，如塑料、陶瓷、活性炭等，固定的微生物群体能够进行高效的有机物降解，同时对水质波动和负荷冲击有较强的抵抗能力。

生物膜法的应用形式多种多样，其中典型的工艺包括生物滤池、生物转盘和生物流化床等，生物滤池是最为传统的生物膜处理工艺之一，通过污水自上而下通过布满生物膜的滤料层，污水中的有机物被生物膜上的微生物代谢去除。生物转盘则是一种旋转式的生物膜处理装置，通过将附着有生物膜的转盘部分浸入污水中，随着转盘的旋转，微生物反复接触空气和污水，进行有氧和厌氧代谢，从而高效去除污水中的污染物。生物流化床通过流化的载体材料形成大面积的生物膜表面，污水通过流化的载体层与微生物接触，适用于处理高浓度污水。生物膜的形成与稳定性是该技术运行的核心，其厚度和结构直接影响处理效率。生物膜的厚度通常在 1－10 毫米之间，这一范围内的膜厚确保了微生物能够充分接触污水中的有机物，同时避免过厚的生物膜导致传质效率的下降。当生物膜厚度过大时，氧气和有机物向膜内部的传递会受到限制，导致生物膜内层出现缺氧甚至厌氧环境，从而降低有机物降解效率，在实际运行中，通过适当的剪切力和污水流速控制，保持生物膜的合理厚度是工艺优化的关键。比表面积通常在 $100－300 \ m^2/m^3$ 之间，较大的比表面积有助于微生物在载体上形成更多的附着点，从而增加生物膜的总量，提升处理效率。载体材料的物理化学性质、表面粗糙度和孔隙结构等因素都会影响微生物的附着和生长。一般来说，具有较高比表面积和良好亲水性的材料能够促进生物膜的快速形成和稳定生长。有机负荷率描述了单位体积生物膜系统每天所处理的有机物量，通常以 kg BOD5/m^3 · d 为单位，典型的有机负荷率范围为 1－5 kg BOD5/m^3 · d，不同的生物膜工艺在有机负荷方面表现不同。较高的有机负荷率意味着系统能够处理较高浓度的污水，但如果负荷过高，微生物的降解能力可能会达到上限，导致处理效果下降。因此，优化有机负荷率以保持微生物的代谢活性和系统的稳定运行是生物膜法设计和运行中的关键。水力停留时间（HRT）通常在 1－24 小时之间。水力停留时间是指污水在生物膜系统中的平均停留时间，较长的 HRT 有助于污水中有机物与生物膜的充分接触，进而提高有机物去除效率。然而，过长的 HRT 可能导致系统的处理能力下降，并增加系统运行成本。因此，合理设置水力停留时间，以兼顾处理效率和运行成本，是生物膜法设计中的重要考虑因素。

生物膜法的优势在于其较高的生物量浓度和较强的抗冲击负荷能力，由于微生物群体附着在载体表面，不易随着出水流失，因此系统中的微生物浓度相对较高。这使得生物膜系统在处理负荷波动较大的污水时，能够迅速调整微生物的代谢活动，保持较高的去除效率，生物膜法通常需要较少的外部动力，系统结构相对简单，维护成本低廉，因此在实际应用中具有很高的经济性。

表 7-6   生物膜法主要参数

参数名称	单位	典型范围	说明
生物膜厚度	mm	1-10	生物膜的厚度影响传质效率
比表面积	m^2/m^3	100-300	载体的比表面积影响生物膜形成
有机负荷率	kg $BOD5/m^3 \cdot d$	1-5	生物膜的有机负荷
水力停留时间（HRT）	h	1-24	污水在生物膜系统中的停留时间

生物膜法因其良好的处理效果、结构简单、运行稳定等优点，被广泛应用于城市污水和工业废水的处理。尤其在处理负荷变化较大的废水时，生物膜法显示出明显的优势，能够快速适应进水水质的波动，维持较高的污染物去除效率。随着载体材料和工艺设计的不断改进，生物膜法的应用范围和处理能力也在逐步扩大。未来，生物膜法在节能环保、高效处理和资源回收等方面具有广阔的发展前景。

（三）厌氧生物处理

厌氧生物处理作为广泛应用于高浓度有机废水的处理技术，能够在无氧条件下利用厌氧微生物的代谢活动，将复杂有机物逐步转化为简单的产物，最终生成甲烷、二氧化碳等气体。这一过程主要包括水解、酸化、产氢产乙酸和产甲烷四个阶段。大分子有机物在水解阶段被微生物分解为可溶性小分子物质，小分子物质进一步在酸化阶段转化为挥发性脂肪酸、乙酸、氢气和二氧化碳等；在产氢产乙酸阶段，挥发性脂肪酸通过进一步分解转化为乙酸、氢气和二氧化碳；最终，在产甲烷阶段，甲烷菌将乙酸、氢气等物质转化为甲烷和二氧化碳，形成沼气。分阶段的转化方式，使得厌氧处理系统能够有效地降解废水中的有机污染物，同时产生具有能源价值的沼气。

表 7-7   厌氧生物处理主要参数

参数名称	单位	典型范围	说明
有机负荷率	kg COD/m³·d	1—10	厌氧系统的有机负荷，即单位体积的废水每日所含的有机物（COD）量。
污泥浓度	kg VSS/m³	5—30	污泥中挥发性悬浮固体的浓度，表示活性污泥的浓度。
产气率	m³ 沼气/kg COD	0.3—0.5	每消耗单位 COD 产生的沼气量，直接反映系统的产气效率。
污泥龄	d	20—60	污泥在系统内的停留时间，指系统中活性污泥的平均停留时间。

有机负荷率，单位为 kg COD/m³·d，反映单位体积反应器中有机物的负荷，典型范围通常在 1—10 kg COD/m³·d 之间。随着有机负荷率的增加，系统的处理能力和产气率会有所提升，但过高的负荷也可能导致厌氧微生物的代谢负担增加，从而影响系统的稳定性。因此，合理控制有机负荷率对于维持厌氧处理系统的高效运行至关重要。污泥浓度则是指反应器中污泥中的挥发性悬浮固体（VSS）的浓度，单位为 kg VSS/m³。污泥中 VSS 的含量反映了系统中活性厌氧微生物的数量。通常，污泥浓度在 5—30 kg VSS/m³ 之间。较高的污泥浓度意味着系统中有更多的活性微生物参与有机物的降解，从而提高系统的处理效率。然而，过高的污泥浓度可能会导致污泥膨胀或沉降性能变差，影响反应器的运行稳定性。产气率是衡量厌氧处理系统的能源转化效率的关键指标，单位为 m³ 沼气/kg COD。该参数反映了每消耗一单位有机物（以 COD 表示）所产生的沼气量，通常范围在 0.3—0.5 m³ 沼气/kg COD 之间。通过提高产气率，可以增加系统的能源回收能力，同时也能降低处理成本。污泥龄指的是污泥在系统内的平均停留时间，单位为天（d）。污泥龄的典型范围为 20—60 天。较长的污泥龄有助于维持系统内微生物的活性，使得有机物的降解更加彻底，并能够适应负荷的波动。然而，过长的污泥龄可能导致污泥老化，降低系统的处理效率。因此，合理的污泥龄选择对于保持厌氧系统的处理性能和产气能力具有重要意义。

厌氧消化技术中，上流式厌氧污泥床（UASB）和厌氧滤池是两种典型的反应器结构设计，UASB 反应器依靠废水从底部流向顶部，驱动污泥床中的厌氧微生物与有机物充分接触，在此过程中，产生的沼气也从反应器顶部排出，该技术的优点在于其污泥颗粒化结构能够保持较高的生物量，并且具有较好的水力条件。厌氧滤池则通过填充介质，为微生物提供固定的生长表面，从而提高污泥的停留时间和有机物的去除效率，两种工艺都能够在较高的有机负荷下运行，并且产生较少的剩余污泥，具有良好的运行稳定性和经济性。

（四）生物处理的效果与优势

生物处理技术通过微生物的代谢活动，将废水中的有机物、氮、磷等污染物转化为相对无害的物质，实现对环境的净化和物质的循环利用，生物处理依赖于自然界中的微生物群落，通过复杂的生化反应分解和转化污染物。废水中的有机物被微生物利用作为能量和碳源，部分用于微生物的生长繁殖，形成新的细胞质，剩余部分则被氧化为二氧化碳和水。而对于氮、磷等营养元素，生物处理能够有效去除并控制其浓度，防止其进入水体后引发富营养化等环境问题。

污水处理中的化学需氧量（COD）和生物需氧量（BOD）是常用的评价有机物去除效率的参数，COD代表水中有机物通过化学氧化时所需的氧量，反映了有机物的总含量；而BOD则表示水中可被微生物在五天内生物降解的有机物量。COD和BOD的高低直接影响处理系统的设计和运行调控。通过控制系统中的溶解氧水平、微生物种群结构以及运行工况，生物处理能够将有机物分解为二氧化碳和水，使COD的去除率通常在80％－95％之间，而BOD的去除率可达到85％－95％，实现对有机污染物的有效去除。氮的去除则主要依赖于硝化和反硝化过程，硝化过程是指氨氮在硝化细菌的作用下氧化为硝酸盐的过程，而反硝化则是硝酸盐在反硝化细菌的作用下在缺氧条件下被还原为氮气，从而实现氮的去除。硝化和反硝化的协调作用能够有效减少水中的氮污染。总氮（TN）去除率通常在60％－80％之间，去除效率受到溶解氧、碳源供给以及反应时间等因素的影响。磷的去除依赖于微生物的吸收和储存作用，即聚磷菌通过过量吸收废水中的磷，将其以聚磷酸盐的形式储存在细胞内。在后续的厌氧或好氧条件下，聚磷菌将储存的磷释放并被有效去除。生物处理对总磷（TP）的去除率通常可以达到80％－95％，通过厌氧－好氧交替运行的工艺，磷的去除效果能够得到进一步增强。

表 7－8 生物处理效果评估参数

参数名称	单位	目标去除率	说明
化学需氧量（COD）	mg/L	80－95％	反映有机物的氧化程度，代表有机物总量。
生物需氧量（BOD）	mg/L	85－95％	表示可被微生物生物降解的有机物量。

参数名称	单位	目标去除率	说明
总氮（TN）	mg/L	60—80%	代表水体中氮的总含量，包括氨氮、硝态氮等。
总磷（TP）	mg/L	80—95%	代表水体中磷的总量，主要来源于有机磷和无机磷。

在实际运行中，生物处理系统的设计和操作参数对最终的处理效果有着决定性影响，为了确保系统达到预期的处理目标，常常需要通过对参数的实时监控和调整来优化运行，在好氧池中，溶解氧水平的控制对 COD 和 BOD 的去除至关重要。较高的溶解氧能够增强微生物的代谢活性，加速有机物的降解，但过高的溶解氧会增加能耗，且对某些反硝化菌不利。因此，合理调控溶解氧水平是维持系统稳定运行的基础。氮和磷的去除与有机物的去除相比更加复杂，特别是在氮的去除过程中，需要通过硝化—反硝化联合工艺控制氧化还原条件，确保硝化过程在好氧条件下进行，反硝化则在缺氧环境中实现，对溶解氧浓度、碳源供给以及泥龄等操作条件有较高要求。生物除磷工艺则需要通过厌氧—好氧交替运行，确保聚磷菌能够在厌氧条件下释放磷，在好氧条件下吸收磷，并通过排泥实现磷的去除。

（五）生物处理的应用范围

生物处理技术因其处理效果高效、操作简便、经济可行等特点，广泛应用于市政污水、工业废水以及农业废水等多种水质类型的处理，在实际应用中，根据废水的来源、污染物的种类及浓度，生物处理技术可以灵活选择不同的工艺，确保达标排放和资源化利用。市政污水处理是生物处理技术应用最为普遍的领域之一。市政污水的污染物主要为有机物、氮、磷以及部分悬浮物，通常污染物浓度相对中等，因此，活性污泥法是市政污水处理中常见的工艺。该技术利用微生物在有氧条件下将污水中的有机物氧化为 CO 和 HO，微生物自身通过生物合成过程形成新细胞，部分微生物被分离出系统，形成剩余污泥。为了确保处理效率，活性污泥法通常配合二沉池以分离污泥和处理后的水，并通过回流污泥维持反应器中的活性生物量。针对工业废水，废水成分多样且污染物浓度波动大，常含有毒性较强的有机物以及高浓度的氮磷等无机物，因此，工业废水处理技术需要更具针对性。例如，对于食品加工、造纸、制药等行业产生的高浓度有机废水，常采用厌氧生物处理技术作为预处理工艺。厌氧处理技术在无氧条件下利用厌氧微生物降解有机物，同时生成沼气，具有良好的能量回收效果。其典型工艺包括上流式厌氧污泥床（UASB）和厌氧滤池，能够在处理高浓度有机废水的同时，显著减少剩余污泥的产量，降低污泥处理成本。对于某些工业废水中的高浓度氮、磷等无机营养物质，通过生物脱氮除磷工艺实现高效去除。以硝化-反硝化工艺为例，氨氮在好氧条件下被氧化为硝酸盐，而硝酸盐在缺氧环境中通过反硝化作用还原为氮气，实现氮的去除。生物除磷则利用聚磷菌在厌氧条件下释放磷，在好氧条件下过量吸收磷，通过排泥去除磷。

在农业废水处理领域，畜禽养殖废水和农村生活污水是典型的处理对象，特点是有机物、氮、磷浓度较高，且流量波动较大。厌氧技术在农业废水处理中的应用也十分广泛，尤其是厌氧消化工艺，可将畜禽养殖废水中的有机物转化为沼气，实现资源化利用。处理后的沼液仍含有一定量的氮、磷，因此，进一步的好氧处理或人工湿地系统常被用于去除残留的氮磷。人工湿地通过植物、微生物和基质的联合作用，能够高效去除废水中的有机污染物及营养盐，且具有生态友好和运行成本低等优点。除了常规的活性污泥法和厌氧处理技术，近年来，随着生物技术的不断进步，一些新兴的生物处理工艺也逐渐应用于各类废水的处理。例如，膜生物反应器（MBR）结合了活性污泥法和膜分离技术，不仅能够提高处理效率，还能有效地分离污泥和出水，确保出水水质稳定且达到高标准。由于膜分离过程具有出水水质好的优势，MBR特别适合用于对出水质量要求较高的场合，如中水回用和废水再生利用。针对难降解有机物或含毒性成分的工业废水，近年来，微生物强化技术也逐渐被应用。通过引入特定功能的微生物群落或基因改造菌种，能够高效降解难降解的有机污染物或分解有毒化合物，从而显著提高系统的处理能力。与此同时，厌氧氨氧化技术（ANAMMOX）也被引入生物脱氮工艺中，该技术通过自养型厌氧氨氧化菌将氨氮和亚硝酸盐直接转化为氮气，减少了碳源的需求，显著降低了运行成本。

第三节　工业废水处理

（一）工业废水的来源与特性分析

工业废水源自各种工业过程，涵盖化工、制药、造纸、纺织及金属加工等多个领域，废水通常含有丰富且复杂的污染物，如有机物、重金属、悬浮固体及其他有害化学物质。对工业废水的特性分析不仅涉及对其主要成分的识别，还包括对这些成分可能对环境及人类健康造成影响的评估。特别是重金属，如铅、铬和汞，其具有较强的生物累积性，在生物体内逐步积累，最终对生态系统及人体健康产生长远的负面影响。废水中有机污染物的含量常通过化学需氧量（COD）和生物需氧量（BOD）来衡量。COD 指的是在强氧化剂作用下，废水中有机物的氧化量，通常用毫克每升（mg/L）表示，COD 的测定公式为：

$$COD = \frac{V_1 - V_2 \times N \times 8 \times 1000}{V_8}$$

其中，V_1 是氧化剂在空白样品中的体积（毫升，mL）；V_2 是氧化剂在样品中的体积（毫升，mL）；N 是氧化剂的浓度（摩尔每升，mol/L）；V_8 是样品的体积（毫升，mL）。

BOD 则是指废水中有机物在一定时间内（通常为 5 天）被微生物降解所需的氧量，常用来衡量废水的生物降解潜力，其测定方法包括在一定条件下培养废水样品，然后测量培养前后的溶解氧变化。BOD 的计算公式为：

$$BOD = \frac{DO_1 - DO_2 \times V_s}{P}$$

其中，DO_1 是培养前的溶解氧浓度（毫克每升，mg/L）；DO_2 是培养后第 5 天的溶解氧浓度（毫克每升，mg/L）；V_s 是样品的体积（毫升，mL）；P 是培养液的体积（毫升，mL）。

工业废水中悬浮固体的浓度可通过过滤和干燥方法测定，并用毫克每升（mg/L）表示。悬浮固体的含量直接影响废水的沉降性和处理难度。

在化工工业中，废水通常含有各种复杂的有机化合物，如酚类、醛类和酮类，化合物的去除往往需要特定的处理技术，制药行业废水含有大量的药物残留物，这些物质对环境和水体的生态系统可能具有毒性作用。造纸行业的废水则通常含有大量的木质素及其衍生物，物质的处理难度较大。纺织行业废水含有大量染料和助剂，物质的去除需要结合物理、化学及生物处理方法。金属加工行业废水则可能含有各种重金属离子，离子的去除常需采用化学沉淀、离子交换或膜分离技术。

（二）特定工业废水处理技术

针对不同工业废水的处理需求，采用综合性的处理技术组合，包括物理、化学及生物方法，以实现高效去除各种污染物。物理处理技术的基础在于其简洁性和直接性，其中筛分和沉降是最常见的操作。筛分通过设置不同孔径的筛网，将废水中的大颗粒悬浮物隔离出来，颗粒通常是固体废物或较大的物质，筛分设备的设计和运行参数需根据废水的具体特性进行调整。沉降则利用重力将较大颗粒从废水中分离，常见于初级沉淀池中，涉及计算沉降速度，公式如下：

$$CO_2 = \frac{n \cdot V_R \cdot C_{initial} - C_{final}}{V_s}$$

其中，CO_2 是氧化剂的消耗量（摩尔，mol）；n 是氧化反应的系数（无单位）；V_R 是反应体积（升，L）；$C_{initial}$ 是反应前的污染物浓度（毫克每升，mg/L）；C_{final} 是反应后的污染物浓度（毫克每升，mg/L）；V_s 是样品体积（升，L）。

生物处理技术则依赖微生物的代谢活动来降解有机污染物，活性污泥法是通过将废水与活性污泥混合，利用微生物对有机物的降解能力来净化废水。在此过程中，氧气的供应和污泥的回流是关键参数。污泥负荷和混合液体体积比（MLVSS）等指标需根据废水特性和处理要求进行控制。其基本公式为：

$$MLVSS = \frac{M_V - M_s}{V_s}$$

其中，$MLVSS$ 是混合液悬浮固体的体积比（毫克每升，mg/L）；M_V 是混合液体的总质量（毫克，mg）；M_s 是活性污泥的质量（毫克，mg）；V_s 是样品体积（升，L）。

生物膜法通过在载体表面形成微生物膜，利用膜上的微生物对废水中的有机物进行降解，生物膜的厚度和活性受废水流速、温度和营养物质浓度等因素影响。常见的生物膜法包括固定床反应器和流化床反应器，系统的设计和操作需要考虑微生物的生长速率和膜的附着特性。

各类处理技术的结合使用不仅能提高废水处理的效率，还能有效降低处理成本，实现不同工业废水的高效净化。对于具体的废水处理项目，综合考虑废水的特性、处理目标及技术经济性，是制定合适处理方案的关键。

（三）工业废水处理的资源化与能源回收

随着全球资源日益紧张，工业废水处理不仅着眼于污染物的去除，更加注重资源的回收与能源的利用，废水处理的研究与应用已经从单纯的污染物消除转变为综合管理系统，涵盖了资源再利用和能源转化的多个方面。以有机物为例，工业废水中常含有大量有机物质，不仅对环境构成威胁，还蕴含着丰富的能量。通过厌氧消化技术，有机物可以被转化为沼气，沼气是一种重要的可再生能源。厌氧消化过程在缺氧条件下进行，通过微生物的降解作用，有机物质被分解为甲烷、二氧化碳和少量其他气体。甲烷含量高达 $60\% - 70\%$，可以作为燃料直接使用，也可以经过净化处理后用于发电或作为车辆燃料，不仅减少了废水中的有机污染物，还有效降低了温室气体排放，具有显著的环保效益。除了有机物的能源回收，工业废水中常常含有铅、镉、铜、铬等重金属，金属若未得到有效处理，将对环境和人体健康造成严重威胁。为了实现资源的回收，物理化学方法被广泛应用于重金属的分离与回收。常见的物理化学方法包括沉淀法、离子交换法、膜分离法等。沉淀法通过加入沉淀剂，使重金属形成难溶的沉淀物，从而实现分离和去除。离子交换法则利用离子交换树脂与废水中的重金属离子进行交换，重金属离子被树脂吸附并最终回收。膜分离技术，如反渗透和纳滤，也能有效地去除废水中的重金属离子，经过处理的水可以达到排放标准或用于再循环利用。通过回收的重金属可以经过进一步处理后，作为工业原料重新投入生产过程，不仅减少了废水中的有害物质，还降低了对自然资源的需求。废水处理过程中还可以回收其他有价值的资源，通过适当的处理技术，废水中的磷和氮等营养物质可以被回收用于农业肥料生产。磷是植物生长所必需的元素，而氮则对土壤的肥力有着重要影响。通过沉淀、结晶等技术，可以从废水中分离出磷化合物，经过处理后用于生产高效肥料，从而减少对化学肥料的依赖，促进农业的可持续发展。在能源利用方面，通过热交换技术，可以将废水中的热量回收利用，如用于供暖或热水供应。这样不仅提高了废水处理系统的能源利用效率，还减少了对外部能源的需求，具有良好的经济效益和环保效果。

（四）工业废水处理的环境法规与标准

全球范围内，各国和地区普遍实施了严格的环境法规，以控制和管理工业废水的排放，法规不仅涉及废水中污染物的浓度限制，还包括废水处理设施的设计、建设及运营标准。其主要目的是保障水体质量，保护生态环境和公众健康。各国针对不同的污染物和排放源设定了具体的标准，以确保废水处理系统能够有效地去除污染物，减少对环境的负面影响。

在欧洲，欧盟的《水框架指令》是统筹水资源管理的重要法律框架，涵盖了水体保护和污染控制的多个方面，该指令要求成员国制定并实施水质管理计划，确保所有水体在规定的时间内达到良好水质标准。具体到工业废水排放，欧盟实施了《工业排放指令》（IED），该指令要求工业设施必须获得排污许可证，并根据最佳可行技术（BAT）进行废水处理。指令还规定了对废水排放的监控要求和处罚措施，确保各类工业活动在不超出环境承载能力的情况下进行。在北美，美国的《清洁水法案》规定了对工业废水排放的具体要求，并要求企业必须遵守国家污染物排放消除系统（NPDES）的规定。NPDES允许企业在获得许可后进行废水排放，但要求其遵循严格的排放限值和监测要求，确保废水中的污染物浓度不会超过法定标准。此外，美国环保局（EPA）定期审查和更新排放标准，确保其适应不断变化的环境条件和科技进步。在亚洲，日本的《水污染控制法》同样设立了详细的废水排放标准，该法律规定了工业废水的处理标准，并要求废水处理设施进行定期的检测和维护。企业必须在废水排放前进行适当的处理，以满足国家设定的水质标准。此外，法律还对违法行为设定了高额罚款，并要求企业进行环境赔偿，确保法规的执行力。中国的《水污染防治法》则是中国应对水污染问题的主要法律工具，该法律规定了国家和地方层面的废水排放标准，明确了各类污染物的浓度限值，并对废水处理设施的设计和运营提出了要求。法律还设立了严格的监管机制，对不符合排放标准的企业施以处罚，包括罚款、停产整顿及责令改正等措施。此外，中国还推动了排污许可制度的实施，要求企业申请并获得排污许可证，确保其废水处理和排放符合国家标准。

不同国家和地区的环境法规在实施细则和标准上有所不同，但共同目标是通过规范废水处理和排放，减少环境污染，保护水体资源。这些法规不仅促进了废水处理技术的发展和应用，还推动了企业在环保方面的积极投入。各国通过不断修订和完善环境法规，适应日益严峻的环境挑战，为实现可持续发展目标提供了强有力的法律保障。同时，国际间的合作与经验交流也在不断推动全球环境保护标准的提升，共同应对全球水污染问题带来的挑战。

（五）工业废水处理的技术创新与发展趋势

在工业废水处理领域，技术创新不断推进，旨在提升处理效率、降低运营成本并减少对环境的影响，近年来，膜技术、高级氧化过程以及生物技术已成为研究的重点领域。膜技术，尤其是反渗透（RO）和纳滤（NF）膜技术，已经成为处理废水中盐分和其他溶解性污染物的有效手段。反渗透技术通过半透膜将废水中的离子和小分子污染物从净水中分离，达到去除盐分、重金属以及有机物的目的。该技术能够有效地去除水中的溶解性固体，生成高质量的处理水，广泛应用于饮用水处理和废水回用领域。纳滤膜则在反渗透膜的基础上具有更高的通量，适用于去除中等分子量的污染物，如有机物和某些药物残留，适合于对处理水质有特定要求的应用场景。高级氧化过程（AOPs）利用强氧化剂，如臭氧（O）和过氧化氢（HO），通过产生强氧化性物质，如羟基自由基（ OII），来降解废水中的难降解有机物。高级氧化过程能够有效地处理传统物理化学方法难以处理的持久性有机污染物（POPs），如染料、药品和某些工业化学品，氧化过程不仅能够显著提高有机污染物的去除效率，还能够降低废水中的毒性，使其满足排放标准或回用要求。结合臭氧和紫外光（UV）

的臭氧－UV联合氧化技术，已被证明在处理难降解有机物方面具有显著的效果。生物技术在废水处理中通过基因工程技术改造微生物，使其具备对特定污染物的降解能力，是近年来的重要研究方向，基因工程微生物可以被设计成能够利用废水中的特定污染物作为唯一的碳源，从而提高其对这些污染物的去除效率，改造的细菌和真菌能够有效分解废水中的有毒有机物或重金属，甚至可以将其转化为无害的产物。除了基因工程微生物，传统的活性污泥和固定化生物膜技术也在不断优化，增强了生物处理系统的处理能力和稳定性。利用技术可以在较低的成本下实现高效的废水处理，符合可持续发展的要求。在实际应用中，各技术常常被结合使用，以发挥各自的优势，达到最佳的处理效果，如膜技术可以与高级氧化过程联合应用，在初步处理后进行深度净化，以去除细微的污染物。而生物技术则可以作为辅助技术，进一步降解膜处理后可能残留的有机物或重金属，技术组合不仅提高了废水处理的综合效率，还有效降低了系统的运营成本，减少了对环境的影响。

随着科技的进步和环保要求的提高，工业废水处理技术也在不断演化，新兴的材料科学和纳米技术为膜材料的改进提供了新的思路，提升了膜的耐污染性和处理能力。高级氧化过程的催化剂和反应条件也在不断优化，以提高氧化效率和减少副产物的生成。生物技术方面，合成生物学和微生物组学的发展使得废水处理微生物的设计和应用更加精细和高效。未来，废水处理技术将更加注重系统的整体性能，集成化和智能化的处理方案将成为主流，推动废水处理领域朝着更高效、更环保的方向发展。

第八章　中水回用方案与意义

第一节　中水的概念

（一）中水定义

中水回用技术通过先进的处理工艺，将城市生活污水或工业废水转化为符合特定用途水质要求的再生水，不仅能够减少对新鲜水资源的依赖，还能降低污水处理的环境负担，在实施中水回用项目时，需综合考虑当地的水资源状况、水环境承载能力以及经济可行性，以确保中水的安全性和经济性。在水质管理方面，中水的安全性是其能否广泛应用的关键，为此，各国和地区都制定了相应的水质标准，以确保中水在非饮用领域的安全使用，如欧洲和北美地区对中水的微生物指标、重金属含量、有机污染物等都有严格的限制。在亚洲，尤其是中国，对于中水的水质标准也有明确的规定，涵盖了浊度、氨氮、总大肠菌群数等多个关键指标，以确保中水在非饮用领域的安全使用。除了水质标准，中水回用技术的应用范围也在不断拓展，在城市绿化、道路清洁、工业冷却、消防用水等领域，中水都展现出了其独特的优势，在城市绿化中，使用中水进行灌溉不仅可以节约水资源，还能减少对城市地下水的开采，有助于维持城市水生态平衡。在工业领域，中水的回用可以减少工业用水的消耗，降低生产成本，同时减少工业废水的排放，减轻对环境的污染。

为了提高中水的回用效率，科研人员和工程师们不断探索和创新中水处理技术，生物处理、物理过滤、化学沉淀、膜分离等技术的应用，使得中水的处理过程更加高效和环保。同时，智能化管理系统的引入，使得中水处理过程的监控和调节更加精准，提高了中水处理的稳定性和可靠性。

在经济性方面，中水回用项目的投资回报期通常较短，这得益于其在节约水资源、减少污水处理费用等方面的显著效益，随着水资源短缺问题的日益严重，以及污水处理成本的不断上升，中水回用的经济性将更加凸显，政府的财政补贴和税收优惠政策，也为中水回用项目的推广提供了有力的支持。社会公众对中水回用的认知和接受度，也是影响其推广的重要因素。通过宣传教育和示范项目的展示，可以提高公众对中水回用的认识，增强其环保意识和节水意识。同时，通过建立完善的中水供应和管理体系，确保中水的供应稳定和水质安全，可以进一步增强公众对中水回用的信心。

（二）中水水源

在水资源的可持续管理中，中水的利用涉及将城市生活污水、工业废水以及雨水通过特定的处理过程转化为可供非饮用用途的水质，城市生活污水，主要来源于居民日常活动产生的废水，包括厨房、浴室和厕所的排放。工业废水则是工业生产过程中产生的，通常含有较高浓度的化学物质和污染物。雨水则通过收集系统被收集，并经过适当的处理后用于补充城市水资源。为了量化中水的潜在利用量，可以通过分析不同水源的日处理能力来估算，如表8-1所示三种典型水源在特定城市中的日处理量和主要应用领域。根据表8-1，北京市的生活污水日处理量为150万立方米，上海市的工业废水日处理量为80万立方米，而深圳市的雨水日处理量为10万立方米，为城市水资源管理提供了参考依据。

表8-1　　　　　中水的典型水源及处理后可用水量（单位：立方米/天）

水源类型	典型城市	每日可用水量	主要应用领域
生活污水	北京市	1，500，000	冲厕、绿化
工业废水	上海市	800，000	工业冷却、清洁用水
雨水	深圳市	100，000	道路清扫、园林浇灌

在处理水源时，需要采用不同的技术以达到相应的水质标准，如生活污水处理通常包括初级处理（如格栅、沉砂池）、二级处理（如生物处理）和三级处理（如过滤、消毒）。工业废水处理则需要根据废水中特定污染物的种类和浓度，采用物理、化学或生物处理技术。雨水处理则相对简单，通常包括沉淀、过滤和消毒。为了确保中水的安全性和可靠性，需要对处理后的水质进行严格的监测，包括对浊度、pH值、溶解氧、生化需氧量（BOD）、化学需氧量（COD）、总悬浮固体（TSS）、重金属含量等指标的定期检测，还需要对微生物指标如大肠杆菌和细菌总数进行监测，以确保水质满足非饮用用途的要求。

在经济性方面，中水回用项目的成本效益分析是决定其可行性的关键因素，包括处理设施的建设成本、运营成本、维护成本以及预期的水资源节约效益。通过成本效益分析，可以确定中水回用项目的经济合理性，并为决策者提供科学的依据。中水回用项目的实施还需要考虑环境影响和社会接受度，环境影响评估可以帮助识别和减轻项目可能对生态系统和人类健康造成的影响，社会接受度的提高则需要通过公众教育和沟通，增强公众对中水回用的认识和支持。

（三）中水水质要求

中水的水质标准直接关联到处理工艺的选择和最终用途的确定，在制定中水水质标准时，需要综合考虑水质参数、环境影响、技术可行性以及经济成本，中水处理过程中，通常关注的水质指标包括悬浮物（SS）、化学需氧量（COD）、生物需氧量（BOD）、氨氮（NH－N）、总磷（TP）和大肠菌群数等，不仅反映了水质的纯净度，还直接关联到中水的安全性和适用性。

表 8－2　　　　　　　　　　中水不同用途的水质标准

应用领域	悬浮物 (SS, mg/L)	COD (mg/L)	BOD (mg/L)	氨氮 (NH－N, mg/L)	总磷 (TP, mg/L)	大肠菌群数 (个/L)
冲厕	＜20	＜50	＜10	＜5	＜1	＜3
道路清扫	＜30	＜60	＜15	＜5	＜1.5	＜10
园林绿化	＜25	＜55	＜12	＜5	＜1.2	＜5

在中水处理过程中，悬浮物的去除通过沉淀、过滤等物理方法有效降低，化学需氧量（COD）和生物需氧量（BOD）是衡量水中有机物含量的重要指标，通过生物降解过程在二级处理阶段被去除。氨氮（NH－N）和总磷（TP）的控制则涉及到氮、磷循环的生态平衡，通常通过生物脱氮除磷技术进行处理。大肠菌群数是评估水质微生物安全性的重要指标，严格的消毒工艺是确保其达标的必要措施。

在不同的应用场景下，水质标准有所差异，如冲厕用水由于直接接触人体，因此对水质的要求最为严格，需要通过高级氧化、膜过滤等技术确保水质的纯净度和安全性。道路清扫和园林绿化用水则主要考虑水质的清洁度和植物生长的需求，相应的水质标准会有所放宽。在水质标准的制定过程中，还需考虑地区差异和季节变化。不同地区的气候条件、水资源状况和环境承载力都会影响到水质标准的设定，如在水资源较为丰富的地区，会对中水的回收和再利用有更高的要求，而在干旱地区，则更加注重雨水的收集和利用，季节变化也会影响水质标准，如在雨季，雨水收集的中水可能需要更加严格的预处理以去除泥沙和悬浮物。水质标准的实施还需要依赖于严格的监测和管理，水质监测不仅包括常规的化学和微生物指标，还应包括对新兴污染物如药物残留、内分泌干扰物等的检测。水质管理则涉及到从水源收集、处理、储存到分配的全过程，需要建立完善的水质监控体系和应急预案。

在技术层面，中水处理技术的发展为水质标准的实现提供了可能，如膜生物反应器（MBR）技术通过结合生物降解和膜过滤，可以有效去除水中的有机物和悬浮物。高级氧化过程（AOPs）则通过产生强氧化性的自由基，对难降解的有机物和微生物进行深度处理。此外，生物脱氮除磷技术通过调控微生物的代谢过程，实现氮磷的有效去除。经济成本也是水质标准制定的重要考量因素。中水处理项目的投资、运营和维护成本需要与预期的水资源节约效益相平衡。通过优化处理工艺、提高设备效率和采用节能技术，可以降低中水处理的成本，提高其经济性。通过公众教育和宣传活动，可以提高公众对水资源保护和中水回用的认识，增强其参与和支持的积极性，透明的信息公开和公众参与机制可以增强公众对中水项目的信任和满意度。

（四）中水用途

中水回用技术在城市水资源管理中包括城市绿化、冲厕、工业冷却和清洁等，在城市绿化领域，中水的利用有助于维持植物生长所需的水分，同时减少对传统水资源的依赖，工业冷却过程中，中水的使用可以大幅度降低对新鲜水资源的需求，尤其在那些水耗大的行业中，如火力发电和钢铁制造，中水的循环利用不仅节约了成本，还减少了对环境的影响。冲厕用水通过替代自来水，有效降低了家庭和公共设施的用水量，中水在建筑工地的施工降尘、道路清扫和车辆冲洗等方面也展现出其独特的价值。在具体的实施过程中，中水的回用技术需要根据具体的应用场景和水质要求进行定制，如在城市绿化中，中水需要满足植物生长所需的营养和水分条件，同时避免对土壤和植物造成污染。工业冷却水的回用则需要考虑水质的稳定性和循环系统的维护，以确保工业生产的连续性和安全性。冲厕用水的水质要求相对较低，但也需要满足卫生和安全标准，避免对人体健康造成影响。

为了实现中水的有效回用，需要建立一套完善的水质监测和处理系统，包括对水源的预处理、水质的实时监测、处理工艺的优化和水质的后处理，可以确保中水的水质满足不同应用场景的需求，同时降低对环境和人体健康的风险。在经济性方面，中水回用技术的投资和运营成本需要与节约的水资源价值进行比较，虽然初期的投资可能较高，但长期来看，中水回用可以带来显著的经济效益，包括水资源的节约、废水处理费用的降低和环境治理成本的减少，政府的补贴和激励政策也是推动中水回用技术发展的重要因素。通过公众教育和宣传活动，可以提高公众对中水回用的认识和接受度，促进中水回用技术的广泛应用，透明的信息公开和公众参与机制可以增强公众对中水项目的信任和支持。在环境影响方面，中水回用技术有助于减少对传统水资源的开采，保护水生态系统，同时减少废水排放，降低对水环境的污染，中水回用还可以减少对能源的消耗，因为处理和输送新鲜水需要大量的能源。随着新材料、新工艺和新技术的不断涌现，中水处理和回用的成本正在逐渐降低，效率和安全性也在不断提高，如膜技术的发展使得中水的过滤和净化更加高效，生物处理技术的进步则提高了中水处理的稳定性和可靠性。

（五）中水处理方法

中水处理技术的选择与优化是确保水质满足特定回用要求的核心环节，其方法多样，包括物理、化学和生物处理等，每种方法都有其特定的适用场景和优势。物理处理方法，如过滤、沉淀和气浮，主要针对水中的悬浮固体和大颗粒污染物，通过物理作用力实现污染物与水的分离。多介质过滤器在去除悬浮物方面表现出色，通常可达到 80% 以上的去除率，适用于处理低污染的生活污水，如冲厕和道路清扫用水。化学处理方法通过化学药剂的投加，如混凝剂和消毒剂，去除水中的溶解性污染物和微生物。聚合氯化铝（PAC）作为常用的混凝剂，其投加量根据水质的不同，在 10－50 mg/L 之间调整，能有效去除水中的悬浮物和部分有机物。化学处理在去除中度污染工业废水中的溶解性有机物方面表现较好，适用于工业冷却和清洁用水。生物处理方法则侧重于去除水中的有机物，通过微生物的代谢活动，将有机物转化为无害的物质。活性污泥法和生物膜法是两种常用的生物处理技术，通过控制污泥龄（SRT）和污泥浓度（MLSS）等关键参数，有效降低水中的 BOD 和 COD。活性污泥法的 SRT 一般控制在 5－15 天，MLSS 维持在 2000－4000 mg/L，参数的精确控制对于处理高污染工业废水至关重要，适用于绿化和冷却水等水质要求较高的回用场景。

表 8－3　　　　　　　　中水处理工艺选择与适用场景

处理方法	适用水质	去除污染物种类	处理效果	应用领域
物理处理	低污染生活污水	悬浮物	较高	冲厕、道路清扫
化学处理	中度污染工业废水	溶解性有机物	较好	工业冷却、清洁用水
生物处理	高污染工业废水	有机物	极好	绿化、冷却水

在中水处理工艺的选择上，需要综合考虑原水的水质特性、回用水的水质要求以及处理成本等因素，如对于含有大量悬浮固体的原水，物理处理方法可能更为经济有效；而对于含有高浓度有机物的原水，则需要采用生物处理方

法。此外，处理成本也是一个重要的考量因素，包括设备投资、运行维护费用以及化学药剂的消耗等。在实际应用中，单一的处理方法往往难以满足所有的水质要求，通常采用多种处理方法的组合，以达到最佳的处理效果，如可以先通过物理方法去除大部分悬浮物，再通过化学方法去除溶解性有机物，最后通过生物处理进一步降低有机物含量。这种组合处理工艺可以充分发挥各种方法的优势，提高处理效率，降低成本。水质的监测和评估是中水处理过程中不可或缺的环节，通过对处理前后水质的定期监测，可以及时了解处理效果，调整处理工艺，确保水质稳定达标。监测指标通常包括悬浮物、COD、BOD、氨氮、总磷、大肠菌群数等，能够全面反映水质状况。随着技术的发展，新型的中水处理技术不断涌现，如膜生物反应器（MBR）、高级氧化技术（AOPs）、厌氧生物处理等，在提高处理效率、降低能耗和减少化学药剂使用方面展现出了明显的优势，如 MBR 技术通过将生物处理与膜过滤相结合，可以有效去除水中的悬浮物和有机物，同时减少污泥产量，降低后续处理的难度。

第二节　中水回用的意义

（一）节约水资源

在全球范围内，水资源短缺问题日益凸显，特别是在干旱地区和人口密集的城市，水资源的供需矛盾尤为突出，中水回用技术，即对污水处理后达到一定标准的水质进行再利用，已成为解决问题的有效途径之一。通过将生活污水、工业废水等经过净化处理，使其达到非饮用标准后，用于城市绿化、工业冷却、清洁卫生等领域，不仅有效缓解了水资源的紧张状况，也促进了水资源的可持续利用。中水回用在不同应用场景下对水质的要求有所不同，这主要取决于使用目的和接触程度，如工业冷却水的水质要求相对较低，主要关注悬浮物和化学需氧量（COD）等指标，而绿化灌溉和冲厕用水则对悬浮物和细菌总数等指标有更高要求。

表 8—4　　　　　　　　　中水回用中不同用途的水质标准

用途	pH	悬浮物 (mg/L)	COD (mg/L)	NH—N (mg/L)	细菌总数 (个/mL)
绿化灌溉	6.5—8.5	≤20	≤50	≤5	≤100
工业冷却	6.5—8.5	≤10	≤30	≤3	≤200
冲厕	6.5—8.5	≤30	≤100	≤10	≤1000

在设计中水回用系统时，必须根据具体的水质要求选择合适的处理工艺，对于工业冷却用水，需要通过沉淀、过滤和消毒等步骤来去除悬浮物和减少COD。而对于绿化灌溉用水，则可能需要额外的生物处理步骤来降低氨氮（NH－N）的浓度，以确保不会对植物造成不利影响。通过减少对新鲜水资源的需求，可以降低水费支出，减少输水和处理设施的建设成本，中水回用还可以减少污水处理厂的负荷，降低污水处理成本，同时也减少了污水排放对环境的污染。

在实施中水回用项目时，需要考虑系统的可操作性和维护成本，高效的自动化控制系统可以确保处理过程的稳定性，减少人工干预，从而降低运营成本，定期的维护和检查也是确保系统长期稳定运行的关键。公众对于中水回用的认知和接受度也是推广技术的重要因素，通过教育和宣传活动，提高公众对水资源短缺的认识，以及对中水回用技术安全性和可靠性的理解，有助于增强公众的参与度和支持度。在法规和政策层面，政府的支持和鼓励也是推动中水回用技术发展的关键。通过制定相应的法规和激励措施，如税收优惠、财政补贴等，可以鼓励更多的企业和机构投资建设中水回用设施。

(二) 减少排污量

在现代城市发展中，中水回用技术通过将城市生活污水和工业废水经过深度处理，使其达到可再利用的标准，不仅有效减少了对新鲜水资源的消耗，还显著降低了污水的排放量，从而减轻了对水环境的压力。在实施中水回用项目时，需要综合考虑污水处理厂的处理能力、城市水资源的需求以及中水回用的潜在市场。通过建立科学的中水回用系统，可以对水资源进行更高效的管理和利用，例如某市通过实施中水回用项目，成功将污水处理厂的出水用于城市绿化、道路清洗、工业用水等非饮用领域，实现了水资源的循环利用。通过减少对新鲜水资源的依赖，城市可以节省大量的水资源费用，同时减少污水处理厂的运行成本，中水回用还可以减少对污水处理设施的投资需求，延缓污水处理厂的扩建计划，从而为城市节省了大量的基础设施投资。在环境保护方面，中水回用技术的应用有助于减少污水排放对水体的污染。通过将处理后的污水重新利用，减少了污水直接排放到自然水体中的数量，从而降低了水体的污染负荷。这对于保护水环境、维护生态平衡具有重要意义。

表 8－5 　　　　　　　　　不同回用场景下的水资源节约量

回用场景	年用水量（万吨）	节约比例	节约量（万吨）
绿化灌溉	500	50%	250
道路清洗	300	75%	225
工业用水	200	40%	80

通过表格可以看出，在不同的回用场景下，中水回用技术能够有效节约大量的水资源，在绿化灌溉场景中，通过使用中水代替新鲜水资源，每年可以节约 250 万吨的水资源。

（三）经济效益

中水回用系统是一种将城市污水或工业废水经过深度处理后，达到一定水质标准，用于非饮用目的的水资源再利用方式，不仅能够减少对新鲜水资源的依赖，还能降低污水处理和排放的环境压力。在水资源日益紧张的背景下，中水回用系统的推广和应用显得尤为重要。经济效益的评估通过精确计算，可以展示中水回用系统在经济上的可行性和长期收益。在进行经济效益评估时，包括水资源的节约、污水处理费用的减少、环境效益的货币化等。

以某市为例，假设该市的年中水回用量为 500 万立方米，初始投资为 1000 万元，年维护成本为 100 万元。在天然水源取水成本为 2.5 元/立方米、中水处理成本为 1 元/立方米的情况下，可以利用以下公式计算中水回用带来的净经济效益：

$$E = \ C_{raw} - C_{reuse} \ \times Q_{reuse} \ - I - M$$

其中，E 表示中水回用带来的净经济效益（元/年）；C_{raw} 表示从天然水源取水的成本（元/立方米）；C_{reuse} 表示中水处理成本（元/立方米）；Q_{reuse} 表示中水年回用量（立方米/年）；I 表示中水处理系统的初始投资（元）；M 表示中水处理系统的年维护成本（元/年）。

将给定的数值代入公式，计算结果如下：

$$E = \ 2.5 - 1 \ \times 5000000 - 10000000 - 1000000 = 7500000 - 10000000 - 1000000 = -3500000 \ 元 \ / \ 年$$

从计算结果可以看出，初期由于投资较大，中水回用系统可能会面临一定的经济压力，随着时间的推移，系统的运行将逐渐产生经济效益，尤其是在水资源成本较高的地区，这种效益将更加明显。

为了更全面地评估中水回用系统的经济效益，可以考虑以下方面：

1. 水资源节约：通过中水回用，可以减少对新鲜水资源的需求，从而节约水资源。这种节约可以通过减少购买水资源的费用来体现。

2. 污水处理费用减少：中水回用系统可以减少污水处理厂的处理量，从而降低污水处理费用。

3. 环境效益：中水回用有助于减少污水排放，减轻对环境的污染，环境效益可以通过减少罚款、提高企业形象等方式转化为经济收益。

4. 政策支持：许多地区为了鼓励水资源的节约和再利用，会提供税收优惠、补贴等政策支持，也可以作为中水回用系统的经济效益的一部分。

4. 长期投资回报：虽然中水回用系统的初始投资较大，但随着时间的推移，系统的运行将逐渐产生经济效益，长期来看，投资回报率是可观的。

表 8-6　　　　　　　　　　　　经济效益评估

项目	描述	金额（元）
年水资源节约成本	从天然水源取水成本与中水处理成本的差额乘以年回用量	7,500,000
年污水处理费用减少	假设减少的污水处理费用为每立方米 0.5 元	2,500,000
政策支持	假设每年可获得的税收优惠和补贴	1,000,000
初始投资	中水处理系统的初始投资	-10,000,000
年维护成本	中水处理系统的年维护成本	-1,000,000
净经济效益	上述各项的总和	-500,000

通过表格可以看出，虽然初期存在一定的经济压力，但随着时间的推移和政策的支持，中水回用系统的经济效益将逐渐显现，经济效益的评估有助于决策者更好地理解和支持中水回用系统的建设和运行。

第三节　中水回用的方案

（一）预处理

中水回用的预处理步骤旨在去除原水中的悬浮物、油脂和较大的颗粒物，以降低后续处理阶段的负荷，通常预处理工艺包括格栅、沉淀、气浮等物理分离手段。在设计中，选择适当的预处理方法必须考虑水质特性和处理需求。

1. 格栅处理

格栅系统的设计应根据水体中悬浮物颗粒的大小以及流速等参数进行优

化，典型的格栅孔隙尺寸可设置为 5—10 mm，以确保拦截大颗粒物质，同时保证水流畅通。流速的控制对于避免颗粒物堆积至关重要，通常要求流速保持在 0.6—1.0 m/s 之间。

表 8—7   格栅处理的相关参数

项目	参数
格栅孔隙尺寸	5—10 mm
流速控制	0.6—1.0 m/s
拦截效率	80—90％

2. 沉淀处理

沉淀池的设计应满足处理水量和沉淀效率的要求，通常沉淀池的表面负荷率设定为 1.5—2.0 $m^3/m^2 \cdot h$，沉降时间约为 2 小时，确保大部分悬浮物能在该过程中去除，沉淀池的深度和表面积需根据每日处理量合理设计，以保证处理效率，如在处理能力为 1000 m^3/d 的系统中，沉淀池的设计表面积应为 50 m^2，池深为 3 米。

表 8—8   沉淀工艺的参数

数	数值
表面负荷率	1.5—2.0 $m^3/m^2 \cdot h$
沉降时间	2 小时
池深	3 米

3. 气浮处理

对于含有大量油脂或轻质悬浮物的中水，气浮是常用的预处理手段，通过引入微小气泡，将难以沉淀的颗粒物带至水面，并通过刮除系统去除。气浮装置的气水比通常控制在 0.01—0.03 之间，气泡直径为 20—50 微米，系统压力为 0.3—0.5 MPa。气浮效率取决于系统设计和运行参数，典型的去除效率可以达到 85％以上。

表 8—9   气浮工艺的参数

参数	数值
气水比	0.01—0.03
气泡直径	20—50 μm
系统压力	0.3—0.5 MPa
去除效率	≥85％

通过科学合理的预处理，可以有效去除大颗粒物质和油脂，为后续的主处理工艺提供稳定的水质条件。

（二）主处理

中水回用的主处理通常涉及生物处理与物理化学处理的结合，该阶段的核心是去除溶解性有机物、氮磷等营养物质及一些顽固污染物，常见的主处理方法包括生物膜法、活性污泥法、膜生物反应器（MBR）等。

1. 活性污泥法

活性污泥法是中水回用中常用的生物处理技术，主要通过微生物的代谢作用去除有机污染物。污泥负荷率一般控制在 $0.2-0.5$ kg BOD/kg MLSS·d，混合液悬浮固体浓度（MLSS）维持在 $2000-3000$ mg/L，溶解氧浓度则保持在 $1.5-2.0$ mg/L，以保证微生物活性。

表 8—10　　　　　活性污泥处理系统设计参数

参数	数值
污泥负荷率	$0.2-0.5$ kg BOD/kg MLSS·d
MLSS 浓度	$2000-3000$ mg/L
溶解氧浓度	$1.5-2.0$ mg/L

2. 膜生物反应器（MBR）

MBR 结合了膜分离与生物处理技术，其在中水回用中具备较高的出水水质，MBR 系统中，膜孔径通常为 $0.01-0.1$ μm，可有效去除细菌和病毒，透膜压力维持在 $0.02-0.1$ MPa，产水量为 $15-30$ L/m^2·h。MBR 的运行需要周期性清洗以防止膜污染，通常采用反冲洗和化学清洗相结合的方式。

表 8—11　　　　　膜过滤系统设计参数

参数	数值
膜孔径	$0.01-0.1$ μm
透膜压力	$0.02-0.1$ MPa
产水量	$15-30$ L/m^2·h

3. 生物膜法

生物膜法利用附着在滤料表面的微生物进行有机污染物的降解，其常用于氨氮、硝氮的去除。常用的生物膜反应器类型包括滴滤池、生物转盘等，生物膜厚度通常控制在 $2-3$ mm，反应器的气水比为 $4:1$。

表 8—12   生物膜反应器操作参数

参数	数值
生物膜厚度	2—3 mm
气水比	4 : 01

主处理阶段通过优化生物和物理化学处理工艺，能够去除大量有机污染物及部分氮磷，为中水的后续处理提供高质量的水源。

(三) 后处理

后处理工艺的目标是进一步去除主处理工艺未能完全去除的微量有机物、氮磷等营养物质及微生物，以确保中水回用的出水水质满足各类标准的要求，常见的后处理方法包括深度过滤、活性炭吸附、臭氧氧化等。

1. 深度过滤

在后处理中，深度过滤用于去除悬浮物和胶体颗粒，砂滤器是典型的过滤设备，滤床厚度通常为 1.0—1.5 米，滤速控制在 8—12 m/h。

表 8—13   深度过滤的操作参数

参数	数值
滤床厚度	1.0—1.5 米
滤速	8—12 m/h
去除效率	≥90%

2. 活性炭吸附

活性炭具有较大的比表面积，可有效去除水中的有机物和残留的微污染物，活性炭的比表面积一般为 $800-1200$ m^2/g，吸附时间控制在 $20-30$ 分钟，空床接触时间（EBCT）为 $15-30$ 分钟，吸附饱和后需进行再生处理。

表 8—14   吸附工艺参数

参数	数值
比表面积	$800-1200$ m^2/g
吸附时间	20—30 分钟
EBCT	15—30 分钟

3. 臭氧氧化

臭氧是一种强氧化剂，广泛用于中水的后处理，尤其适用于去除难降解有机物和微生物，臭氧投加量通常控制在 $5-10$ mg/L，反应时间约为 $10-15$ 分钟。臭氧的氧化效率较高，但需注意系统的气密性，以减少臭氧泄漏。

表 8-15 　　　　　　　　　　臭氧氧化工艺参数

参数	数值
臭氧投加量	5-10 mg/L
反应时间	10-15 分钟
氧化效率	≥95%

(四) 技术应用

在中水回用过程中，不同的处理技术具有各自的适用范围和应用效果。根据水质要求和处理目的，常用技术应用包括工业冷却水、农业灌溉、城市绿化等。

1. 工业冷却水回用

在工业领域，工业冷却水的水质要求较为严格，需确保其中的悬浮物含量低于 30 mg/L，溶解性固体 (TDS) 含量控制在 500 mg/L 以下，并且氯离子含量需低于 250 mg/L，以防止设备腐蚀。为了达到这些要求，工业冷却水的回用通常采用多级处理系统，如过滤、软化、除盐和杀菌消毒等工艺。典型的工业冷却水回用系统包含以下关键步骤：

①预处理：通过砂滤或多介质过滤器去除悬浮物和大颗粒。

②离子交换：采用阳离子交换器和阴离子交换器去除钙、镁等硬度离子，以及硫酸根、氯离子等腐蚀性离子。

③杀菌消毒：通常采用紫外线或臭氧进行杀菌消毒，确保水中不含有害微生物。

该系统通过优化每个处理环节，能够将处理后的冷却水循环利用于生产过程中，不仅节约了水资源，还减少了废水的排放。

表 8.16 　　　　　　　　　　中水回用水质标准参数

参数	数值
悬浮物含量	<30 mg/L
TDS 含量	<500 mg/L
氯离子含量	<250 mg/L

2. 农业灌溉

中水用于农业灌溉需要满足植物对水质的需求，特别是溶解性盐、氮磷含量的控制。灌溉用水中，溶解性盐浓度 (EC) 应保持在 0.7-1.5 dS/m 之间，以避免对作物的渗透压造成影响，氮磷含量需根据作物的吸收需求加以调节，例如氮浓度一般不超过 30 mg/L，而磷含量应低于 5 mg/L。中水处理技术可以通过生物处理和膜处理相结合，有效去除污染物，使出水符合灌溉用水标准。在农业灌溉应用中，滴灌和喷灌是常见的灌溉方式。滴灌系统需对中水进行精细过滤，防止管道堵塞。常用的过滤设备为盘式过滤器，过滤精度可达到 100 μm，确保滴头不受悬浮物的影响。

表 8-17　　　　　　　　滴灌系统水质要求及过滤精度参数

参数	数值
溶解性盐浓度	0.7-1.5 dS/m
氮浓度	<30 mg/L
磷浓度	<5 mg/L
滴灌过滤精度	100 μm

3. 城市绿化与景观水体

中水在城市绿化和景观水体中的应用逐渐普及，尤其是在水资源短缺的地区，中水用于绿化灌溉时，水质要求相对较低，主要控制悬浮物、微生物以及重金属含量。景观水体的水质要求则较为严格，需确保水体的透明度、无异味，并且防止藻类滋生。常用的处理工艺包括深度过滤和消毒处理。为抑制藻类的生长，通常加入少量氧化剂，如臭氧或氯，并定期监测水体中的营养物质浓度。

表 8-18　　　　　　　　城市水体绿化与景观用水质量标准

参数	数值
绿化灌溉水质	悬浮物<50 mg/L
景观水透明度	>1.5 m
微生物含量	符合环境标准

（五）系统设计与维护

中水回用系统的设计与维护直接影响系统的运行效率和处理效果，为了保证系统的长期稳定运行，设计阶段需要综合考虑水质、水量、处理工艺、设备选择等因素，而维护则重点在于防止系统出现故障和性能下降。

1. 系统设计

中水回用系统的设计需根据具体水源和处理要求进行量身定制，系统设计的核心参数包括进水水质、处理规模和出水水质标准。通常，系统的设计水量应能满足每日处理需求，且需留有一定的富余量以应对峰值水量。处理工艺的选择取决于水质特性，如悬浮物含量、COD、BOD、氮磷等污染物浓度。对于高浓度污染水源，可考虑采用多级处理工艺，如物理预处理＋生物处理＋膜处理的组合。在设备选择方面，关键设备如泵、膜组件、反应器等的规格需根据处理量和压力要求精确计算。系统的自动化控制水平也应考虑，以便于远程监控和实时数据采集。

表 8－19　　　　　　　　　　　中水回用系统的设计参数

参数	数值
处理规模	$1000-5000 \ m^3/d$
COD 浓度	$100-300 \ mg/L$
BOD 浓度	$20-50 \ mg/L$
悬浮物浓度	$<50 \ mg/L$
氮磷去除率	$>90\%$

2. 设备维护

中水回用系统中的关键设备包括泵、膜组件、反应器、过滤器等，设备的正常运行直接关系到处理效果，因此必须定期进行维护，膜组件的维护重点在于防止膜污染，通常通过周期性反冲洗和化学清洗来保持膜的通量。化学清洗剂根据膜材质选择，如酸洗用于去除无机结垢，碱洗用于去除有机污染物。反应器的维护主要是定期检查曝气系统和污泥浓度，确保微生物活性。泵的维护包括定期更换润滑油、检查轴封和密封圈的状态，防止漏水漏气。过滤器的清洗频率取决于进水水质，通常每运行 1000 小时需进行一次清洗和反洗操作。

表 8－20　　　　　　　　　　　水处理设备维护周期表

设备	维护周期
膜组件	每运行 2000 小时
曝气系统	每月检查
泵	每 3 个月维护
过滤器	每 1000 小时清洗

3. 自动化与监控系统

在现代中水回用系统中，实时监控水质参数，如 pH（酸碱度）、ORP（氧化还原电位）、DO（溶解氧）、流量和压力等，能够确保系统运行在最佳状态，监测指标可以及时揭示系统中的异常状况，从而采取适当的调整措施以维持系统的稳定性和水质的合规性，通过对 pH 值的实时监控，可以快速检测到水体的酸碱变化，进而调整化学药剂的投加量，以保持 pH 值在预定范围内。

类似地，对 ORP 和 DO 的监测有助于确保氧化还原反应和生物处理过程的有效性，从而提高水质处理的效率和效果。现代中水回用系统通常集成了 PLC（可编程逻辑控制器）和 SCADA（监控与数据采集系统）技术，能够自动化操作管理，并有效地提高处理效率，减少人力成本。PLC 作为控制核心，负责系统的自动化操作和实时数据采集，而 SCADA 则提供了一个用户友好的界面，用于数据展示、监控和报警，不仅能够自动执行处理流程中的各项操作，还能够实时获取和分析数据，以支持决策和优化处理方案。此外，报警机制应根据关键参数的上下限设定，以便在水质或设备运行超出正常范围时能够及时发出警报，防止系统出现超标或设备超负荷运行的情况，报警可以触发自动化调整措施或通知操作人员进行干预，从而有效地防止潜在的水质问题或设备故障，确保中水回用系统的安全和稳定运行。

结　语

　　本书通过系统分析城镇供水工程及水处理技术的现状与挑战，探讨了从供水规划到水处理工艺的诸多核心问题。通过多角度的技术讨论与实践应用示范，提供了从理论到技术细节的全面解读。特别是在供水系统设计与管理、供水保障技术的创新以及水处理工艺的深入发展等方面，揭示了现代城市供水面临的复杂性及相应的解决路径。从地表水与地下水处理技术的基础研究，到污水与中水回用的未来发展，本书强调了在水资源日趋紧张的背景下，提升水处理效率与保障供水质量的重要性。书中针对传统工艺的局限与现代工艺的突破进行了详尽的对比和评述，凸显了高效、可持续的水处理技术在满足城镇化发展需求中的关键作用。

　　未来，随着水资源的稀缺性加剧，供水工程与水处理技术将在更为复杂的社会、经济和环境条件下继续演进。本书在理论探讨与技术创新的基础上，为未来的供水工程发展提供了前瞻性视角，同时也为进一步的研究和实践奠定了坚实的理论与技术基础。

参考文献

[1] 张仲春，赵晓双，于朝晖. 臭氧在反渗透及纳滤工艺浓缩液废水中的工程应用研究与分析 [J]. 离子交换与吸附，2024，40（04）：339−345.

[2] 郭鑫. 井筒故障处理工艺技术在米桑油田的应用及探讨 [J]. 中国石油和化工标准与质量，2024，44（14）：196−198.

[3] 乐松成，涂云鹏，吴超. 城镇化背景下污水处理在环境保护工程中的应用 [J]. 清洗世界，2024，40（07）：136−138.

[4] 张惠. 城镇污水处理行业低碳技术研究现状与发展趋势分析 [J]. 净水技术，2024，43（07）：1−9.

[5] 贾原，闫慧，张涛，等. 非常规水源利用络合诱导沉淀协同改性滤料过滤除氟技术研究 [J]. 当代化工研究，2024，（14）：170−172.

[6] 郑洁. 广西南丹县城镇污水处理技术的应用 [J]. 农村科学实验，2024，（14）：48−50.

[7] 吕淑琪，周瑞琦，鲁鉴予，等. 氯乙烯生产过程中含汞废水处理工艺技术研究 [J]. 化学与粘合，2024，46（04）：415−419.

[8] 匡玉根，莘振东，朱恩俊. 有机硅生产废水处理工艺技术研究 [J]. 当代化工研究，2024，（13）：144−146.

[9] 陈彩虹，伍昌年，王坤，等. 氧化铝基吸附剂除氟理论与技术研究进展 [J]. 西安文理学院学报（自然科学版），2024，27（03）：91−97.

[10] 陆敏博，梁文伯，马宇辉，等.《城镇污水处理厂尾水湿地运行与维护技术规程》解读 [J]. 湿地科学与管理，2024，20（03）：8−12.

[11] 范利花. 膜分离技术在城镇污水处理中的应用 [J]. 清洗世界，2024，40（06）：117−119.

[12] 杨宁，高康乐. MBR膜生物反应器在城镇污水处理厂中的应用 [J]. 建筑经济，2024，45（S1）：671−674.

[13] 潘炜阳. 煤矿矿井水处理工艺技术研究 [J]. 低碳世界，2024，14（06）：43−45.

[14] 冯健恒，陈明如，周斌龙，等. 农村饮用水除氟技术的生命周期环

境影响和费用比较分析 [J/OL]. 环境科学研究，1－9 [2024－08－30].

[15] 王兴斌. 城镇污水处理厂碳减排技术研究和应用 [J]. 绿色矿冶，2024，40（03）：88－93＋98.

[16] 邓建民. 电化学水处理技术在聚氯乙烯循环冷却水系统的应用 [J]. 中国氯碱，2024，（06）：45－49.

[17] 郑朝椅. 精细化工厂废水处理工艺技术 [J]. 化纤与纺织技术，2024，53（06）：71－73.

[18] 林安辉，陆德生，傅昂毅. 城镇生活污水处理技术研究新进展 [J]. 中国战略新兴产业，2024，（17）：119－121.

[19] 朱立伟. 矿产丰富区水厂扩改建工程除铁锰水处理技术方案 [J]. 水利科技，2024，（02）：54－57.

[20] 田珍. 全膜法水处理工艺技术在环境保护中的应用研究 [J]. 皮革制作与环保科技，2024，5（10）：7－9.

[21] 梁旭，张兆，白振荣，等. 煤矿井下处理高浊矿井水工艺技术的研究 [J]. 煤炭加工与综合利用，2024，（05）：81－84.

[22] 卢丽花. 城镇生活污水处理技术创新与节能降耗研究 [J]. 中国战略新兴产业，2024，（15）：117－119.

[23] 毕峰华，陈孝天，陈盼，等. 农产品加工废水处理工艺技术发展现状及展望 [J]. 农业工程，2024，14（05）：63－67.

[24] 董锐锋，李夏，伍阳雪，等. 微电解技术对调相机站循环冷却水降垢杀菌作用的试验研究 [J]. 工业用水与废水，2024，55（02）：56－60.

[25] 刘文，李闯修，王磊. 北方城镇污水处理厂高效化学除磷技术对比研究 [J]. 科技与创新，2024，（08）：107－108＋112.

[26] 彭贤辉，何小瑜，宣琦，等. 国内城镇污水处理污泥脱水技术研究进展 [J]. 化工生产与技术，2024，30（02）：12－16＋7－8.

[27] 易慧，王文兵，曹雯雯，等. 基于正交实验的电化学法处理循环冷却水的应用研究 [J]. 印染助剂，2024，41（04）：31－35＋56.

[28] 孟繁明. 膜法水处理在农村安全饮水中的运用 [J]. 清洗世界，2024，40（03）：100－102.

[29] 陈必群. 城镇污水处理厂提标改造技术路径分析 [J]. 皮革制作与环保科技，2024，5（06）：180－182.

[30] 渊梅芳，叶明国. 生活污水处理系统研究与养护措施 [J]. 全面腐蚀控制，2024，38（03）：27－29＋33.

[31] 胡明明，赵颖星，王新轩，等. 9F级燃气－蒸汽联合循环供热机组

循环冷却水生化处理试验研究 [J]. 全面腐蚀控制, 2024, 38 (02): 8-14.

[32] 路孝梅, 薛春丽, 张帅. 电化学法处理循环冷却水的研究进展 [J]. 中国资源综合利用, 2024, 42 (02): 102-104+152.

[33] 邹元新, 邓强, 项拓, 等. 反渗透—纳滤组合与 MVR 技术结合提纯工业盐工艺研究 [J]. 盐科学与化工, 2023, 52 (09): 1-3.

[34] 王如华. 公共供水水处理中膜过滤替代传统过滤的应用与思考 [J]. 净水技术, 2022, 41 (10): 1-6+114.

[35] 姚利辉. 改性沸石过滤处理含锰天然地表水的研究 [D]. 哈尔滨工业大学, 2022.

[36] 张旭. 关于对纳滤—反渗透—MVR 分盐工艺参数的讨论 [J]. 现代化工, 2022, 42 (07): 232-235+240.

[37] 李宁. 饮水用深度处理技术中的中试试验及氨氮去除效果探讨 [J]. 工程技术研究, 2022, 7 (07): 43-45.

[38] 张全, 杨建, 胡骁, 等. 混合纳滤反渗透净化洁净预疏放水工艺和水质预测 [J]. 煤炭学报, 2022, 47 (04): 1647-1656.

[39] 覃智炜. 混凝—导电膜过滤在微污染地表水处理中的应用研究 [D]. 天津工业大学, 2022.

[40] 黄霞, 王志伟, 王小 (亻毛). 理论—材料—技术—工艺全链条创新, 不断推进膜法水处理技术的可持续发展——《环境工程》"膜法水处理技术: 研究、应用与挑战"专刊序言 [J]. 环境工程, 2021, 39 (07): 3-4.

[41] 张艳. 农村供水水处理技术应用及改进措施 [J]. 河南水利与南水北调, 2020, 49 (12): 13-14.

[42] 侯波. 农村饮水工程常规水处理设施的应用 [J]. 陕西水利, 2020, (09): 123-125.

[43] 韩冬凝. 农村饮水安全工程中的水处理技术与净化工艺 [J]. 新农业, 2020, (13): 72-74.

[44] 黄霄宇. 膜分离技术在浙江省农村饮用水处理中的应用 [J]. 环境与发展, 2020, 32 (03): 81-82.

[45] 王吉贞. 我国村镇供水处理技术发展探究 [J]. 南方农业, 2020, 14 (08): 182-183.